Séta Naba

Fabriques magnétiques des granites du Burkina Faso oriental

Séta Naba

Fabriques magnétiques des granites du Burkina Faso oriental

(Craton Ouest Africain, 2,2 – 2,0 Ga) : implications géodynamiques

Presses Académiques Francophones

Impressum / Mentions légales
Bibliografische Information der Deutschen Nationalbibliothek: Die Deutsche Nationalbibliothek verzeichnet diese Publikation in der Deutschen Nationalbibliografie; detaillierte bibliografische Daten sind im Internet über http://dnb.d-nb.de abrufbar.
Alle in diesem Buch genannten Marken und Produktnamen unterliegen warenzeichen-, marken- oder patentrechtlichem Schutz bzw. sind Warenzeichen oder eingetragene Warenzeichen der jeweiligen Inhaber. Die Wiedergabe von Marken, Produktnamen, Gebrauchsnamen, Handelsnamen, Warenbezeichnungen u.s.w. in diesem Werk berechtigt auch ohne besondere Kennzeichnung nicht zu der Annahme, dass solche Namen im Sinne der Warenzeichen- und Markenschutzgesetzgebung als frei zu betrachten wären und daher von jedermann benutzt werden dürften.

Information bibliographique publiée par la Deutsche Nationalbibliothek: La Deutsche Nationalbibliothek inscrit cette publication à la Deutsche Nationalbibliografie; des données bibliographiques détaillées sont disponibles sur internet à l'adresse http://dnb.d-nb.de.
Toutes marques et noms de produits mentionnés dans ce livre demeurent sous la protection des marques, des marques déposées et des brevets, et sont des marques ou des marques déposées de leurs détenteurs respectifs. L'utilisation des marques, noms de produits, noms communs, noms commerciaux, descriptions de produits, etc, même sans qu'ils soient mentionnés de façon particulière dans ce livre ne signifie en aucune façon que ces noms peuvent être utilisés sans restriction à l'égard de la législation pour la protection des marques et des marques déposées et pourraient donc être utilisés par quiconque.

Coverbild / Photo de couverture: www.ingimage.com

Verlag / Editeur:
Presses Académiques Francophones
ist ein Imprint der / est une marque déposée de
OmniScriptum GmbH & Co. KG
Heinrich-Böcking-Str. 6-8, 66121 Saarbrücken, Deutschland / Allemagne
Email: info@presses-academiques.com

Herstellung: siehe letzte Seite /
Impression: voir la dernière page
ISBN: 978-3-8381-4362-0

Copyright / Droit d'auteur © 2014 OmniScriptum GmbH & Co. KG
Alle Rechte vorbehalten. / Tous droits réservés. Saarbrücken 2014

REMERCIEMENTS

Mes remerciements vont d'abord à mon directeur de thèse, le Professeur Jean Luc BOUCHEZ. Le résultat auquel nous sommes parvenu relève en grande partie de son investissement personnel. Il m'a apporté des soutiens multiformes pendant toute la durée de cette thèse. Je ne pourrai jamais le remercier à la hauteur de sa contribution qui est inestimable.

Au sein du Laboratoire des Mécanismes de Transfert en Géologie (LMTG) où j'ai effectué la totalité de mes travaux :

- Je remercie le Professeur Anne NEDELEC pour le soutien qu'elle m'apporté durant cette thèse. C'est elle qui m'a initié à la préparation des échantillons pour la microsonde, et à l'interprétation des données géochimiques.

- Je remercie monsieur Mark JESSELL, Directeur de recherche IRD au LMTG pour sa constante disponibilité face à mes sollicitations en matière d'imagerie aéroportée et d'avoir accepté de juger ce travail. J'espère bénéficier davantage de son savoir faire dans l'avenir.

- Je remercie monsieur Didier BEZIAT d'avoir accepté de participer à mon jury de thèse comme examinateur. Il connaît très bien les terrains Paléoprotérozoïques de l'Afrique de l'Ouest et je ne doute pas que sa contribution sera très précieuse.

- Je remercie monsieur Robert SIQUEIRA, l'Ingénieur de l'atelier de Magnétisme du LMTG qui à la suite de monsieur Pierre LESPINASSE, que je remercie également, m'a fait bénéficié de sa grande expérience dans le domaine du magnétisme des roches.

- Je remercie madame Christiane CAVARRE-HESTER qui s'est toujours chargée de la réalisation et de la bonne présentation de nos illustrations.

- Je remercie madame Fabienne DE PARSEVAL et monsieur Jean-François MENA de l'atelier de confection des lames minces pour leur constante disponibilité.

- Au service de la microsonde et du microscope électronique à balayage, je témoigne toute ma gratitude à monsieur Philippe DE PARSEVAL et à monsieur Thierry AIGOUY.

- Je remercie Yoann DENELE (doctorant au LMTG), qui m'a initié à la séparation des zircons.

- Je remercie le Docteur Nestor VEGAS de l'Université de Bilbao avec qui nous avons réalisé une bonne partie de ce travail durant sa période de recherche post-doctorale au LMTG (2003 et 2004)

Je remercie les Professeurs Alain VAUCHEZ et José M. TUBIA, respectivement de l'Université de Montpellier et de l'Université de Bilbao qui ont accepté d'être les rapporteurs de cette thèse.

Je dit merci au Professeur Hervé DIOT de l'Université de La Rochelle qui participe à mon jury de thèse comme examinateur.

A l'université de Ouagadougou, je remercie mes proches collaborateurs pour leurs encouragements (Professeur Martin LOMPO, Docteur Nicolas KAGAMBEGA, TRAORE Abraham, ...).

Ce travail a été réalisé grâce aux soutiens financiers sous forme de bourses que j'ai reçues :
- De l'Institut de Recherche pour le Développement (département soutien aux communautés scientifiques du Sud). Je témoigne toute ma reconnaissance à monsieur Gérard HERAIL, Directeur de l'UR154 qui a perçu le bien de fondé de mener des actions de formations en géosciences du côté de l'Afrique et qui a soutenu ma candidature à cette bourse.
- De l'Université Paul Sabatier de Toulouse à travers le service des relations extérieures. Cette bourse ATUPS m'a permis de disposer d'un cadre adéquat pour la rédaction de ma thèse.
- Du service de coopération et d'action culturelle de l'Ambassade France à Ouagadougou. Je remercie particulièrement monsieur Jacques de Monès et madame Giraudeau pour l'attention particulière qu'ils ont accordée à ma candidature.

RESUME

Les formations Birimiennes du craton ouest africain sont constituées de ceintures de roches vertes métamorphisées et structurées au cours de l'orogenèse éburnéenne (~ 2,1 Ga). Cette structuration, est attribuée au raccourcissement régional NW-SE dû à la convergence de deux cratons archéens, à la remontée diapirique des plutons de tonalite-trondhjémite et granodiorite (TTG) associée à un enfoncement du matériel mafique formant les ceintures. Ces ceintures et les granitoïdes TTG sont ensuite recoupés, entre 2,13 et 1,9 Ga, par des plutons de granite calco-alcalin et alcalin issus de la fusion partielle des TTG. L'étude de ces derniers a été effectuée à partir de trois ensembles plutoniques au Burkina Faso oriental : les plutons de Tenkodogo-Yamba et de Kouaré sont calco-alcalins et celui de Nanéni est alcalin.

Les valeurs de la susceptibilité magnétique montrent que les granites calco-alcalins et alcalins sont, pour l'essentiel, ferromagnétiques. Ce sont des granites à magnétite disséminée dont l'aimantation rémanente naturelle domine l'aimantation induite par le champ terrestre, ce qui donne une signature magnétique reconnaissable sur les cartes aéromagnétiques. Les fabriques magnétiques mesurées au laboratoire donnent des foliations toujours fortement pentées et des linéations à très fort plongement en de nombreux endroits. Ces fabriques sont celles de la mise en place des plutons, puisque les microstructures associées sont de type magmatique, et que les linéations à fort plongement sont parfois marquées par l'allongement d'enclaves co-magmatiques. Dans les sites où quelques transformations "hydrothermales" sont perceptibles, l'anisotropie de l'aimantation rémanente ne révèle pas de fabrique secondaire. Nous interprétons les zones à linéations fortement plongeantes comme des témoins de zones d'alimentation en magma des plutons.

Fabriques magnétiques et microstructures permettent de proposer trois mécanismes pour la mise en place de ces plutons. Le pluton de Kouaré, le plus précoce (~2128 ± 6 Ma, Pb/Pb sur zircon), se met en place dans la croûte TTG préexistante alors qu'elle est encore facile à ramollir, par interaction entre poussée diapirique et déformation transcurrente. Les granites de l'alignement Tenkodogo-Yamba se mettent en place un peu plus tard (~2117 Ma ± 6 Ma, id.) dans des structures dilatantes d'une croûte devenue fragile lors d'une tectonique transcurrente localisée et de sens dextre. Enfin, dans ce même contexte rhéologique et probablement un peu plus tard, le petit pluton de Nanéni (non daté), issu des granites précédents par cristallisation fractionnée, se serait injecté sous pression entre les granitoïdes TTG de l'encaissant et les métavolcanites des ceintures de roches vertes.

Ainsi, sur une quarantaine de millions d'années, c-à-d entre la mise en place des TTG vers 20 km de profondeur et celle des granites à une douzaine de km de profondeur, la croûte Paléoprotérozoïque d'Afrique de l'Ouest s'est refroidie à un taux moyen de 6° par million d'année.

Cette étude apporte quelques contraintes rhéologiques sur la croûte Paléoprotérozoïque d'Afrique de l'Ouest. A l'image de l'Archéen, l'accrétion continentale a été d'abord marquée, entre 2,2 et 2,13 Ga, par la prédominance des forces de gravité. Puis, à partir de 2,13 Ga, la gravité, assistée par la tectonique transcurrente, a assuré le transfert des magmas granitiques dans une croûte localement ramollie sous l'effet thermique de la montée des plutons (Kouaré) ou parfaitement fragile (Alignement et Nanéni).

Mots clés: Craton ouest africain, Birimien, Eburnéen, Paléoprotérozoïque, Burkina Faso, granite, aimantation rémanente, fabrique magnétique, microstructure, rhéologie.

Abstract

Birimian formations in the West African Craton are made up of greenstone-belts which were metamorphosed and deformed during the Eburnean orogeny (~ 2.1 Ga). The overall structure of the greenstone-belts is attributed to regional NW-SE shortening due to the convergence of two Archean cratons and to the diapiric upwelling of tonalite-trondhjemite and granodiorites (TTG) associated with the downwelling of the mafic materials of the belts. These belts and TTG granitoids were then crosscut by calk-alkaline and alkaline granites which derived from partial melting of the TTG rocks, and which were emplaced in-between 2.13 and 1.9 Ga. Three plutonic units from eastern Burkina Faso are here studied: the calk-alkaline granites of Tenkodogo-Yamba and Kouaré and the alkaline pluton of Naneni.

Magnetic susceptibility values show that the granite plutons have a ferromagnetic behaviour. They contain disseminated magnetite and have high values of natural remanent magnetization compared to the magnetization induced by the earth field, giving a specific magnetic signature on aeromagnetic maps. Magnetic fabric measurements show that foliations are always strongly dipping and that lineations are strongly plunging in many places. All the fabrics are related to pluton emplacements as attested by the associated microstructures that are typically magmatic. At places, the strongly plunging lineations are underlined by the long-axes of co-magmatic enclaves. In the stations where some "hydrothermal" transformations were observed, no secondary fabrics have been revealed using the anisotropy of remanent magnetization technique. The strongly plunging lineations are believed to belong to feeders zones of the plutons.

Magnetic fabrics and microstructures allow us to propose mechanisms of pluton emplacement. The pluton of Kouaré was the earliest (~2128 ± 6 Ma, Pb/Pb, zircons data) to be emplaced in the pre-existing TTG crust that was softened by the presence of the granite and subjected to diapirism combined with a component of regional transcurrent shear. The granites of the alignment of Tenkodogo-Yamba (~2117 Ma ± 6 Ma, id.) were then emplaced within tension gashes of an already brittle TTG crust subjected to localised dextral shearing. In the same rheological context and likely later, the small pluton of Naneni (not yet dated), which likely derives from the previous granites by fractional crystallization, was likely injected under pressure between the TTG basement and the metavolcanic belts.

Thus, on a forty millions years time elapse i.e. between emplacement of the TTG at ~20 km depth and granite emplacement at ~12 km depth, the Paleoproterozoic crust of West Africa cooled at an average rate of 6°/Myear. This brings some rheological constraints on the Paleoproterozoic crust of West Africa, that shares some characters with the Archean continental crust. Crustal accretion, initially marked by gravity forces between 2.2 and 2.13 Ga, was then assisted, in-between 2.13 and 1.9 Ga, by transcurrent shearing that ensured the transfer of granitic magmas in a crust that was locally softened by the thermal effect of the plutons (Kouaré) or was perfectly brittle (granite of the alignment and Naneni).

Keywords : West African Craton, Birimian, Eburnean, Paleoproterozoic, Burkina Faso, granite, remanent magnetization, magnetic fabric, microstructure, rheology.

Table des Matières

CHAPITRE I : PRESENTATION GEOLOGIQUE GENERALE   1

    I.1. Le craton Ouest Africain   2

    I.2. La dorsale de Man   5

    I.3. Le domaine paléoprotérozoïque d'Afrique de l'Ouest   5

    I.4. Définition et classification des granitoïdes du domaine Baoulé-Mossi   8

    I.5. Structures des granitoïdes du domaine Baoulé-Mossi   10

    I.6. Les granitoïdes étudiés du Burkina Faso oriental   10

       - Les granitoïdes TTG du "batholite"   12

       - Les plutons de granites à biotite   20

CHAPITRE II : METHODOLOGIE   24

    II.1 Méthodes magnétiques   25

       - Susceptibilité, anisotropie de susceptibilité et aimantation rémanente   25

       - Comportement magnétique des minéraux et des roches   27

       - Echantillonnage, instrumentation et méthodes de mesure   30

    II.2 Fabrique magnétique et fabrique minérale   34

    II.3 Le message des microstructures   36

    II.4 Géophysique aéroportée et imagerie satellitaire   38

       - La géophysique aéroportée   38

       - Imagerie satellitaire   40

    II.5 Séparation des zircons pour datation   42

CHAPITRE III : LE DIAPIR DE KOUARE   47

    III.1 Présentation résumée   48

    III.2 Publication sous presse à I.J.E.S   51

CHAPITRE IV : L'ALIGNEMENT PLUTONIQUE TENKODOGO-YAMBA   67

    IV.1 Présentation résumée   68

    IV.2 Publication à J.A.E.S (2004)   70

CHAPITRE V : LE PLUTON DE NANENI   87

    V.1 Présentation résumé du pluton de Nanéni   88

    V.2. Publication à soumettre   90

CHAPITRE VI : DISCUSSION ET CONCLUSION   117

    VI.1. Composition et origine des plutons   118

    VI.2. Données magnétiques   119

VI.3. Anatomie d'une zone de racine	123
VI.4. Contexte rhéologique de la mise en place des plutons	126
VI.5. Rôle des cisaillements	130
VI.6 Conclusion générale	131
BIBLIOGRAPHIE	132
ANNEXES	145
Annexe I	146
Annexe II	161
Annexe III	162
Annexe IV	163

Liste des Figures

Figure I.1 : Carte géologique synthétique du Craton Ouest Africain (C.A.O)   3

Figure I.2 : Reconstructions géologiques de la zone d'étude   4

Figure I.3 : Carte géologique synthétique de la dorsale de Man   6

Figure I.4 : Le Burkina Faso oriental, site des granitoïdes étudiés   11

Figure I.5 : Granitoïdes TTG à litage marqué   13

Figure I.6 : Localisation des échantillons utilisés pour les analyses chimiques   14

Figure I.7 : Position des amphiboles dans le diagramme de nomenclature de Leake et al. (1997)   15

Figure I.8 : Composition des granitoïdes TTG   16

Figure I.9 : Diagramme de variation de la teneur en potassium en fonction de la silice (Rickwood, 1989)   17

Figure I.10 : Rapport A/CNK (A/CNK = [Al2O3]/[CaO] + [Na2O]+ [K2O]) en fonction de la teneur en silice   17

Figure I.11 : Diagramme de Harker de quelques oxydes et éléments en traces des granitoïdes TTG du Burkina Faso oriental   18

Figure I. 12 : Spectre de terres rares normalisés à la chondrite C1 (Sun et McDonough, 1989)   19

Figure I.13 : Aspect macroscopique des granites à biotite   21

Figure I.14 : Composition des granites à biotite   22

Figure I.15 : Diagramme de variation de la teneur de quelques oxydes en fonction de la silice   23

Figure I.16 : Spectres de terres rares normalisés à la chondrite C1 (Sun et McDonough, 1989)   23

Figure II.1 : Les comportements magnétiques   28

Figure II.2: les trois principales séries de solutions solides du système FeO-TiO2-Fe2O3 des roches magmatiques   29

Figure II.3 : Procédure de collecte d'échantillons pour les mesures d'ASM   31

Figure II.4 : Principaux appareils de l'atelier de magnétisme des roches du LMTG   32

Figure II.5 : Propriétés magnétiques de quelques minéraux communs   33

Figure II.6 : Relation entre fabrique minérale et fabrique magnétique dans un granite à biotite   35

Figure II.7 : Comparaison entre fabrique magnétique et fabrique de forme de la magnétite d'une syénite quartzique de Madagascar   35

Figure II.8 : Principales microstructures rencontrées dans les granites étudiés   37

Figure II.9 : Image radiométrique de la zone d'étude avec les limites des ensembles plutoniques étudiés   41

Figure II.10 : Images satellitaires de la zone d'étude avec les limites des ensembles plutoniques étudiés   43

Figure II.11 : Schéma de montage pour une séparation aux liqueurs denses   45

Figure VI.1 : Graphes de la susceptibilité en fonction de la température   119

Figure VI.2 : Fréquence des valeurs de susceptibilité des granites étudiés, avec distinction entre granites paramagnétiques et ferrimagnétiques   120

Figure VI.3 : Fréquence des valeurs de l'aimantation rémanente naturelle des granites étudiés   120

Figure VI.4 : Relation entre aimantation rémanente naturelle et susceptibilité magnétique   121

Figure VI.5 : Fréquence des plongements de linéations dans les granites de Tenkodogo-Yamba , de Kouaré et de Nanéni   122

Figure VI.6 : Diagramme d'orientation (hémisphère inférieur) des axes d'ASM, de $pAAR_{4-8\ mT}$ et de $pAAR_{12-80mT}$ 123

Figure VI.7 : Structure d'une zone de racine   124

Figure VI.8 : Enclaves co-magmatiques (riches en biotite) marquant la linéation   125

Figure VI.9 : Deux faciès du granite à biotite dans le pluton de Diabo   127

Figure VI.10 : Etat rhéologique de la croûte lors de la mise en place du pluton de Kouaré   128

Figure VI.11 : Les témoins de la mise en place des granites à biotite dans un encaissant fragile   129

CHAPITRE I

PRESENTATION GEOLOGIQUE GENERALE

I.1. Le craton Ouest Africain

L'évolution crustale en Afrique de l'Ouest s'est déroulée en deux étapes principales. La première correspond à la formation d'une croûte archéenne (3,5-2,5 Ga) formant le noyau de Man, le plus ancien du Craton Ouest-africain. Elle est suivie par la formation d'une croûte paléoprotérozoïque (2,2-1,7 Ga) dont la déformation a résulté de la fermeture du bassin océanique qui séparait les cratons Ouest Africain et du Congo, impliquant l'accrétion progressive d'arcs insulaires et de plateaux océaniques contre une masse continentale en croissance (Hirdes et al., 1992 ;1996 ; Leake, 1992 ; Pohl et Carlson, 1993 ; Davis et al., 1994 ; Ledru et al., 1994).

Les travaux de géochimie isotopique effectués dans le domaine paléoprotérozoïque (Abouchami et al., 1990, Boher et al., 1992) montrent que cette croûte a un caractère juvénile, formée loin de toute influence de croûte plus ancienne. Les exceptions relevées s'observent au voisinage du domaine archéen de Man (Boher et al., 1992 ; Kouamélan et al., 1997) ou, plus loin, dans la ceinture de Winneba au Ghana (Taylor et al., 1992).

Le craton Ouest-africain est stabilisé depuis la fin du Paléoprotérozoïque (1,7 Ga). Il se compose des dorsales de Réguibat au Nord et de Man ou Léo au Sud. Les deux dorsales présentent beaucoup de similitudes tant du point de vue de la nature des formations géologiques que des âges. Elles sont séparées par la plateforme sédimentaire Taoudéni au sein de laquelle affleurent les deux boutonnières de Kayes et de Kédougou-Kéniéba (Fig. I.1). Le craton Ouest-africain est limité à l'est par les chaînes panafricaines des Dahoméyides, du Gourma et des Pharusides, au Nord par l'Anti-Atlas, à l'Ouest par les Rockélides (panafricaines) et les Mauritanides (hercyniennes) et au Sud par l'Océan Atlantique.

La reconstitution en termes de tectonique des plaques, des supercontinents archéens et paléoprotérozoïques n'est pas aisée. Les quelques tentatives de reconstitution sont celles de Feybesse et Milési (1994), Condie (1998, 2001), Zao et al. (2002) et Bleeker (2003). Les reconstitutions les mieux argumentées sont postérieures à 1,3 Ga à savoir, la Rodinia, le Gondwana et la Pangée. Les positions successives du craton ouest africain dans la Rodinia et le Gondwana (Fig. I.2a et b) montrent qu'il a souvent changé de latitude, changements à mettre en relation avec la déformation de ses bordures au Panafricain et à l'Hercynien. Enfin, dans la position actuelle des cratons archéens et paléoprotérozoïques issus de la dislocation de la Pangée (Fig. I.2c), les similitudes qui existent dans l'évolution géologique du craton ouest africain, du bouclier de Guyane et du petit bloc cratonique de São Luis indiquent que ces entités formaient un même bloc avant sa dislocation récente.

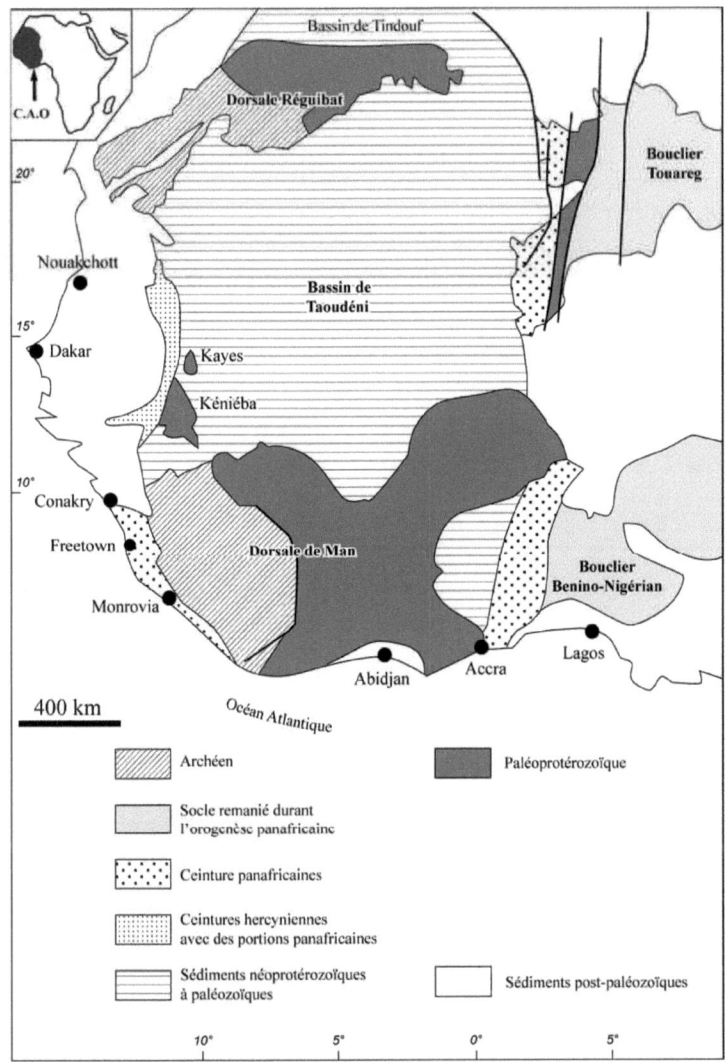

Figure I.1 : Carte géologique synthétique du Craton Ouest Africain (C.A.O)

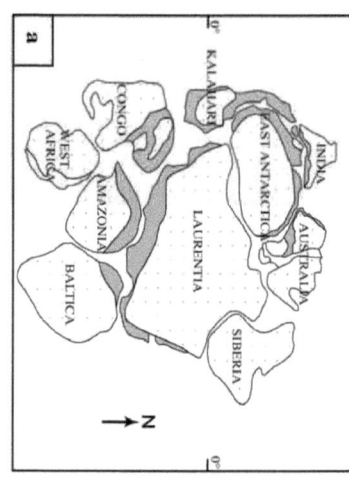
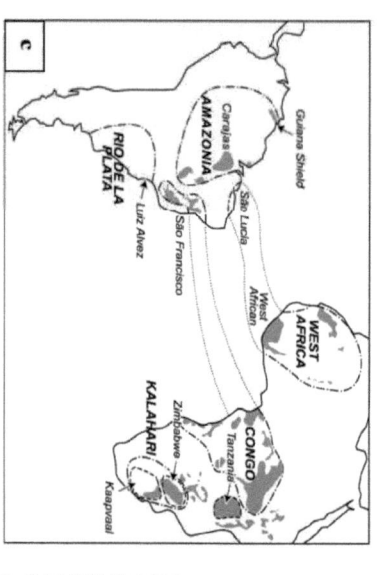
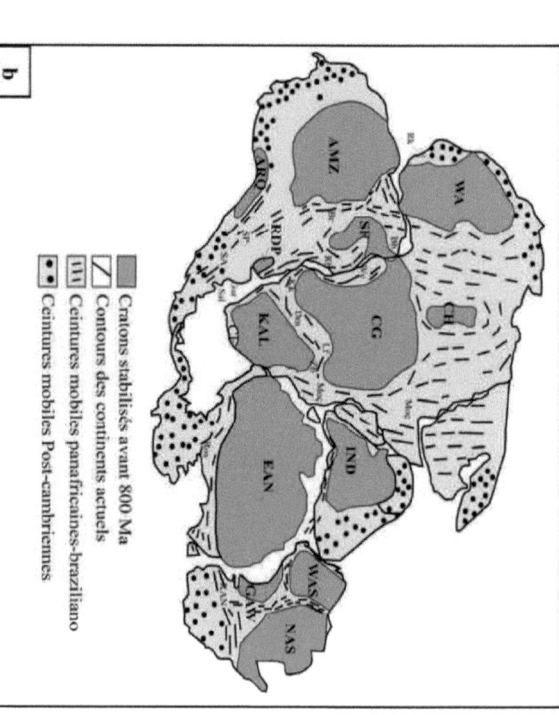

Figure I.2 : Reconstructions géologiques de la zone d'étude : a : Carte de la Rodinia d'après Hoffman (1991). Les ceintures mobiles Grenvillien-Kibarien (en gris) résultent de la collision entre les blocs continentaux archéens-paléoprotérozoïques (pointillés) avec la Laurentia ; **b** : Le paléocontinent Gondwana avec ses blocs cratoniques et les ceintures mobiles du Panafricain ou Brasiliano. RDP : Rio de la Plata ; AMZ : Amazonas ; ARQ : Arequipa ; WA : West Africa ; CH : Chad ; SF : São Francisco ; CG : Congo, KAL : Kalahari ; EAN : East Antarctica; IND : India ; WAS : West Australia ; NAS : North Australia ; GAW : Gawler ; Moç : Moçambique; Zb : Zambezi ; Lf : Lufilian ; ROS : Ross ; Kan : Kannatoo ; CF : Cape Fold ; Sal : Saldania ; Gar : Gariep ; Dm Damara ; Kk : Kaoko ; Sp : Sierra Pampeanas ; SA : Sierra Australes (Powell, 1993, modifié) ; **c** : Positions actuelles de quelques cratons Archéens et Paléoprotérozoïques. Les traits en pointillés relient les cratons qui ont jadis formé un bloc unique (essais de corrélation d'après Bleeker, 2003).

I.2. La dorsale de Man

La dorsale de Man est constituée de deux entités principales (Fig. I.3) :

- Une entité occidentale, couvrant le Libéria, une partie de la Côte d'Ivoire, de la Guinée et de la Sierra Leone, appelée domaine Kénéma-Man, où les formations géologiques sont d'âge Archéen. Ce sont des gneiss gris rubanées de composition tonalitique avec des intercalations de granulite rose à orthopyroxène, et des charnockites (Camil, 1984 ; Kouamélan et al., 1997). Des plutons de granite calco-alcalin postérieurs au métamorphisme du faciès granulite sont intrusifs dans les gneiss gris. Deux cycles orogéniques sont reconnus dans ce domaine : le cycle Léonien (3,3-3,2 Ga) et le cycle Libérien (2,8-2,7 Ga).

- Une entité orientale, appelée domaine Baoulé-Mossi, couvre une partie du Burkina Faso, de la Côte d'Ivoire, du Ghana, de la Guinée, du Mali, du Niger et du Togo. Les formations géologiques, d'âge Paléoprotérozoïque (2,5-1,8 Ga), sont appelées formations birimiennes (Kitson, 1918, Junner,1940, Bessoles, 1977). Elles sont affectées par l'orogenèse éburnéenne (Bonhomme, 1962) dont le paroxysme se situe aux alentours de 2,1 – 2,09 Ga (Einsenlohr et Hirdes, 1992, Blenkinsop et al., 1994).

Ces deux domaines sont séparés par la faille transcurrente de Sassandra, d'orientation sub-méridienne (Fig. I.3). La déformation le long de cette zone de cisaillement se caractérise d'abord par des structures transpressives, sénestres de haute température d'allongement principal Nord-Sud, et se poursuit avec le même régime cisaillant sous des températures décroissantes, ce qui se matérialise par des mylonites, voire des ultamylonites au cœur de la zone (Caby et al., 2000). Cet accident de Sassandra est par ailleurs jalonné de plutons de granitoïdes d'âges compris entre 2,09 Ga et 2,07 Ga (Egal et al., 2002). Les effets de la tectonique éburnéenne sur le domaine archéen de Man ne sont visibles que dans les régions proches de la faille de Sassandra. C'est notamment le cas en Guinée où Thiéblemont et al. (2004) décrivent des structures d'orientation NNE-SSW propres à l'Eburnéen, un métamorphisme de haut degré et des intrusions de granite et de syénite d'âges compris entre 2,08 et 2,02 Ga.

I.3. Le domaine paléoprotérozoïque d'Afrique de l'Ouest

Les terrains du Paléoprotérozoïque d'Afrique de l'Ouest (Birimien) sont constitués de ceintures de roches métavolcaniques et métasédimentaires aux limites desquelles on rencontre des grands batholites de tonalites, trondhjémites et granodiorites (TTG). Ces formations sont recoupées par des plutons de granites calco-alcalins et alcalins. Au sein de ces ceintures on distingue des unités à dominante volcanique et des unités à dominante sédimentaire.

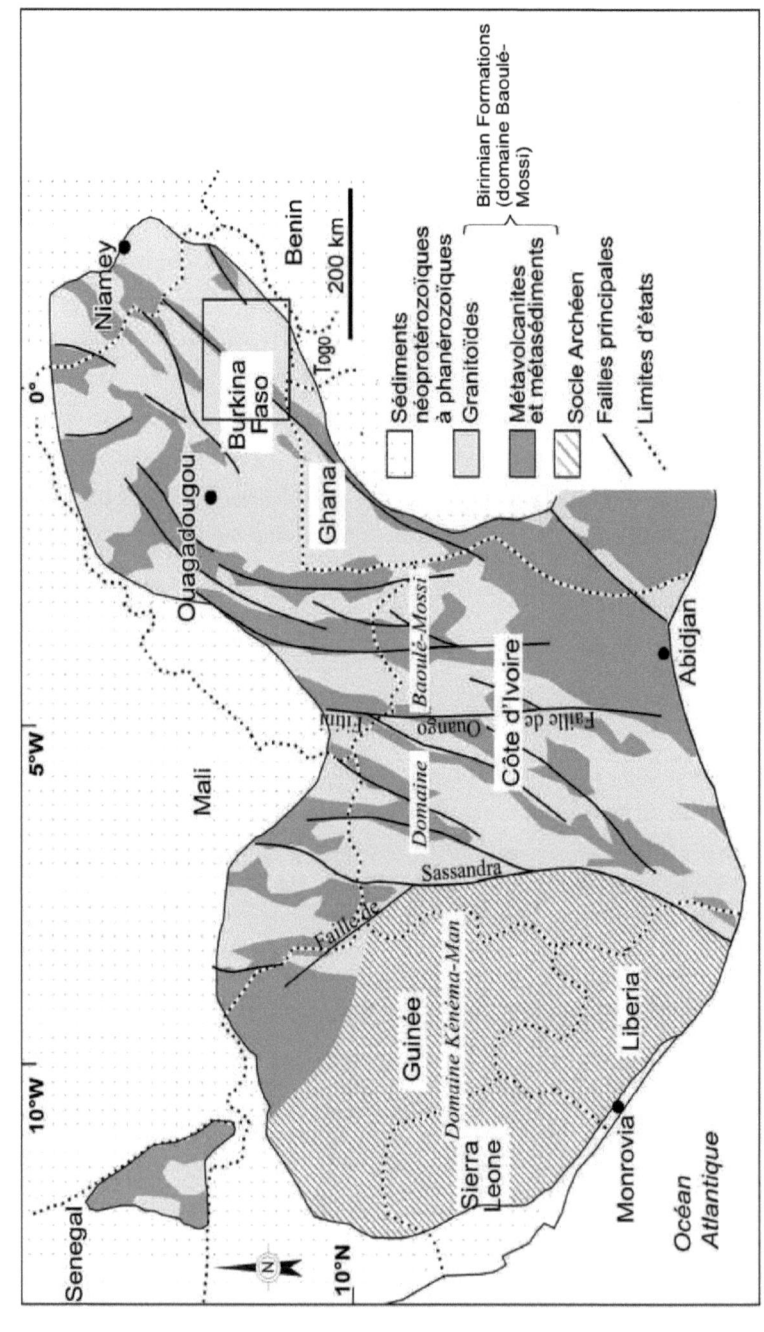

Figure I.3 : Carte géologique synthétique de la dorsale de Man. Le cadre indique la région d'étude dans ce mémoire.

Les unités volcaniques sont principalement constituées de basaltes tholéiitiques, avec une structure en pillows, recouverts par des sédiments, alors que les unités sédimentaires sont constituées de turbidites clastiques recoupées à un niveau superficiel par des filons de roches volcaniques à caractère calco-alcalin. La succession lithostratigraphique des unités métavolcaniques et métasédimentaires a fait l'objet de débats concernant le contexte d'accrétion des formations birimiennes et le régime tectonique qui a prévalu au début de l'orogénèse éburnéenne. Junner (1940), repris plus tard par Milési et al. (1992) et Feybesse et Milési (1994), propose un Birimien inférieur métasédimentaire et un Birimien supérieur métavolcanique. Une succession inverse est proposée par Bassot (1966), Arnould (1961) et Tagini (1971). Sur la base des travaux plus récents (Leube et al., 1990 ; Pouclet et al., 1996 ; Hirdes et al., 1996 ; Béziat et al., 2000), on admet maintenant que l'unité volcanique constitue la base de la série.

Les sédiments dérivent des roches volcaniques (Leube et al., 1990) et par conséquent le Birimien "inférieur" (volcanique) et le Birimien "supérieur" (sédimentaire) sont contemporains. Hirdes et al. (1996) ont montré, dans le cadre d'une campagne de cartographie de la Côte d'Ivoire, que l'âge du volcanisme et par conséquent que la sédimentation associée varie d'une ceinture à l'autre. De plus, Hirdes et al. (1996) ont constaté que l'âge des ceintures rajeunit du SE vers NW. Cette constatation est valable pour la boutonnière de Kédougou-Kéniéba située à l'extrême Ouest du domaine Baoulé-Mossi (Hirdes et Davis, 2002).

Ainsi, ces auteurs proposent une subdivision du Paléoprotérozoïque de la dorsale de Man en deux sous-provinces séparées par la faille de Ouango-Fitini (Fig. I.3). La sous-province orientale couvre le Ghana, l'Est de la Côte d'Ivoire, le Niger occidental et l'essentiel du Burkina Faso. Dans cette sous province, qui représenterait alors le Birimien au sens strict, les ceintures volcano-sédimentaires ont des âges comprises entre 2190 et 2150 Ma. Les mêmes auteurs proposent que le terme Bandamien soit utilisé pour désigner les ceintures volcaniques plus jeunes (~ 2105 Ma) de la sous-province occidentale qui couvre le centre de la Côte d'Ivoire, le Sud-Ouest du Mali et le Nord-Est de la Guinée.

Sur le contexte d'accrétion des formations birimiennes, certains auteurs (Abouchami et al., 1990 ; Boher et al., 1992 ; Pouclet et al., 1996) ont proposé un contexte de plateau océanique, d'autres (Sylvester et Attoh, 1992 ; Ama Salah et al., 1996, Soumaila et al., 2004) un contexte d'arrière arc ou les deux à la fois (Béziat et al., 2000). Concernant maintenant le régime tectonique qui a prévalu durant l'Eburnéen précoce, certains auteurs (Ledru et al., 1994 ; Feybesse et Milési, 1994 ; Feybesse et al., 2006) proposent un régime similaire à celui de la tectonique des plaques. Ils distinguent trois phases de déformation au cours de la tectonique éburnéenne. La première, qui correspond à une tectonique collisionelle marquée par des chevauchements, n'est observée que localement (limite entre le domaine Baoulé-Mossi et le domaine archéen de Man). D'autres auteurs (Einsenlohr et Hirdes, 1992 ; Blenkinsop et al., 1994 et Gasquet et al., 2003) proposent une phase unique de déformation progressive qui commence par un raccourcissement régional NW-SE qui se poursuit au sein des zones de cisaillement bien connues dans l'ensemble du domaine Baoulé-Mossi.

I.4. Définition et classification des granitoïdes du domaine Baoulé-Mossi

L'étude des granitoïdes a influencé la définition des contextes orogéniques dans le domaine Baoulé-Mossi. C'est ainsi qu'un certain nombre d'auteurs (Arnould, 1961 ; Ducellier, 1963 ; Machens, 1964 ; Tagini, 1971 ; Papon, 1973 ; Bard, 1974 ; Hottin et Ouédraogo, 1975 ; Bessoles, 1977) ont défini au sein des roches cristallines du domaine Baoulé-Mossi, des formations gneissiques et migmatitiques qu'ils ont attribué à l'Archéen, ou de manière un peu plus ambiguë à l'Antébirimien. Ces formations ont été ensuite étudiées par Lemoine (1988) dans la région de Dabakala en Côte d'Ivoire, et attribuées à un cycle burkinien (2,4-2,15 Ga). L'idée d'un cycle orogénique burkinien (formations dabakaliennes) a été ensuite généralisée à l'ensemble du craton Ouest africain (Lemoine et al., 1990). Les travaux de Boher et al. (1992) ont ensuite montré que les formations gneissiques de la région de Dabakala ont des âges de 2,19 à 2,14 Ga, ce qui a permis de resserrer les limites du Burkinien (2,2 – 2,15 Ga) qui correspond à la base du Birimien (Hirdes et al., 1996). Enfin, les travaux récents de Gasquet et al. (2003) montrent que les gneiss et migmatites de la région de Dabakala sont en fait des granitoïdes déformés. Toutefois, l'âge de 2,31 Ga, du cœur des zircons de la tonalite de Dabakala leur permet de conclure à l'existence d'un épisode de croissance crustale précoce. A côté de ces roches structurées qui ont suscité des débats controversés, on trouve des granitoïdes à structure équante dont le caractère magmatique fait l'unanimité.

Plusieurs tentatives de classification des granitoïdes ont été effectuées (Kagambèga, 2005). Les classifications anciennes (Junner, 1940 ; Roques, 1948) s'appuyaient sur la composition pétrographique, les caractères structuraux, le mode gisement (concordant ou discordant), la présence de métamorphisme de contact et l'amplitude de la zone transformée autour du pluton, ainsi que sur la nature de l'encaissant. La classification de Junner (1940) a été ensuite reprise par Leube et al. (1990), Hirdes et al. (1992) et Taylor et al. (1992) pour définir les granitoïdes du Ghana. Dans cet ordre d'idée, Liégeois et al. (1991) montrent, sur la base de données géochimiques et isotopiques Rb-Sr, que les granitoïdes du Sud-Ouest du Mali avec leur affinité calco-alcaline potassique, ont un lien étroit avec leur encaissant métavolcanique.

Les travaux de Eisenlohr et Hirdes (1992), basés sur les données radiométriques et isotopiques montrent que pour le Ghana, l'ordre chronologique proposé par Junner (1940) est à renverser : les granitoïdes type Cape Coast, ou de type Bassin, sont plus récents que les granitoïdes de types Dixcove ou de type ceinture de roches volcaniques. Sur la base de données radiométriques et isotopiques, Hirdes et al. (1996), complètent, pour les granitoïdes de Haute Comoé, en Côte d'Ivoire, la classification de Leube et al. (1990). Ils proposent, la succession d'événements suivants : 1) mise en place de granitoïdes associés à la série de métabasaltes tholéiitiques ; 2) formation des granito-gneiss dont le protolithe serait les granitoïdes de la génération précédente ; les granito-gneiss pourraient correspondre à ce qui est défini comme le Dabakalien en Haute Comoé (Lemoine, 1988; Vidal et Alric, 1994); 3) mise en place de granitoïdes à biotite (granitoïdes de type Bavé) recoupant les granito-gneiss et issus de leur migmatisation ; 4) mise en place de granites de type "bassin" recoupant les granito-gneiss et les roches métasédimentaires; la relation temporelle entre les granitoïdes de type Bavé et les granites de type bassin ne peut être exactement définie ; 5) mise en place de massifs arrondis d'ultramafites qui recoupent toutes les formations précédentes et qui correspondent à un stade d'évolution anorogénique du craton.

Doumbia et al. (1998), toujours en Côte d'Ivoire mais dans la partie centrale (bassin de Bandama), distinguent deux générations de granitoïdes. La première, mise en place entre 2123 et 2108 Ma au sein des formations métabasaltiques des ceintures de roches vertes, est constituée de granitoïdes calco-alcalins sodiques ayant les caractères des séries TTG archéennes. La deuxième génération, mise en place vers 2097 Ma au sein des séries métasédimentaires des ceintures, est constituée de grands complexes de granitoïdes peralumineux et de batholites de granitoïdes calco-alcalins potassiques.

Enfin, au Burkina Faso, Castaing et al. (2003), sur la base de données radiométriques et géochimiques (majeurs, traces et terres rares) distinguent deux types de plutons granitiques. Le premier type, constitué de granitoïdes à caractère adakitique s'est mis en place entre 2,15 et 2,13 Ga, et le deuxième est constitué de granites potassiques mis en place entre 2,115 et 2,095 Ga. C'est également le même intervalle de temps qui est reconnu pour les plutons de granitoïdes au Niger (Cheilletz et al., 1994 ; Pons et al., 1995) avec de grands batholites de granodiorites allongés perpendiculairement à la direction du raccourcissement régional et des petits plutons de granites alcalins allongés parallèlement à la direction du raccourcissement.

En conclusion, les données pétrographiques, géochimiques et radiométriques des différents auteurs de 1990 à nos jours semblent confirmer l'appartenance de l'ensemble des granitoïdes du Paléoprotérozoïque à un cycle unique Eburnéen.

I.5. Structures des granitoïdes du domaine Baoulé-Mossi

Les données structurales sur les granitoïdes de ce domaine, bien que peu nombreuses, se sont multipliées ces dernières années, ce qui permet maintenant de comprendre le rôle joué par la mise en place des granitoïdes sur la structuration des ceintures de roches vertes, ainsi que les mécanismes de mise en place des différentes générations de granitoïdes. Ainsi pour les plutons précoces à caractère de TTG certains auteurs (Caby et al., 2000 ; Gasquet et al., 2003) proposent une mise en place diapirique. Diapirisme associé à la tectonique transcurrente est ainsi proposé comme mécanisme de mise en place pour le granite de Saraya au Sénégal et pour les grands batholites de granodiorite à amphibole du Niger (Pons et al., 1991, 1992, 1995). La mise en place des plutons granitiques dans des mégafentes de tensions créées dans la croûte fragile est également proposé comme mécanisme de mise en place des granites à biotite du Burkina Faso et des granites alcalins du Niger (Pons et 1995, Lompo et al., 1995 ; Naba et al., 2004).

I.6. Les granitoïdes étudiés du Burkina Faso oriental

Le Burkina Faso, à l'instar de toutes les autres provinces birimiennes de la dorsale de Man, est constitué de ceintures de roches métavolcaniques et métasédimentaires. Au Burkina Faso oriental (Fig. I.4), les termes métavolcaniques prédominent et comprennent des basaltes en coussins ainsi que des intercalations doléritiques et gabbroïques (Ama Salah et al., 1996), des brèches hyaloclastiques et quelques passées andésitiques (Abouchami et al., 1990 ; Ama Salah et al., 1996). Les métasédiments sont principalement constitués de matériel volcano-détritique. Ces ceintures métamorphiques sont recoupées par de grands batholites de granitoïdes qui appartiennent à deux ensembles (Castaing et al., 2003 ; Naba et al., 2004 ; Kagambèga, 2005). Le premier, d'âge compris entre 2,2 et 2,1 Ga, est constitué de granitoïdes à amphibole dont les caractéristiques se rapprochent de celles des TTG. Le second ensemble est représenté par des granites dans lesquels la biotite est le seul minéral ferromagnésien. Dans cet ensemble, les plutons de granite calco-alcalin sont les plus précoces (autour de 2,1

Ga) et les plus nombreux. Les granites alcalins et les syénites sont représentés par quelques petits plutons (~ 500 km²) dont la mise en place est tardive, autour de 1,9 Ga.

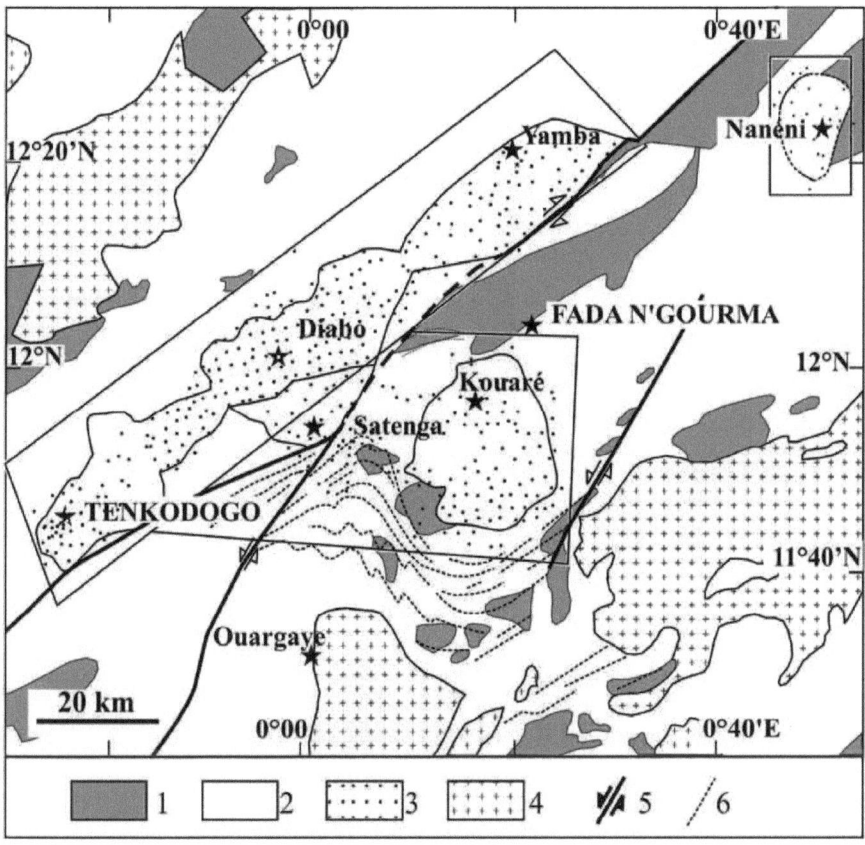

Figure I.4 : Le Burkina Faso oriental, site des granitoïdes étudiés : 1- Ceintures de roches vertes, 2- Granitoïdes TTG, 3- Stations d'échantillonnage dans les plutons de granite à biotite et leur proche encaissant (encadré), 4- Plutons de granite à biotite non concernés par cette étude. 5- Failles majeures, 6- Trajectoires de la foliation au voisinage immédiat des plutons, tracées en imagerie aéromagnétique.

- **Les granitoïdes TTG du "batholite"**

Ils sont souvent bien foliés et lités avec un aspect orthogneissique (Fig. I.5). Ils renferment à la fois biotite et amphibole comme minéraux ferromagnésiens. Comme le montrent les analyses modales (Naba et al., 2004), les compositions varient des diorites aux tonalites, trondhjémites et granodiorites. Dans le secteur d'étude, les trois principaux faciès des TTG sont distingués : tonalite (Fig. I.5a), trondhjémite (Fig. I.5b) et granodiorite (Fig. I.5c).

Les minéraux analysés (localisés en Fig. I.6) sont les amphiboles, les biotites et les plagioclases (Annexe I). Les amphiboles de la diorite quartzique sont magmatiques et ont une composition de magnésio-hornblende (Annexe I, Tabl. I et Fig. I.7a) avec XMg compris entre 0,73 et 0,49, et Si compris entre 6,4 à 7,36. Seules quelques rares amphiboles provenant de l'encaissant tonalitique au Sud du pluton de Kouaré se trouvent dans le domaine des amphiboles secondaires de type actinote. Cette transformation est attribuable à la mise en place du granite de Kouaré. Les micas noirs sont des biotites au sens strict, assez riches en magnésium avec XMg de 0,55 à 0,53 (Annexe I, Tabl. II). Les plagioclases ont une composition d'andésine (An35-An30) au cœur et d'oligoclase ($\approx$ An15) à la bordure des cristaux zonés (Annexe I, Tabl. III). Les amphiboles de la trondhjémite ont une composition de ferro-édénite (Fig. I.7b) avec un XMg de 0,44, et Si égal à 6,8 ; les biotites ont un XMg de 0,55 et les plagioclases sont des oligoclases (An25-An13).

Sur roches totales, les analyses chimiques (majeurs et traces) de l'encaissant TTG ont été réalisées 15 échantillons dont 9 dans le faciès tonalitique et 6 dans le faciès trondhjémitique (voir figure I.6 et Tableau IV, annexe I). Les tonalites ont des teneurs en silice (moyenne de 64%) moins importantes que celles des trondhjémites (moyenne de 74%). Dans le diagramme de Debon et Le Fort (1988), les tonalites se distribuent entre la lignée tholéiitique et la lignée calco-alacline sodique(Fig. I.8a).

Dans le diagramme normatif Ab-An-Or de Barker (1979), les deux groupes de roches se distinguent assez nettement (Fig. I.8b). Seul l'échantillon NK1, se retrouve dans le domaine de composition des granodiorites. L'échantillon NK2, conformément à ses caractéristiques pétrographiques, se retrouve à cheval entre les tonalites et les trondhjémites.

Dans le diagramme de Rickwood (1989), les tonalites se placent entièrement dans le domaine des séries calco-alcalines alors que les trondhjémites se concentrent dans le domaine des séries calco-alcalines peu potassiques ou des séries tholéiitiques (Fig. I.9). Cependant, l'ensemble forme un groupe qui paraît appartenir principalement à une même lignée. Leurs rapports A/CNK (rapport molaire de $[Al_2O_3]/[CaO] + [Na_2O] + [K_2O]$) les placent dans

Figure I.5 : Granitoïdes TTG à litage marqué : a) tonalite à litage grossier et riche en minéraux ferromagnésiens (site DD17) ; b) trondhjémite : litage très fin, grain fin et roche plus claire (site EE4) ; c) granodiorite, plus riche en ferromagnésiens, grain moyen, litage fin (site Nk1).

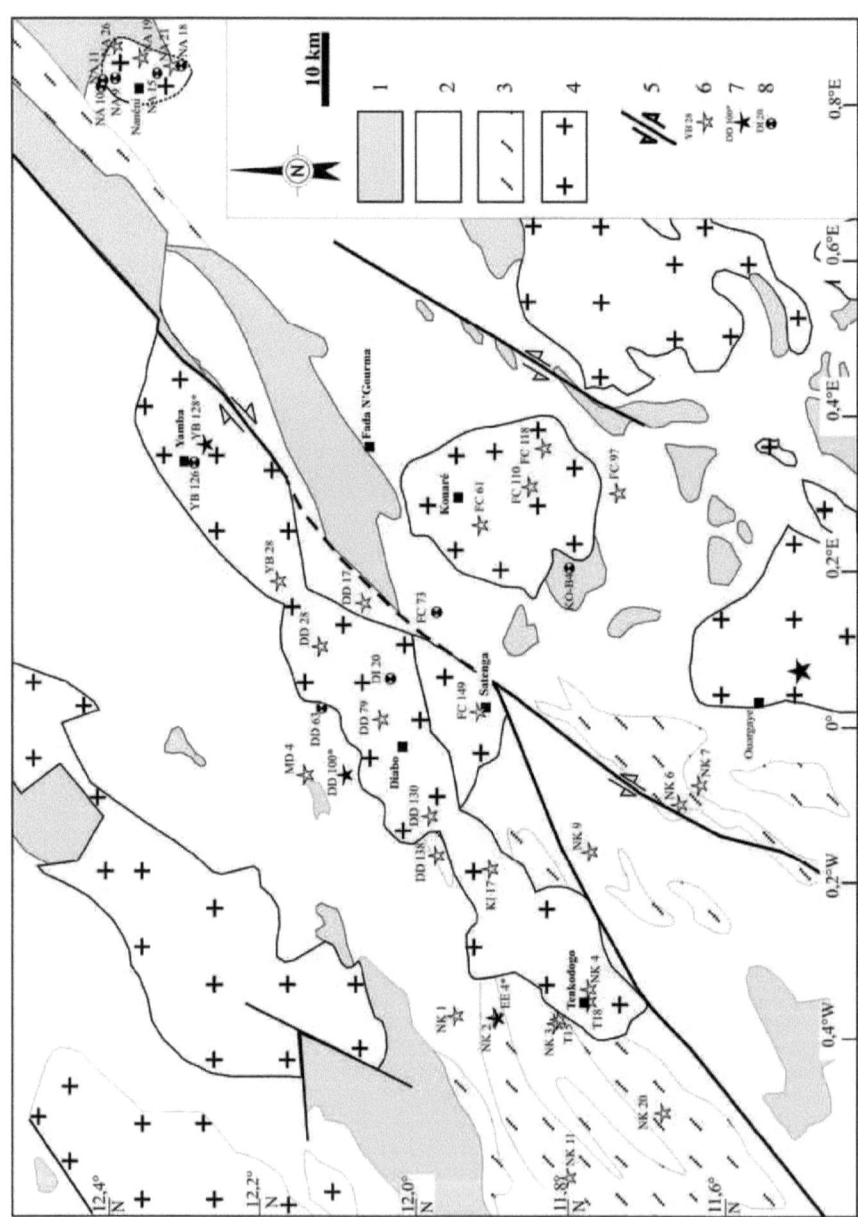

Figure I.6 : Localisation des échantillons utilisés pour les analyses chimiques : 1- Roches vertes, 2- Tonalites, 3- Trondhjémites, 4- Granites à biotite, 5- Zone de cisaillement, 6- Echantillon analysé en roche totale, 7- Echantillon analysé à la fois en roche totale et pour les minéraux, 8- Echantillon analysé pour les minéraux seulement.

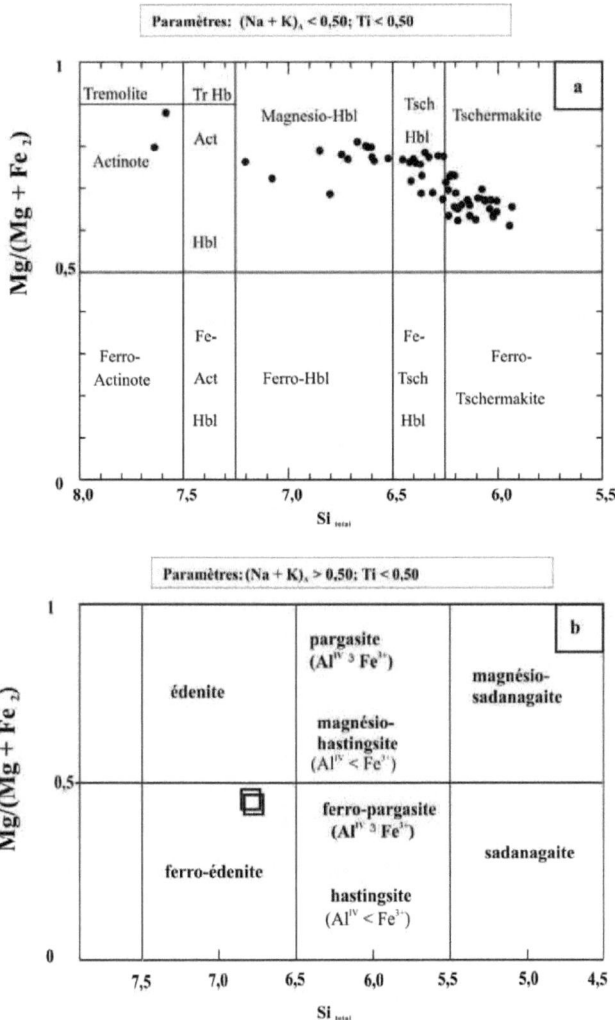

Figure I.7 : Position des amphiboles dans le diagramme de nomenclature de Leake et al. (1997) : a) dans les tonalites, b) dans les trondhjémites.

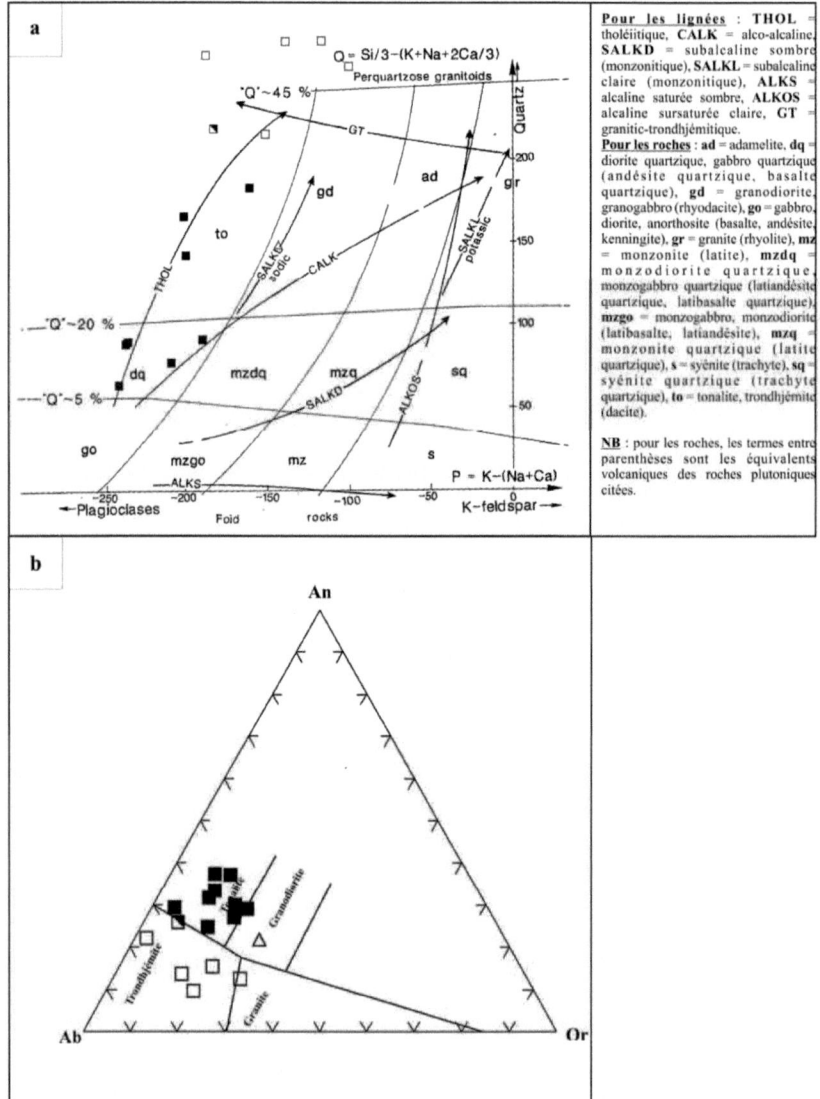

Figure I.8 : Composition des granitoïdes TTG. a : leur position dans diagramme de Debon et Le Fort (1988); b : leur position dans le diagramme de Barker (1979).

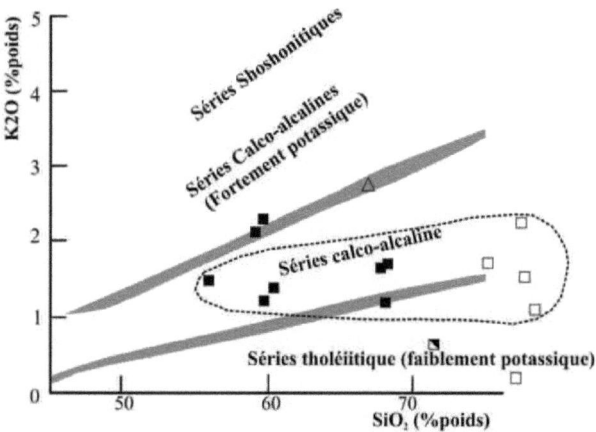

Figure I.9 : Diagramme de variation de la teneur en potassium en fonction de la silice (Rickwood, 1989).

domaine des granites métalumineux pour les tonalites et métalumineux à légèrement peralumineux pour les trondhjémites (Fig. I.10). Néanmoins, toutes ces roches sont de type I (A/CNK < 1,1). Les diagrammes de Harker (Fig. I.11) montrent qu'il existe une corrélation linéaire et négative entre la teneur en silice et la plupart des oxydes (Al_2O_3, CaO, Fe_2O_3total, TiO_2, MgO et P_2O_5). Ces évolutions sont comparables avec un fractionnement de plagioclase, de hornblende, d'oxydes et d'apatite au cours de la différenciation. C'est également le cas pour certains éléments en trace tels que Sr, V et Ni, ce qui confirme l'hypothèse précédente. Par contre pour des éléments tels que Nb, Zr et Hf, la corrélation est plutôt positive, indiquant, pour ces derniers un enrichissement en zircon.

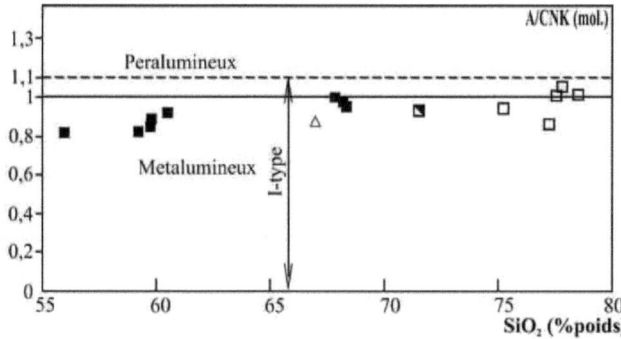

Figure I.10: Rapport A/CNK (A/CNK = [Al_2O_3]/[CaO] + [Na_2O]+ [K_2O]) en fonction de la teneur en silice.

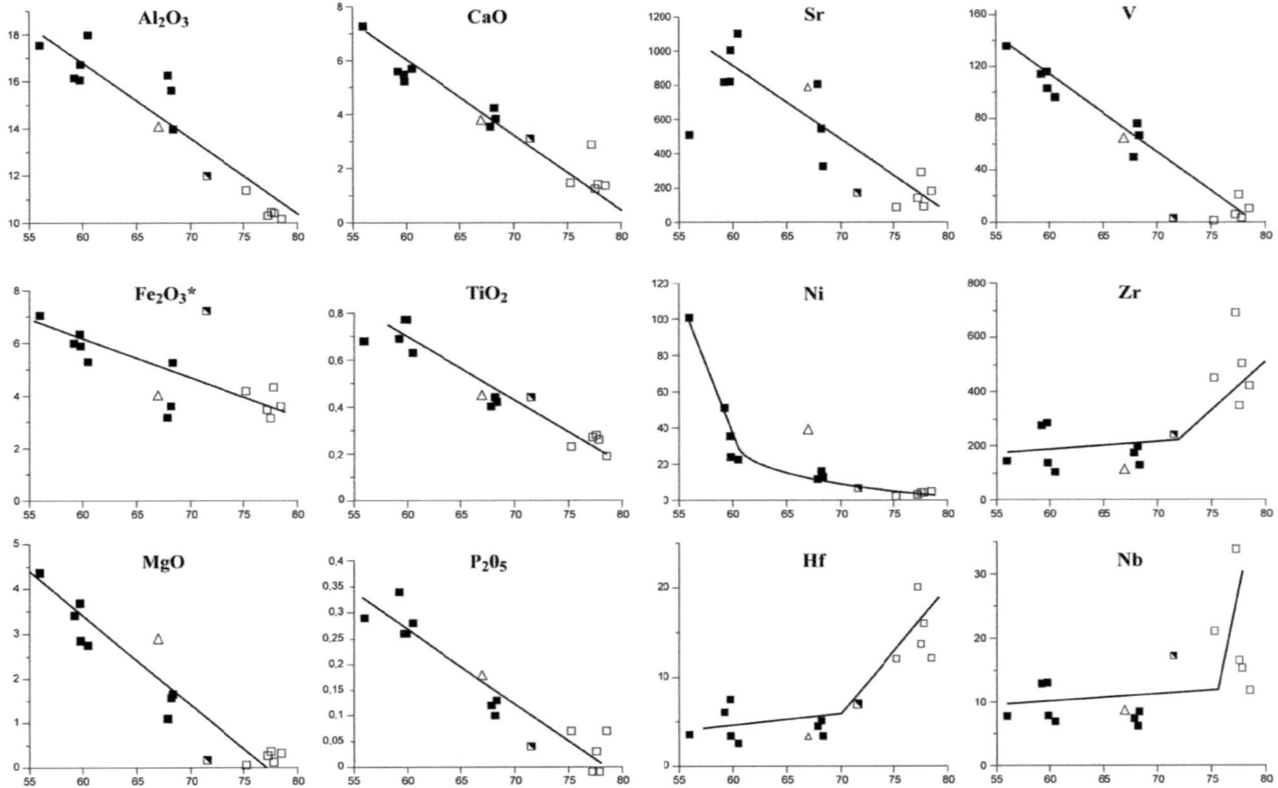

Figure I.11 : Diagramme de Harker de quelques oxydes et éléments en traces des granitoïdes TTG du Burkina Faso oriental (carré noir : tonalites, carré blanc : trondhjémites, triangle blanc : granodiorite, carré à moitié noire : roche à caractère intermédiaire entre les tonalites et les trondhjémites).

Dans les tonalites, les teneurs en terres rares sont modérées à assez fortes (Σ REE = 49 à 322 ppm). Les spectres de terres rares (Fig. I.12a) sont fortement fractionnés [(La/Yb)N = 7-116], et présentent une faible anomalie négative ou positive en Eu (Eu/Eu* = 0,80 à 1,20). Les trondhjémites ont des teneurs terres rares en moyenne supérieures à celles des tonalites (Σ REE = 226 à 577 ppm) et montrent des spectres moins fractionnés (Fig. I.12b) avec [(La/Yb)N = 1,94-17,90] et une anomalie négative assez prononcée en Eu (Eu/Eu* = 0,30 à 0,60). Ce dernier point confirme l'existence d'un fractionnement de plagioclase dans la genèse de ces roches.

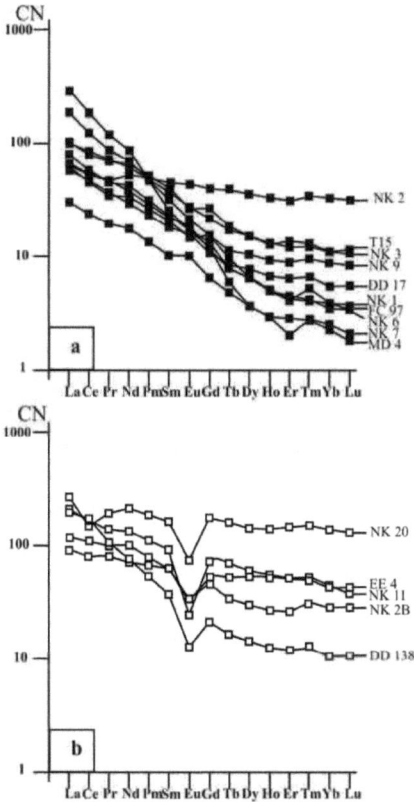

Figure I. 12 : Spectre de terres rares normalisés à la chondrite C1 (Sun et McDonough, 1989). a : dans les tonalites et granodiorites ; b : dans les trondhjémites.

- Les plutons de granites à biotite

Les deux générations de granite à biotite observées au Burkina Faso sont bien représentées dans la région orientale. Ce sont généralement des granites isotropes à l'affleurement et ne possédant que la biotite comme minéral ferromagnésien. La première génération est constituée de granites gris moyen à leucocrates, parfois à mégacristaux de feldspath potassique (Fig. I.13a et b). C'est le cas des plutons de l'alignement Tenkodogo-Yamba (Naba et al., 2004) et de ceux de Kouaré et de Satenga (Vegas et al., sous presse). Leurs compositions modales varient entre le champ des granodiorites et celui des monzogranites. Les minéraux accessoires sont principalement l'épidote, le sphène et les opaques. Les myrmékites, généralement fréquentes, sont particulièrement abondantes dans le pluton de Kouaré. La deuxième génération est constituée de granites leucocrates de couleur roses (Fig. I.13c et d) dont la composition modale est celle des syénogranites (40% de quartz, 40% de feldspath potassique et 20% de plagioclase). Ces granites se retrouvent dans le petit pluton de Nanéni cartographié comme pluton de granite alcalin (Bos, 1967, Hottin et Ouédraogo, 1975).

Les minéraux analysés sont la biotite, la muscovite, le plagioclase, et l'épidote pour le granite de Nanéni. Les résultats de ces analyses sont consignés en Annexe I, Tableau V et VI, et la localisation des échantillons qui ont fait l'objet de ces analyses chimiques est indiquée en figure I.6. La biotite dans ces roches est un peu moins riche en magnésium que dans les TTG, avec un XMg compris entre 0,54 et 0,36. Ces roches renferment en outre de la muscovite en faible quantité (6% maximum) avec une teneur en fer particulièrement élevée (FeO ≈ 6 %). Cette muscovite semble secondaire et formée aux dépens de la biotite. Le plagioclase (Annexe I, Tableau VI) a une composition homogène d'oligoclase (An22 à An16) pour les granites à biotite de l'alignement Tenkodogo-Yamba et de Kouaré. Les mêmes teneurs sont souvent observées dans le granite de Nanéni mais peuvent baisser jusqu'à An3 surtout dans les portions où l'altération hydrothermale est assez forte. Cette altération se traduit par un développement de chlorite aux dépens de certaines biotites et de mica blanc et d'épidote aux dépens du plagioclase. Les proportions de pistachite (Ps = $Fe^{3+}/[Fe^{3+}+Al]$) des épidotes de Nanéni qui sont de l'ordre de 29 à 33%, montrent effectivement qu'elles sont secondaires (Dawes et Evans, 1991).

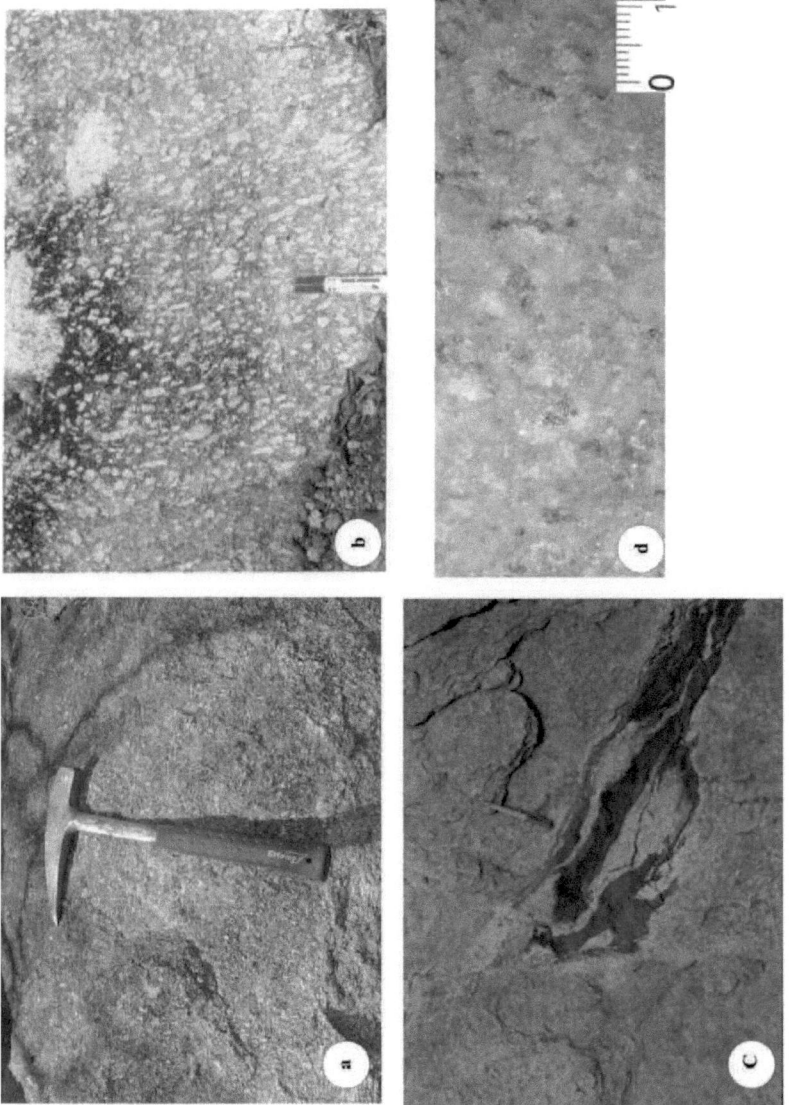

Figure I.13 : Aspect macroscopique des granites à biotite. a) granite à biotite de l'allignement Tenkodogo-Yamba à grain moyen homogène ; b) faciès à mégacristaux ; c) granite de Nanéni à tendance alcaline ; d) section fraîche du granite de Nanéni montrant sa couleur rosée.

En roches totales, les granites à biotite sont riches en SiO_2. Avec une moyenne de 77%, le granite de Nanéni est nettement plus siliceux que les granites de l'alignement Tenkodogo-Yamba et de Kouaré ($SiO_2 \approx 72\%$, Annexe I, Tabl. VII). Dans le diagramme Ab-An-Or, les échantillons analysés se regroupent dans le champ de composition des granites (Fig. I.14a). Dans le diagramme de Debon et Le Fort (Fig. I.14b), les granites de Tenkodogo-Yamba et de Kouaré occupent principalement le domaine des adamelites et débordent légèrement sur le domaine des granites et des granodiorites. Le granite de Nanéni se retrouve entièrement dans le domaine des adamelites hyper-quartzeuses. Les granites de Tenkodogo-Yamba et de Kouaré suivent une lignée calco-alcaline classique et se distinguent donc des TTG vues précédemment. Le granite de Nanéni est situé à l'extrémité de cette lignée, mais se distingue par des teneurs en quartz très élevées. Dans l'ensemble, les granites à biotite sont métalumineux à légèrement peralumineux avec un caractère de granites de type I (A/CNK compris entre 0,98 et 1,1). Ils ont de faibles teneurs en Fe_2O_3 total (Fig. I.15a) et sont très riches en K_2O (Fig. I.15b). Les teneurs en terres rares sont modérées à fortes pour l'ensemble des granites à biotite (ΣREE = 103 à 833 ppm). Les granites de Tenkodogo-Yamba et de Kouaré (Fig. I.16a) sont relativement enrichis en terres rares légères ($[(La/Yb)]_N \approx 29,7$ à 183,7) avec une faible anomalie négative ou positive en Eu (Eu/Eu* $\approx$ 0,60 à 1,14). Le rapport $[(La/Yb)]_N$ est compris entre 6,6 et 15,4 pour le granite de Nanéni, dont le rapport Eu/Eu* compris entre 0,3 et 0,48 montre ainsi une anomalie négative en Europium assez prononcée (Fig. I.16b). Quelques échantillons montrent une anomalie négative en cerium.

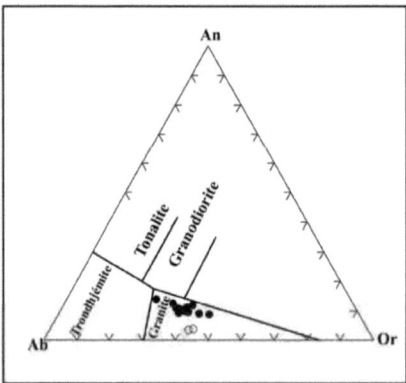 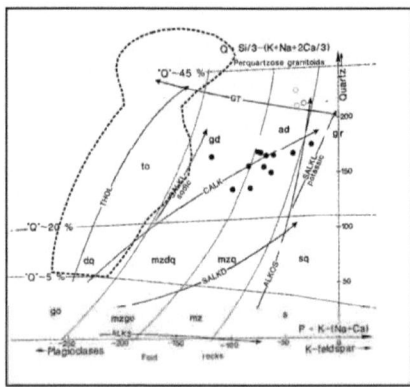

Figure I.14 : Composition des granites à biotite. a : leur position dans le diagramme de Barker (1979), **b** : leur position dans le diagramme de Debon et Le Fort (1988). Ronds noirs = Tenkodogo-Yamba et de Kouaré ; Ronds vides – Nanéni ; Domaine délimité le tireté – TTG de l'encaissant.
Pour les lignées : THOL = tholéiitique, **CALK** = alco-alcaline, **SALKD** = subalcaline sombre (monzonitique), **SALKL** = subalcaline claire (monzonitique), **ALKS** = alcaline saturée sombre, **ALKOS** = alcaline sursaturée claire, **GT** = granitic-trondhjémitique. **Pour les roches : ad** = adamelite, **dq** = diorite quartzique, gabbro quartzique (andésite quartzique, basalte quartzique), **gd** = granodiorite, granogabbro (rhyodacite), **go** = gabbro, diorite, anorthosite (basalte, andésite, kenningite), **gr** = granite (rhyolite), **mz** = monzonite (latite), **mzdq** = monzodiorite quartzique, monzogabbro quartzique (latiandésite quartzique, latibasalte quartzique), **mzgo** = monzogabbro, monzodiorite (latibasalte, latiandésite), **mzq** = monzonite quartzique (latite quartzique), **s** = syénite (trachyte), **sq** = syénite quartzique (trachyte quartzique), **to** = tonalite, trondhjémite (dacite).
NB : pour les roches, les termes entre parenthèses sont les équivalents volcaniques des roches plutoniques citées.

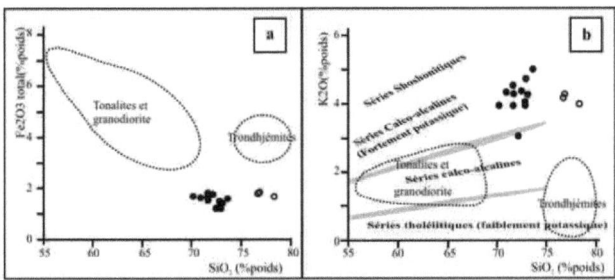

Figure I.15 : Diagramme de variation de la teneur de quelques oxydes en fonction de la silice.
a) variation de la teneur en Fe_2O_3 total, b) variation de la teneur en potassium (Rickwood, 1989). Ronds noirs : granite de Tenkodogo-Yamba et de Kouaré, ronds blancs : granites de Nanéni, secteur en pointillés : domaine des granitoïdes TTG de l'encaissant.

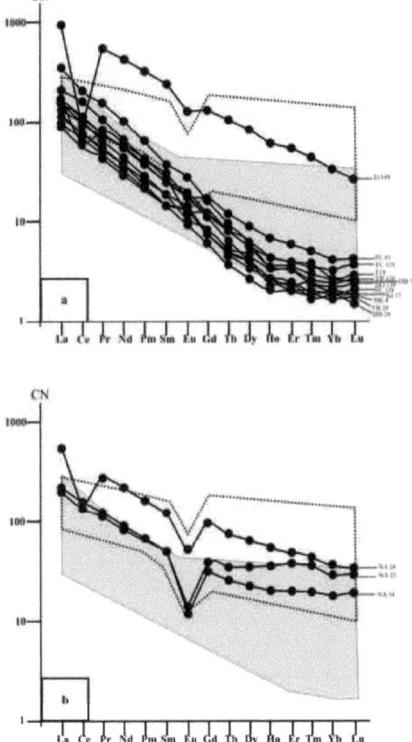

Figure I.16 : Spectres de terres rares normalisés à la chondrite C1 (Sun et McDonough, 1989). a : granites de Tenkodogo-Yamba et de Kouaré ; b : granite de Nanéni. Dans les deux figures, le secteur en gris correspond à l'enveloppe des spectres des tonalites et le pointillé limite les spectres des trondhjémites.

CHAPITRE II

Methodologie

Les granites en général ont des fabriques quasiment indétectables macroscopiquement. C'est pour cette raison que j'ai choisi l'outil magnétique pour caractériser leur fabrique. Outre les méthodes magnétiques, j'ai également analysé les microstructures afin de faire le lien entre fabrique et contexte rhéologique de leur déformation. Autant qu'il est possible, j'ai associé l'interprétation de l'imagerie de la géophysique aéroportée (aéromagnétisme principalement) et des images satellitaires ASTER (Advanced Space Borne Thermal Emission and Reflection Radiometer) et Landsat (Land Remote Sensing Satellite). L'imagerie est utile en amont pour préparer les travaux de terrain, et en aval pour interpréter les données acquises dans un cadre régional plus large. Enfin, nos travaux de terrain ont permis de dégager un certain nombre d'arguments de chronologie relative entre les principales formations géologiques de la zone d'étude. Nous avons voulu consolider nos arguments par l'acquisition d'âges absolus. C'est ce qui nous a conduit à procéder à des séparations minérales en vue de datations U/Pb, ou Pb/Pb sur zircons.

II.1 Méthodes magnétiques

- Susceptibilité, anisotropie de susceptibilité et aimantation rémanente

Susceptibilité magnétique et aimantation rémanente naturelle sont les grandeurs magnétiques les plus couramment mesurées en pétrophysique. La susceptibilité magnétique est la capacité d'un corps à s'aimanter lorsqu'on lui applique un champ magnétique (H). Dans le domaine des champs faibles, de l'ordre de celui du champ magnétique terrestre, l'aimantation (M) acquise est proportionnelle au champ magnétique. La constante de proportionnalité K est la susceptibilité magnétique. Cela s'exprime par la relation $\mathbf{M} = K \mathbf{H}$ si le corps est isotrope. Pour un corps anisotrope, $\mathbf{M}$ et $\mathbf{H}$ ne sont plus colinéaires et K varie avec l'orientation de l'échantillon dans le champ appliqué. Ceci s'exprime alors par la relation $\mathbf{M}_i = \mathbf{K}_{ij} \mathbf{H}_j$, (i, j = 1, 2, 3), où $\mathbf{K}_{ij}$ est la susceptibilité mesurée dans la direction i pour un champ appliqué dans la direction j. K_{ij} est un tenseur de second ordre que l'on représente par un ellipsoïde dont les trois demi-axes principaux K_1 (ou Kmax), K_2 (ou Kint) et K_3 (ou Kmin) correspondent aux vecteurs propres du tenseur de l'Anisotropie de la Susceptibilité Magnétique (ASM).

On s'intéresse à l'orientation dans l'espace de deux des trois vecteurs propres. Le plus grand s'appelle la linéation magnétique et le plus petit est perpendiculaire à la foliation magnétique. On s'intéresse également aux modules de ces vecteurs, aspects scalaires de l'anisotropie de susceptibilité. Les "paramètres" les plus courants sont:

- la susceptibilité moyenne : $K_m = (K_{max} + K_{int} + K_{min})/3$
- L'anisotropie totale : $P = K_{max}/K_{min}$, ou $P\% = (P-1) \times 100$
- L'anisotropie linéaire : $L = K_{max}/K_{int}$, ou $L\% = (L-1) \times 100$
- L'anisotropie planaire : $F = K_{int}/K_{min}$, ou $F\% = (F-1) \times 100$
- Le paramètre de forme (Jelínek, 1981) : $T = (\ln(K_{int}/K_{min}) - \ln(K_{max}/K_{int}))/(\ln(K_{int}/K_{min}) + \ln(K_{max}/K_{int}))$, où $0 < T < 1$ pour les ellipsoïdes aplatis, et $0 > T > -1$ pour les ellipsoïdes allongés.

Notons que dans le Système International (SI), la susceptibilité magnétique est sans unité puisque l'aimantation en volume se mesure en A/m et que le champ magnétique appliqué, mesuré en tesla (T), a la même dimension que l'A/m.

L'aimantation rémanente, est l'aimantation qui persiste dans une roche lorsque celle-ci n'est plus soumise à un champ inducteur. L'aimantation rémanente naturelle (notée Jr ou ARN) est l'aimantation rémanente induite par le champ terrestre. Cette aimantation est due à une propriété particulière du ferromagnétisme (voir paragraphe suivant). L'aimantation rémanente naturelle est le reflet de l'histoire magnétique de la roche depuis sa formation. L'aimantation acquise au moment de la formation de la roche est l'aimantation thermorémanente (ATR) pour les roches ignées et l'aimantation rémanente détritique (ARD) pour les roches sédimentaires. Sur ces aimantations primaires peuvent se greffer des aimantations secondaires dont les plus connues sont l'aimantation rémanente chimique (ARC), l'aimantation rémanente visqueuse (ARV) et l'aimantation rémanente isotherme (ARI) qui peut être acquise par l'effet de la foudre.

L'anisotropie de rémanence, est comme l'anisotropie de la susceptibilité magnétique, également un moyen de caractériser la fabrique des roches à partir des minéraux capables de porter une rémanence. Son importance apparaît surtout dans les contextes où se sont produites des superpositions de phénomènes géologiques comme dans le cas d'une fabrique secondaire résultant d'une circulation hydrothermale qui crée une famille de minéraux rémanents (Trindade et al,, 1997, 2001). Il convient alors de dissocier ces fabriques par une étude de l'aimantation rémanente anhystérétique total (ARA) ou partielle (pARA). L'ARA est l'aimantation artificielle obtenue en implantant un champ d'intensité connu dans une direction connue.

Le rapport entre aimantation rémanente et aimantation induite est une grandeur importante qui permet de caractériser les roches dans le cadre de l'interprétation des cartes aéromagnétiques (Girdler et Peter, 1960 ; Watkins, 1961). C'est le facteur de Koenigsberger ($Q = J_r/J_i$). L'aimantation rémanente (Jr) est mesurée au laboratoire et l'aimantation induite

(Ji = KF) est le produit de la susceptibilité magnétique (K, mesurée au laboratoire) par le champ géomagnétique (F). En effet, en prospection magnétique, l'anomalie magnétique mesurée est la somme vectorielle de l'aimantation rémanente et de l'aimantation induite qu'il faut savoir décomposer pour donner une signification à l'anomalie magnétique observée. Dans ce travail, nous avons utilisé l'imagerie magnétique aéroportée pour l'étude du pluton de Kouaré (voir Chapitre III). Nous présentons l'image de la première dérivée du champ magnétique total réduit au pôle de notre secteur en figure III.3.

- Comportement magnétique des minéraux et des roches

L'état magnétique d'un minéral dépend de la nature de ses atomes, de leur état électronique et de leur agencement au sein du réseau cristallin. Il existe quatre familles de comportement magnétique :

Le **diamagnétisme** est caractérisé par un moment magnétique nul en l'absence de champ magnétique extérieur et, en présence d'un champ magnétique extérieur, par un moment résultant de sens opposé à ce dernier. La susceptibilité diamagnétique est donc négative (Fig. II.1b). Par ailleurs, elle est indépendante de l'intensité du champ appliqué et de la température. L'intensité de la susceptibilité diamagnétique est voisine de -10×10^{-6} SI. Tous les corps sont diamagnétiques mais le quartz, les feldspaths et la calcite ne sont que diamagnétiques.

Pour le **paramagnétisme**, en l'absence d'un champ magnétique extérieur, les moments magnétiques élémentaires sont désordonnés et donc le moment résultant est nul (Fig. II.1a). En présence d'un champ extérieur, les moments élémentaires lui sont parallèles et de même sens. La susceptibilité est positive (Fig. II.1b), de faible intensité de l'ordre de 10^{-4} à 10^{-3} SI, indépendante du champ extérieur et inversement proportionnelle à la température. Le comportement paramagnétique, gouverné par les ions fer (Fe^{2+}, Fe^{3+}) et manganèse (Mn^{2+}), est principalement présent lorsque ces ions sont situés dans le réseau des silicates, ou de certains carbonates et oxydes. Parmi les minéraux du granite, le mica noir, l'amphibole, le grenat et le pyroxène sont paramagnétiques.

Dans le **ferromagnétisme** au sens large, les atomes sont suffisamment rapprochés pour avoir une interaction forte tendant à ordonner les spins et à coupler les moments magnétiques. Suivant le type d'ordre on distingue (Fig. II.1a) : le ferromagnétisme, caractérisé par des moments parallèles et de même sens ; le ferrimagnétisme, caractérisé par deux réseaux opposés parallèles et d'intensité différentes ; et le faible ferromagnétisme, caractérisé par deux réseaux opposés sub-parallèles entre eux. En l'absence de champ extérieur, le moment résultant n'est pas nul (Fig. II.1a et b). En champ faible, la susceptibilité des minéraux ferromagnétiques est beaucoup plus élevée que celle des minéraux paramagnétiques, de l'ordre de 10^{-3} à 1 SI. Sous l'action d'un champ extérieur d'intensité croissante, l'aimantation induite augmente jusqu'à la saturation (Ms). Lorsque le champ magnétique extérieur cesse d'agir, il persiste une certaine aimantation : c'est l'aimantation rémanente. Au-dessus d'une certaine température, dite de Curie, l'aimantation rémanente disparaît et le minéral prend un comportement paramagnétique. La magnétite et la pyrrhotite monoclinique sont ferromagnétiques.

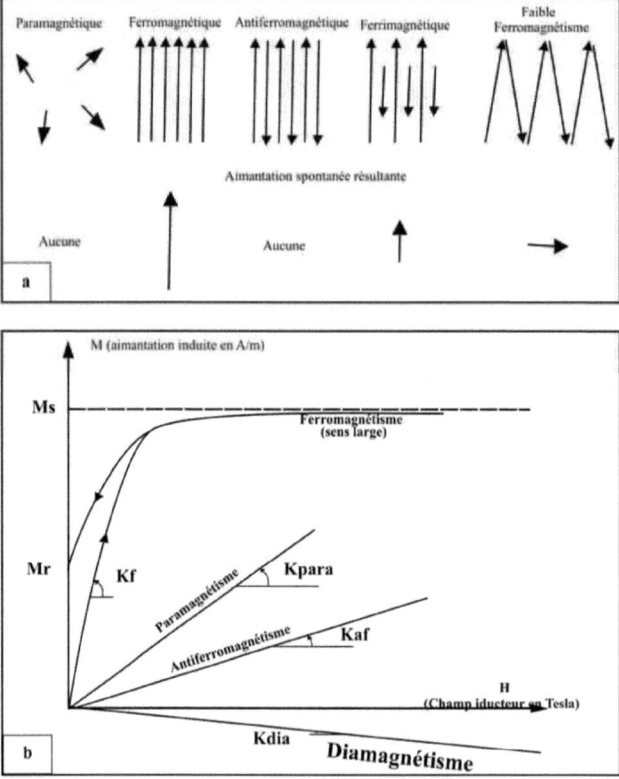

Figure II.1 : Les comportements magnétiques. a : Etats magnétiques et aimantation spontanée en fonction de la disposition des moments magnétiques (Dunlop and Ozdemir, 1997) ; b : Aimantation en fonction du champ pour les différents comportements magnétiques. Kdia, Kpara, Kaf sont les susceptibilités magnétiques déduites des pentes des courbes ; Ms = aimantation à saturation ; Mr = aimantation rémanente.

Dans l'**antiferromagnétisme,** les moments magnétiques sont antiparallèles et de même intensité (Fig. II.1b), ce qui entraîne la disparition de l'aimantation spontanée en l'absence de champ extérieur. Au-dessus d'une certaine température dite de Néel (Tn), les moments magnétiques sont fortement désorganisés par l'énergie thermique et le minéral prend un comportement paramagnétique. L'hématite, et l'ilménite à basse température, sont antiferromagnétiques.

Dans la roche qui est un agrégat de minéraux, le comportement magnétique global est la somme des comportements des différentes espèces minérales en présence. Dans les roches granitiques, les constituants essentiels ont un comportement diamagnétique pour les silicates blancs (feldspath et quartz) et paramagnétique pour les silicates colorés (biotite, amphibole, ± pyroxène, ± muscovite ferrifère, ...). La contribution ferromagnétique, lorsqu'elle existe, résulte le plus souvent d'une participation d'oxydes de fer et de titane dont la composition peut être variable (Fig. II.2). Notons cependant que dans les roches magmatiques la magnétite est proche du pôle ferrifère pur. Ces oxydes, même en très faible quantité, peuvent entraîner une très forte augmentation de la susceptibilité de la roche. La valeur limite entre susceptibilité d'un granite renfermant des particules ferromagnétiques (magnétite principalement) et un granite dépourvu de grains ferromagnétiques est empiriquement fixée à 500 µSI (Rochette, 1987). Au-dessous de cette valeur, la susceptibilité est directement proportionnelle à la teneur en fer des silicates ferromagnésiens, ce qui permet de cartographier les faciès granitiques d'après leur susceptibilité (Gleizes et al., 1993).

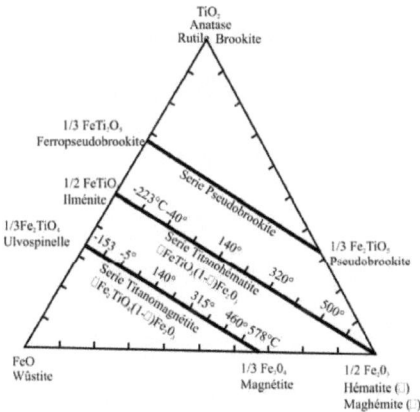

Figure II.2: les trois principales séries de solutions solides du système $FeO-TiO_2-Fe_2O_3$ des roches magmatiques. Pour les titanomagnétites et les titanohématites sont notées (par intervalles de 0,1 mole) les températures de Curie. *In* Merrill et McElhinny (1983).

En conclusion, les propriétés magnétiques des minéraux et des roches sont caractérisées par des mesures en laboratoire. Compte tenu de la grande diversité des méthodes et des objectifs visés, il existe une grande variété d'instruments de mesure. Dans le paragraphe qui suit, nous présentons notre procédure d'échantillonnage ainsi que les instruments et les méthodes de mesure.

- Echantillonnage, instrumentation et méthodes de mesure

Le matériel d'échantillonnage se compose d'une carotteuse portative (moteur à 2 temps) sur laquelle on fixe un forêt à couronne diamantée dont le diamètre mesure 25 mm. Le refroidissement du forêt en cours de forage est assuré par une circulation d'eau. Les échantillons doivent être orientés par rapport au référentiel géographique en utilisant un "orientomètre" muni d'une bulle qui permet de repérer l'horizontale, une boussole et un clinomètre (Fig. II.3). Sur chaque site d'échantillonnage, géoréférencé par ses coordonnées (longitude, latitude) à l'aide d'un récepteur GPS (Global Positioning System), on prélève avec un espacement variant de quelques mètres, un minimum de deux carottes de longueur comprise entre 7 cm et 10 cm. Avant extraction, la carotte est orientée en azimut, plongement et sens de plongement (Fig. II.3), L'orientation est matérialisée par le tracé d'une flèche et son prolongement sur les génératrices de la carotte, le sens de la flèche indiquant le sens du plongement (Fig. II.3). Au laboratoire on débite les carottes perpendiculairement à leur axe de sorte que $h = 0{,}88 \times d$, d étant le diamètre de la carotte (diamètre intérieur de la couronne). Avec un tel rapport h/d, l'échantillon cylindrique se rapproche au mieux d'une sphère. Ainsi, en pratique, $d \approx 25$ mm et $h \approx 22$ mm. Deux échantillons cylindriques (au minimum) par carotte sont utilisés pour les mesures de laboratoire. Le reste de la carotte est le plus souvent utilisé pour confectionner une lame mince orientée et éventuellement une section polie (Fig. II.3),

Les mesures ont été effectuées à l'atelier de magnétisme du Laboratoire des Mécanismes et Transfert en Géologie de Toulouse (LMTG). Les instruments de mesure (Fig. II.4) sont les susceptomètres Kappabridge KLY-2 et KLY-3, le CS2 et le JR-5A, tous de conception Agico. Dans le cadre de certaines caractérisations de minéralogie magnétique ou d'anisotropie de la rémanence, on utilise le désaimanteur AF LDA-3 et/ou l'aimanteur AMU-1A, également de conception Agico (Fig. II.4). La désaimantation peut également se faire à l'aide d'un four qui peut atteindre 800°C dans lequel les températures sont contrôlées à l'aide d'un thermocouple.

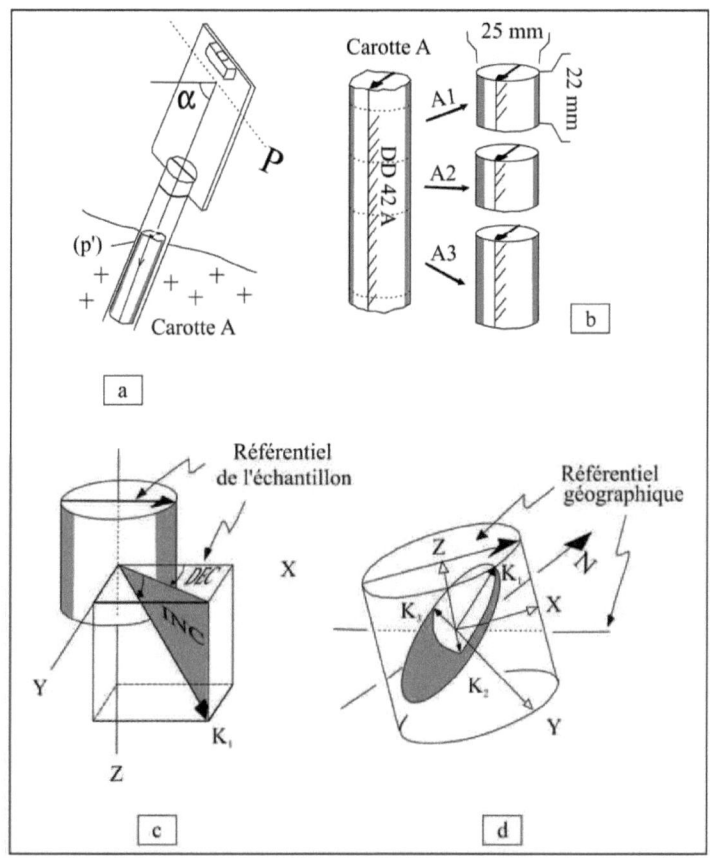

Figure II.3 : Procédure de collecte d'échantillons pour les mesures d'ASM. a : après forage à l'aide d'une carotteuse portative, la carotte est orientée à la boussole et au clinomètre (p est la direction de l'horizontale perpendiculaire à l'axe de la carotte ; la direction de l'axe de la carotte est : p' = p ± 90° ; ☐ est le plongement de l'axe de la carotte); b : la ligne tracée le long de la carotte matérialise le plan vertical passant par l'axe de la carotte et la flèche au-dessus de la carotte indique le sens du plongement. Les échantillons A1 et A2 sont collectés à partir de la carotte A ; deux autres échantillons sont collectés à partir de la carotte B, donnant ainsi 4 échantillons par site, c'est-à-dire un volume de roche de 4 x 10,8 cm^3 ; les morceaux A3 et B3 peuvent éventuellement fournir des échantillons additionnels et sont utilisés pour la confection de lames minces afin de déterminer les microstructures ; c: la mesure de l'ASM donne la déclinaison et l'inclinaison de chaque axe par apport aux axes de référence des échantillons ; d : en utilisant p' et a, l'ellipsoïde d'ASM est calculé par rapport au référentiel géographique (*in* Bouchez, 1997).

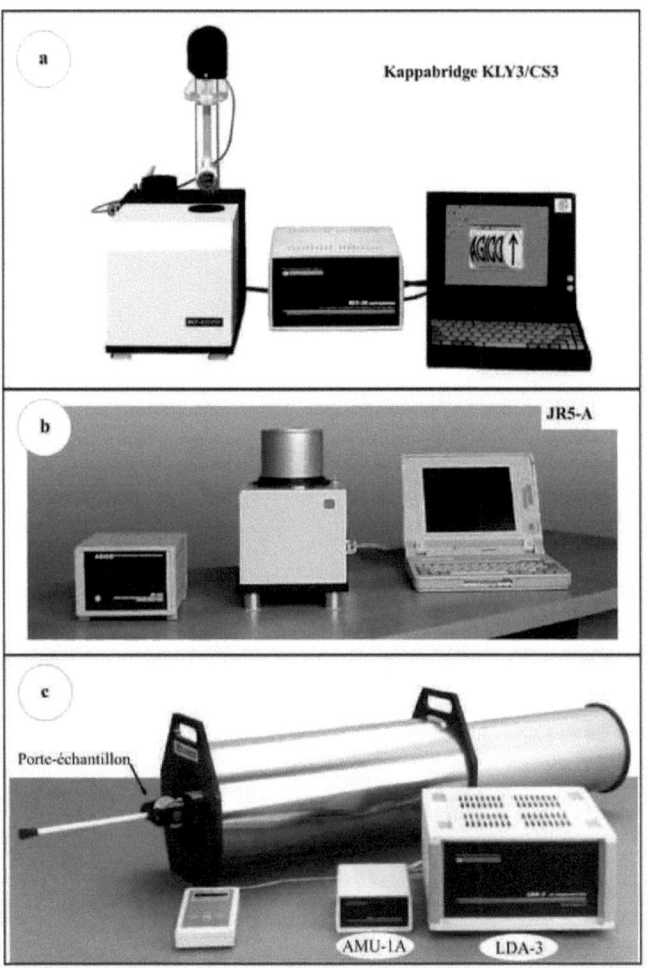

Figure II.4 : Principaux appareils de l'atelier de magnétisme des roches du LMTG. a) Kappabridge KLY-3 ; b) JR5-A. Ces deux appareils sont couplés à un ordinateur (à droite) qui pilote et assure l'automatisation des mesures ainsi que l'enregistrement des données. c) Accessoires de désaimantation et d'aimantation AF (LDA-3, AMU-1A). Ces images sont disponibles sur le site du LMTG (http://www.lmtg.obs-mip.fr/index.php?option=com_lmtg_myhomepage&lmtg_subject=magnetisme&lmtg_item=2) ou d'Agico, inc. (www.agico.com)

Le Kappabridge est un susceptomètre opérant sous champ faible alternatif de 4×10^{-4} T et à la fréquence de 920 Hz avec une sensibilité d'environ 5×10^{-8} SI. Le principe de la mesure repose sur une méthode de zéro (celle du pont, d'où bridge) permettant de rétablir la perturbation d'inductance d'une bobine, provoquée par l'échantillon placé au centre de la bobine. Cette perturbation est fonction de la quantité de porteurs magnétiques dans l'échantillon.

Le CS2 est un dispositif qui permet de mesurer de façon continue la susceptibilité magnétique d'un échantillon en fonction de la température, en refroidissant jusqu'à – 196,6°C ou par chauffage jusqu'à 700°C. Ces mesures peuvent se faire à l'air libre ou sous atmosphère contrôlée d'argon. L'atmosphère d'argon permet de minimiser l'oxydation des phases minérales. Dans le cas des roches à minéralogie magnétique complexe, de telles mesures peuvent faciliter le diagnostic des minéraux magnétiques présents, à partir de leur température de Curie (haute température) ou de leur transition de Verwey (basse température). La figure II.5 présente les températures de Curie de quelques minéraux magnétiques courants.

Minéral	Composition	Etat magnétique	T° Curie /Néel	Observation
Goethite	αFeOOH	Antiferromagnétique avec ferromagnétisme de défaut	120°C	Déshydratation en hématite entre 250°C et 400°C
Pyrrhotite monoclinique	$Fe_{1-x}S$ $(0<X\leq1/8)$	Ferrimagnétique	320°C	Transformation en magnétite au-dessus de 500°C à l'air
Greigite	Fe_3S_4	Ferrimagnétique	330°C	Transformation en pyrite à 200°C, en pyrite puis en magnétite.
Magnétite	Fe_2O_3	Ferrimagnétique	580°C	
Titanomagnétite (TM60)	Fe_2TiO_4	Ferrimagnétique	150°C	
hématite	αFe_2O_3	Faible ferromagnétisme	675°C	
Maghémite	γFe_2O_3	Ferrimagnétisme	590-675°C	Transformation en hématite à partir de 300°C
Ilménite	$FeTiO3$	Antiferromagnétique	- 233°C	

Figure II.5 : Propriétés magnétiques de quelques minéraux communs. *in* McElhinny and McFadden (2000).

Le JR5-A est un magnétomètre tournant qui mesure l'aimantation d'un échantillon rémanent (ARN, ARA ou ARI) sous champ nul. La vitesse de rotation de l'échantillon est constante d'environ 90 tours par seconde et l'échantillon est placé automatiquement dans trois positions successives correspondant à trois mesures de la rémanence selon l'axe de rotation. C'est le courant induit par la rotation de l'échantillon dans les bobines de l'appareil qui est mesuré. On obtient ainsi trois composantes orthogonales du vecteur aimantation de l'échantillon. Le JR5-A a une sensibilité d'environ 2×10^{-6} A/m.

Enfin, le démagnétiseur AF LDA-3 et le four sont utilisés pour l'étude de la désaimantation, respectivement AF ou thermique, d'échantillons naturellement aimantées (ARN) ou préalablement aimantés (ARA, pARA ou ARI). L'AMU-1A, associé au LDA-3, permet d'implanter un champ continu (DC) d'intensité connue dans des directions choisies. Ces accessoires sont particulièrement utilisés dans les études de paléomagnétisme où la décomposition du vecteur aimantation rémanente naturelle au cours de la désaimantation progressive permet de reconstruire l'histoire magnétique de la roche (Butler, 1992). Ces accessoires sont également très utilisés dans les études d'Aimantation Rémanente Anhystérétique (ARA ou d'ARA partielle ; Trindade et al., 1999 ; 2001).

II.2 Fabrique magnétique et fabrique minérale

Comme cela a été montré (Bouchez, 1997; Grégoire et al., 1998; Launeau et Cruden, 1998; Bouchez, 2000), il existe en général une bonne corrélation entre la fabrique minérale et la fabrique magnétique. Cette dernière est souvent portée par la biotite (± amphibole) et/ou par la magnétite. C'est la raison pour laquelle l'ASM est devenue un puissant moyen de cartographie structurale des granitoïdes. En effet, et à l'exception notable de la tourmaline (Rochette et al., 1992), les axes principaux de l'anisotropie magnétocristalline des silicates contenant du fer, et donc responsables de l'aimantation paramagnétique, sont coaxiaux avec les axes de forme des cristaux concernés, eux-mêmes responsables de la fabrique minérale (Fig. II.6). Lorsque la magnétite domine l'aimantation de la roche, c'est principalement l'anisotropie de forme des grains de magnétite qui est responsable de la fabrique magnétique. L'alignement des grains de magnétite peut également être responsable d'une anisotropie magnétique à condition qu'il y ait interaction magnétique entre grains (Hargraves et al., 1991). Cependant, les grains en interaction doivent être très proches les uns des autres, une situation rarement réalisée dans les roches granitiques comme le suggère la figure II.7 qui compare fabrique magnétique et fabrique de forme dans une syénite de Madagascar (Grégoire et al., 1998; Gaillot et al., 2006).

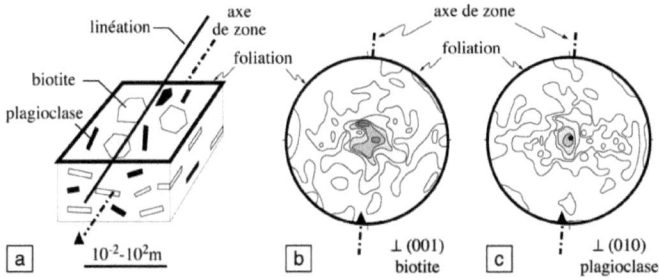

Figure II.6 : Relation entre fabrique minérale et fabrique magnétique dans un granite à biotite. (**a**) Macoscopiquement (échantillon ou affleurement), la foliation est définie par la fabrique de forme de la biotite (et éventuellement du feldspath), comme le meilleur plan de la disposition planaire de ces minéraux; la linéation, définie (quand c'est possible) comme la meilleure direction d'alignement des cristaux allongés (plagioclase), apparaît aussi comme le "meilleur axe", ou "axe de zone", autour duquel s'enroulent les cristaux de biotite. (**b**) Au microscope à platine universelle, on vérifie que le meilleur axe de distribution du pôle du plan de clivage (001) de la biotite (cercle plein) représente la normale à la foliation, et que le pôle du meilleur plan de cette distribution (axe de zone de la biotite : triangle) représente la linéation. (**c**) Dans le diagramme d'ASM correspondant, le pôle du meilleur plan contenant les K_3 (pôle de la foliation magnétique) est confondu avec le meilleur axe, K_1 (linéation magnétique) est confondu avec l'axe de zone. *in* Bouchez, 1997

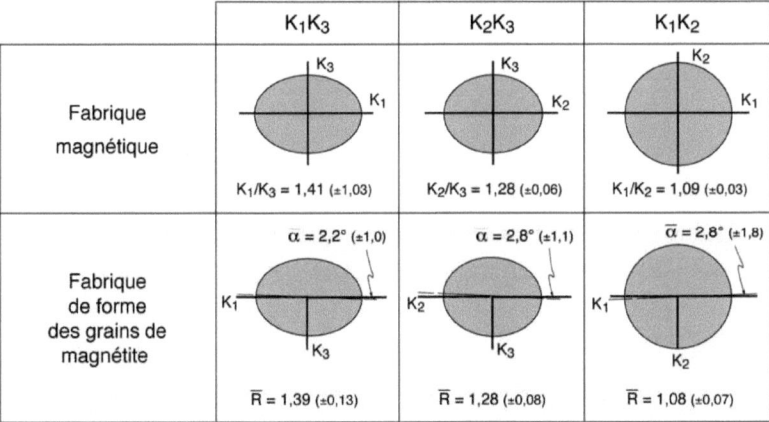

Figure II.7 : Comparaison entre fabrique magnétique et fabrique de forme de la magnétite d'une syénite quartzique de Madagascar. La fabrique magnétique (en haut), donnée par la mesure de l'ASM, fournit les 3 axes de référence (K_1, K_2, K_3) et permet de construire une ellipse dans chaque plan de référence. La fabrique de forme de la magnétite, construite à partir d'une analyse de l'image d'environ 200 grains de magnétite (taille moyenne : 0,75 mm) dans chaque plan de référence (2 lames minces par plan), par la méthode des tenseurs d'inertie (Launeau, non publié), est remarquablement proche de la fabrique magnétique globale de l'échantillon. R : rapport de forme de l'ellipse de forme; ☐ : angle entre l'ellipse de forme et l'ellipse magnétique. *in* Grégoire et al., 1998

II.3 Le message des microstructures

L'Anisotropie de la Susceptibilité Magnétique (ASM) et l'anisotropie de rémanence fournissent des informations sur la fabrique de la roche de façon aveugle quant aux conditions rhéologiques de son acquisition. C'est pourquoi la connaissance de la microstructure des échantillons analysés en ASM, ou en anisotropie de rémanence, constitue une étape importante pour l'étude de la fabrique des plutons granitiques et de leur interprétation géologique. On distingue habituellement les microstructures magmatiques des microstructures acquises à l'état solide. Une synthèse des critères de reconnaissance de ces différentes microstructures a été récemment effectuée par Vernon (2000) et Rosenberg (2001).

Les microstructures de déformation à l'état magmatique sont celles qui sont acquises lors de la mise en place du pluton. Les cristaux ne sont pas déformés (Fig. II.8a) ou, tout au plus ils, présentent une faible déformation liée aux interactions mécaniques que certains cristaux ont pu subir en fin de cristallisation alors que le liquide résiduel ne représentait plus que 30 % ou moins du volume total (Arzi, 1978 ; Van der Molen et Paterson, 1979). Cette faible déformation en présence de liquide correspond à ce qui était appelé déformation à l'état "submagmatique" par Bouchez et al. (1992). Elle s'exprime par une faible extinction roulante du quartz et par l'apparition de microfractures dans le plagioclase, remplies de quartz et/ou de feldspath potassique et de plagioclase sodique (Fig. II.8b). Ces derniers cristaux représentent le liquide résiduel de composition proche de l'eutectique comme l'ont montré Bouchez et al. (1992).

Les microstructures de déformation à l'état solide sont essentiellement marquées par la déformation plastique du quartz. Elles peuvent se former lors de la mise en place du pluton, juste avant la fin de la cristallisation complète du granite ou peu de temps après. Une déformation plastique peut également affecter le granite postérieurement à sa mise en place et indépendamment d'elle. Elle est alors souvent localisée dans des couloirs de cisaillement. On distingue habituellement les microstructures de déformation à l'état solide formées à haute température de celles qui apparaissent à basse température.

La déformation naissante à l'état solide, ou orthogneissification naissante, est caractérisée par l'apparition de sous-joints en damier dans le quartz qui montrent que les conditions de température sont telles que le glissement [c] de haute température et le glissement [a] de basse température sont tous deux possibles. Cette microstructure en damier du quartz est typique de la haute température, c'est-à-dire de conditions proches du solidus du granite (Blumenfeld, Mainprice et Bouchez, 1986 ; Kruhl, 1996). En plus du quartz en

Figure II.8 : Principales microstructures rencontrées dans les granites étudiés. a : microstructure magmatique ; b : microfractures dans le plagioclase remplies de quartz ; c: plagioclase fléchis et figures de polygonisation dans le quartz (orthogneissification naissante) ; d, e : orthogneiss avec de nombreuses figures de polygonisation dans le quartz et les plagioclase kinkés ; e, f : déformation à l'état solide en contexte de cisaillement simple (le sens est dextre dans les deux cas). Qz : quartz, Mic : microcline, Bi : biotite, Pl : plagioclase, Ep : épidote, µF : microfracture.

damier, il est courant d'observer des feldspaths fléchis (Fig. II.8c) montrant qu'ils ont subi une petite quantité de déformation plastique, nouvelle preuve de la haute température (> 500 °C).

Toujours à haute température, mais lorsque la déformation augmente, c'est le stade orthogneissique au sens strict. Les sous-joints de grains bien restaurés et les joints de grains s'expriment par des figures polygonales dans le quartz (Fig. II.8d et e). A côté de cette image très remarquable du quartz, on observe encore des plagioclases tordus et des biotites kinkées mais stables (Bouchez et al., 1990 ; Gleizes et al., 1998).

A basse température, les sous-joints du quartz sont mal restaurés, les extinctions deviennent onduleuses et la recristallisation devient difficile et hétérogène (Fig. II.8f). Les feldspaths sont rigides à cette température et peuvent se fragmenter, les biotites se chloritisent et le plagioclase se déstabilise partiellement en séricite.

La déformation à l'état solide, qu'elle soit de haute température ou de basse température, lorsqu'elle se déroule dans un contexte de cisaillement simple est par marquée l'apparition de structures C-S. Il est alors courant d'observer des minéraux phylliteux déformés qui s'enroulent autour des porphyroclastes feldspathiques, ainsi que des recristallisations de quartz dans les ombres de pression (Fig. II.8e et f).

II-4 Géophysique aéroportée et imagerie satellitaire
  - La géophysique aéroportée

La géophysique aéroportée emploie souvent les techniques du magnétisme, de l'électromagnétisme, de la gravimétrie et de la radiométrie. Pour rentabiliser les campagnes de collecte de données, les engins (avions ou hélicoptères) sont équipés d'appareillages permettant de mettre en œuvre au moins deux techniques à la fois. Seules seront évoquées ici, les techniques de mesure du Champ Magnétique Total (CMT) et de radiométrie auxquelles nous ferons référence. Des informations complémentaires peuvent être obtenues sur les sites suivants : http://www.geoexplo.com ou http://www.gedco.com ou http://www.geo.polymtl.ca.

L'avion utilisé pour les mesures, est équipé de magnétomètres (de type fluxgate, à précession de protons, à pompage optique, ...) et de spectromètres de rayons gammas. En plus de cet équipement, l'avion doit être muni d'un système de positionnement de haute précision. Cet avion procède à un survol de la zone à lever en respectant des caractéristiques de vol prédéfinis en fonction des objectifs visés et de la précision recherchée. Doivent rester aussi constantes que possible durant un même levé : la direction du vol ; la distance entre lignes de vol et l'espacement des lignes de contrôle ; la hauteur du vol ; la vitesse de l'avion.

Durant le vol, le magnétomètre enregistre le CMT à intervalles de temps de 0,1 à 1 seconde avec une précision qui dépend du type de magnétomètre (en général $\leq$ 2 nT). Le spectromètre gamma enregistre par comptage sur trois canaux les taux de potassium, d'uranium et de thorium. Ce comptage est basé sur le principe que l'énergie des rayons gamma de chacun de ces éléments a une valeur constante (2,62 MeV pour le thorium, 1,76 MeV pour l'uranium et 1,46 MeV pour le potassium). Un quatrième canal sert à enregistrer l'activité radiométrique totale.

Le champ magnétique total mesuré lors des campagnes de prospection aéromagnétique est la somme de contributions diverses dont la plus importante est le champ principal (environ 99% du champ total). Il varie très lentement (variation séculaire) et de ce fait est constant à un moment donné dans une même région. Sa valeur, fonction de la position géographique, est donnée par le modèle de l'IRGF (Internationale Geomagnetic Reference Field) en nanotesla (nT). Ce champ peut connaître des variations de courte durée dont les origines sont :
- les variations diurnes (cycle de 24 heures) dues à des mouvements ionosphériques dont l'amplitude est de l'ordre de 50 à 100 nT. Ces variations sont corrigées en utilisant une station de référence (magnétomètre fixe) ;
- Les orages magnétiques, d'amplitude plusieurs centaines de nT, dont la prévision est mal maîtrisée et qui peuvent durer plusieurs heures. Durant un orage magnétique, toutes les campagnes de levé aéromagnétique sont suspendues ;
- Les micropulsations de 0,01 à 1 seconde, d'amplitudes négligeables (0,001 à 10 nT), et d'origine variée (activité électromagnétique de l'atmosphère ; ...).

Dans une localité donnée, la différence entre champ théorique (modèle de l'IRGF) et champ mesuré et corrigé des variations diurnes est attribuée à des anomalies locales du champ dues à la nature des roches. Cette différence est la somme vectorielle de l'aimantation induite (KF) et de l'aimantation rémanente (Jr). Elle permet de construire des cartes d'anomalies du champ magnétique total. Un traitement du signal permet ensuite d'obtenir des images plus expressives et donc plus faciles à interpréter. Les méthodes les plus utilisées sont :
- La première dérivée par rapport à la verticale (1VD) qui exprime le taux de changement du champ selon la verticale ;
- La réduction au pôle (RTP) qui permet de recalculer le champ obtenu en un lieu donné en se mettant dans les conditions du pôle Nord ou Sud magnétique (inclinaison = $\pm$

90° et déclinaison = 0°). La réduction au pôle est particulièrement indiquée pour les régions proches de l'équateur magnétique.

Les données radiométriques doivent être corrigées avant tout traitement, pour diverses raisons : corrections liées au fonctionnement des radiomètres ; correction des perturbations dues aux radiations cosmiques et à l'effet du radon atmosphérique ; correction de la dispersion de Compton ; Correction de l'effet d'altitude.

A l'issue de ces corrections, l'abondance de chaque radioélément (Th, U, K) est calculée, ce qui permet de passer aux traitements des données qui commence par un lissage et un filtrage de certaines anomalies dues aux conditions environnementales (poche de radon dans les vallées, humidité du sol, …). Puis les rapports U/Th, U/K et Th/K sont calculés. Ces rapports soulignent les changements de lithologie, l'altération des roches ou les conditions environnementales de dépôt. Dans le cas de la prospection de l'uranium, le rapport U/Th peut être décisif dans le choix des zones à prospecter au sol. L'étape finale du traitement des données, consiste souvent à assigner à chaque élément une couleur. En général on utilise cyan pour U, magenta pour K et le jaune pour Th, ce qui permet ainsi de visualiser rapidement la dominance d'un élément. On peut aussi produire une carte de contours du compte total et une carte de l'abondance relative de chaque radioélément. L'interprétation des données radiométriques découle en général d'une utilisation conjointe de ces différents documents.

Finalement, l'interprétation des données de la géophysique aéroportée se fait comme en imagerie traditionnelle en se basant sur un certain nombre de critères tels que la tonalité, la forme, la taille, le motif, la texture, l'ombre et les associations. On peut ainsi faire la différence entre les objets en présence dans la portion d'image qui nous concerne pour les classer, et enfin, les identifier en confrontant l'interprétation réalisée avec la carte d'affleurement ou la carte géologique disponible de la même zone (Fig. III.3a et Fig. II.9).

- Imagerie satellitaire

Ces images sont obtenues par le traitement de données numériques provenant de capteurs montés sur satellites. Le capteur enregistre l'énergie (lumineuse, thermique ou micro-ondes) réfléchie ou réémise par le sol, la source de l'énergie étant évidemment le soleil. Cette énergie est enregistrée dans plusieurs fenêtres ou bandes spectrales du rayonnement électromagnétique, à l'aide de filtres ou de cellules sensibles. L'information multi-spectrale provient de la portion de surface de la Terre située sous le satellite. L'image est formée de surfaces élémentaires, en général carrées (pixels) dont la taille au sol constitue la résolution du capteur. Le nombre de capteurs dépend du type de satellite.

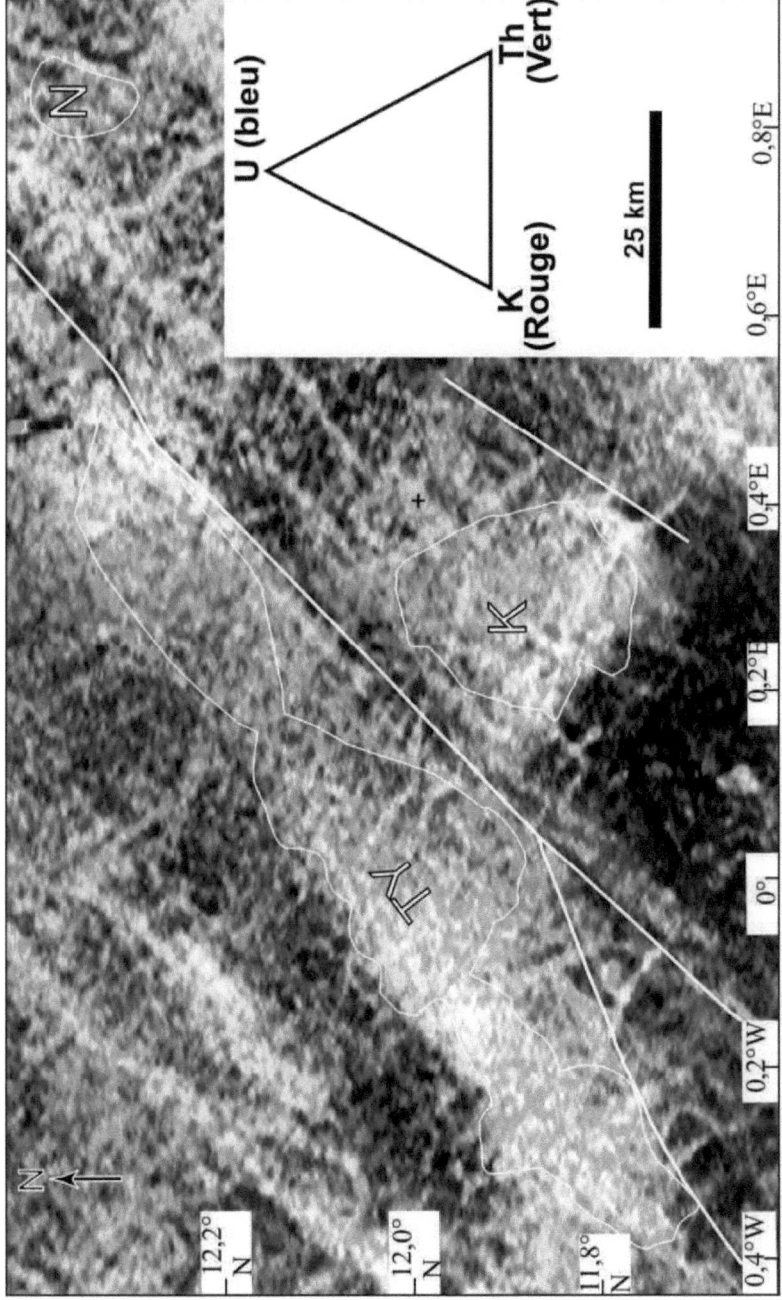

Figure II.9 : Image radiométrique de la zone d'étude avec les limites des ensembles plutoniques étudiés (TY : Tenkodogo-Yamba, K : Kouaré, N : Naneni). Les traits épais soulignent les grands linéaments.

Pour obtenir de plus amples information, prière consulter les pages web suivantes :
http://www.epi.asso.fr/revue/38/b38p040.htm   ou   http://www.ga.gov.au/acres/prod_ser/eojerdat.jsp   ou
http://www.geologie.ens.fr/~cattin/teaching/capes.pdf

Les capteurs d'ASTER sont actifs dans le visible et l'infrarouge. ASTER possède trois radiomètres (VNIR, SWIR et TIR). VNIR capte dans le visible et dans le proche infrarouge avec une précision de 15 mètres. SWIR capte dans les ondes courtes infrarouges avec une résolution de 30 mètres, et TIR capte l'infrarouge thermique avec une résolution spatiale de 90 mètres. L'image finale que nous avons utilisée résulte de la combinaison des trois bandes : rouge pour VNIR, vert pour SWIR et bleu pour TIR (Fig. II.10a). LANDSAT a plusieurs capteurs et les procédures de traitement de l'image sont à peu près les mêmes. L'image dont nous nous sommes servi (Fig II.10b) est une mosaïque d'images traitées en utilisant deux types de compositions colorées éprouvés par le CSIRO (Commonwealth Scientific and Industrial Research Organisation). Le premier correspond aux rapports suivants : bande 5/bande 7 = rouge, bande 4/bande 7 = vert, bande 4/bande 2 = bleu. Le second correspond aux rapports suivants: bande 3/ bande 2 = rouge, bande 5/bande 1 = vert et bande 7/bande 2 = bleu.

L'information géologique qu'on peut tirer des images aéroportées montre les images de géophysique aéroportée fournissent des renseignements beaucoup plus précis. C'est le cas de l'image aéromagnétique qui permet d'observer les déformations d'échelle plukilométriques. Avec l'image de radiométrie, elles donnent des informations sur les types lithologiques en présence. Par contre l'image satellitaire ASTER ou LANDSAT ne sont pas très adapté à l'étude géologique de cette région.

II.5 Séparation des zircons pour datation

On procède d'abord à un broyage de la roche de façon à obtenir des fractions granulométriques variées. Puis, on effectue une séparation granulométrique en utilisant une colonne de trois tamis dont la taille des mailles augmente vers le haut (par exemple : 50 µm, 250 µm et 400 µm). On verse la poudre de roche dans le tamis à grosse maille que l'on recouvre d'un couvercle muni d'un circuit d'eau. En effet, la vibration s'effectue en présence d'eau. On recueille alors trois fractions granulométriques : 50-250 µm, 250-400 µm et une fraction de taille supérieure à 400 µm. C'est la fraction 50-250 µm qui est utilisée pour les séparations aux liqueurs denses (bromoforme et iodure de méthyle). En effet c'est dans cette fraction qu'on rencontre le maximum de zircons limpides et purs. La fraction allant de 250 à 400 µm, peut être éventuellement utilisée aussi en cas de recherche de zircons de plus grande taille par exemple.

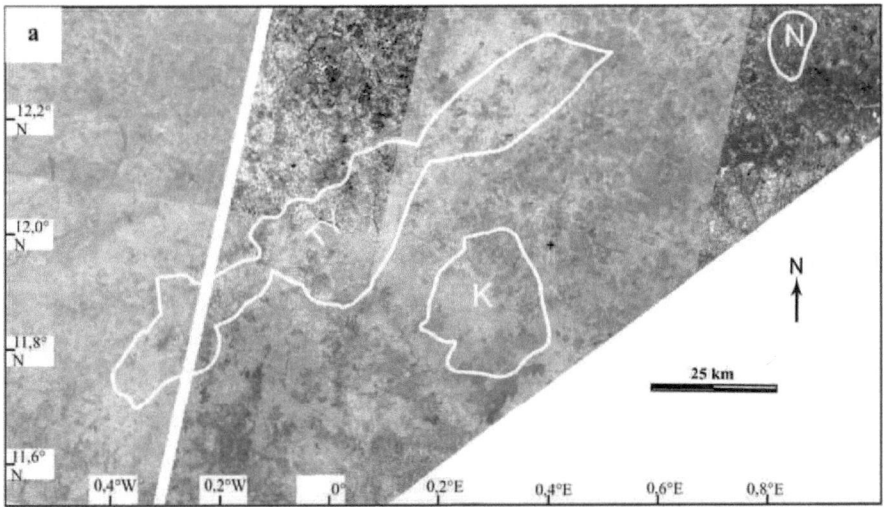

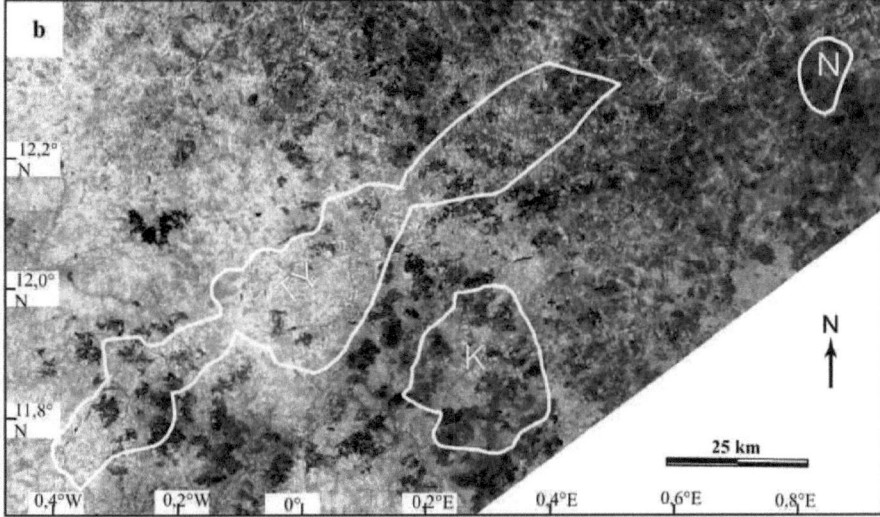

Figure II.10 : Images satellitaires de la zone d'étude avec les limites des ensembles plutoniques étudiés (TY : Tenkodogo-Yamba, K : Kouaré, N : Naneni). a : mosaïque de scènes ASTER, b : mosaïque de scènes Landsat.

La séparation s'effectue à l'aide de liqueurs denses. En effet, le zircon est un minéral beaucoup plus dense que la quasi-totalité des autres silicates (densité : 3,9 à 4,8). Contrairement aux oxydes et hydroxydes de fer dont la densité est également élevée, le zircon n'est pas magnétique. Les liqueurs denses utilisées sont le bromoforme, de densité 2,89 à 20°C, et le iodure de méthyle de densité environ 3.

La séparation au bromoforme se fait de la même façon que la séparation au iodure de méthyle. Cependant, entre la première séparation au bromoforme et celle qui se fait au iodure de méthyle, on procède à une séparation magnétique, ce qui permet de se débarrasser d'une quantité de matériel inutile pour la recherche du zircon. C'est pourquoi, la séparation au iodure de méthyle se fera avec des instruments de plus petite dimension. Les solvants utilisés sont l'alcool pour le bromoforme et l'éther pour le iodure de méthyle. Le matériel de séparation est constitué d'ampoules à décanter (dont la taille dépend de la quantité de produit à trier), d'entonnoirs et de fioles. L'entonnoir, tapissé d'un filtre, est placé au-dessus d'une fiole, la pointe de l'entonnoir plongeant dans la fiole et la partie évasée de l'entonnoir étant placée sous le robinet de l'ampoule à décanter. L'ampoule à décanter est elle-même fixée à un trépied métallique ou en bois. Tout ce montage est placé sous hôte (Fig. II.11).

Une quantité suffisante de liqueur dense (à peu près la moitié de l'ampoule) est versée dans l'ampoule à décanter dont le robinet est préalablement bien fermé. Le volume restant permet ainsi de verser de la poudre de roche sur la liqueur dense. On remue le contenu de l'ampoule à décanter à l'aide d'une tige (plastique ou métallique) et on attend que la décantation s'opère. De temps en temps, on ouvre le robinet pour que de la matière décantée se déverse sur le filtre de l'entonnoir. On peut alors rajouter une quantité équivalente de poudre de roche. Une fois l'ensemble entonnoir-filtre rempli, on le remplace par un autre. Lorsque le ballon est rempli (généralement de silicates légers), on le vide dans un ensemble entonnoir-filtre préparé spécialement pour cela. Ce dernier ensemble entonnoir-filtre, contrairement aux précédents, ne contient pas de zircon.

La liqueur qui est passée à travers les filtres et qui se retrouve dans les fioles est immédiatement récupérée pour être réutilisée. Les contenus des filtres, qu'ils contiennent ou non du zircon, sont abondamment arrosés de solvant (alcool ou éther) pour les débarrasser des particules de liqueur piégée dans le matériau. Dans le cas du bromoforme (bromoforme plus alcool), le liquide de lavage est versé dans une grande fiole contenant de l'eau. Le bromoforme, lourd et insoluble dans l'eau, passe ainsi sous l'eau alors que l'alcool est dissout. Dans le cas de l'iodure de méthyle, le liquide de lavage (iodure de méthyle + éther) est conservé sous hôte jusqu'à évaporation de l'éther.

Enfin, le séparateur magnétique est le Frantz. Il permet de séparer les particules lourdes en une fraction non magnétique contenant les zircons, et une fraction magnétique. Le matériel recueilli après séparation au bromoforme est donc passé au Frantz afin d'éliminer les oxydes et hydroxydes de fer. Ceci nécessite un bon réglage de l'aimant du Frantz, en choisissant une inclinaison convenable et une faible amplitude de vibration. Dans notre cas, nous avons choisi une inclinaison du Frantz de 5° vers l'avant et de 5° vers la gauche, c'est-à-dire du côté le moins dévié par l'aimant. Un premier tri a été réalisé avec une intensité de 0,1 A puis ce tri a été affiné en utilisant une intensité dix fois plus importante sur la fraction non magnétique issue du premier tri. Le processus se termine par une observation à la loupe binoculaire, ce qui permet de séparer les zircons des autres minéraux lourds que sont surtout les apatites et/ou les monazites. Le zircon repéré est prélevé à l'aide de fines pinces et plongé dans un petit récipient contenant une goutte d'eau qui l'aspire, laissant ainsi la pince libre pour récupérer d'autres zircons.

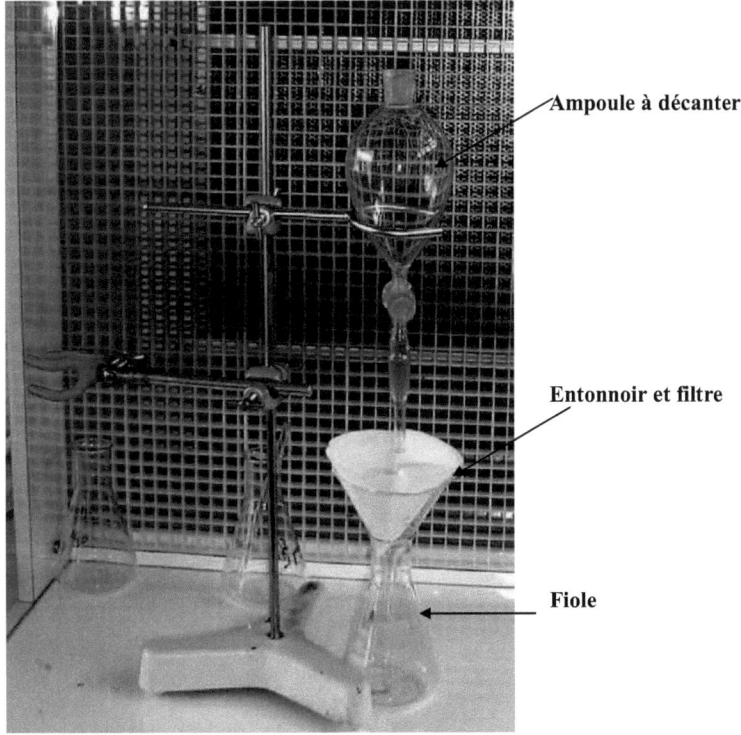

Figure II.11 : Schéma de montage pour une séparation aux liqueurs denses

Le montage des zircons sur le porte-échantillon, et le moulage de l'ensemble dans la résine ont été réalisés au LMTG selon le protocole du service de la microsonde ionique du CRPG/Nancy (www.crpg.cnrs-nancy.fr/Sonde/preparation.html) qui a fourni le porte-échantillon et les zircons standards G91500.

CHAPITRE III

Le Diapir De Kouare

III.1 Présentation résumée

Le "diapir" granitique de Kouaré est le plus ancien des trois ensembles granitiques étudiés, avec un âge Pb/Pb sur zircon de 2128 ± 4 Ma (Castaing et al., 2003). Il est intrusif dans l'encaissant TTG (Fig. III.2). Cet encaissant est fortement déformé et même parfois migmatisé au Sud du pluton. Le pluton de Kouaré et son proche encaissant TTG ont été étudiés en combinant les données de terrain, et aéromagnétiques, les mesures de la susceptibilité magnétique et de l'anisotropie de la susceptibilité magnétique, et enfin en examinant les microstructures.

Sur la carte géologique au $1/200000^{ème}$ de cette région (Raguin, 1969), ce pluton fait partie d'un ensemble non différencié que nous avons appelé "de Fada N'gourma". Les données aéromagnétiques montrent que l'ensemble de Fada N'gourma est en fait constitué de deux corps plutoniques distincts que sont le pluton sub-circulaire de Kouaré à l'Est et le pluton de Satenga à l'Ouest (Fig. III.3a). Ce dernier fait d'ailleurs partie de l'alignement Tenkodogo-Yamba. C'est également à partir de la carte aéromagnétique que l'on a pu se rendre compte de l'amplitude des déformations existant entre le pluton de Kouaré et celui de Ouargaye situé immédiatement au Sud.

Les observations de terrain montrent que le granite renferme parfois des enclaves co-magmatiques essentiellement constituée de biotite (± plagioclase, ± biotite, ± quartz). Ces enclaves représentent des phases cumulatives du magma à l'origine du granite de Kouaré. Lorsqu'elles sont allongées, elles marquent la trace de la foliation magmatique. Le granite de Kouaré renferme également des enclaves de l'encaissant TTG. Ces enclaves sont fréquentes et leur aspect anguleux est remarquable (Fig.III.4). Des filons de granite à biotite recoupent souvent l'encaissant TTG. Ils sont particulièrement abondants entre les plutons de Kouaré et de Satenga.

La déformation d'échelle régionale, révélée par l'image aéromagnétique, s'exprime sur le terrain par des plis de longueur d'onde métrique (Fig. III.3b). Ces plis ont des axes sub-verticaux à l'Est, et deviennent faiblement plongeant à l'Ouest. Cet encaissant est par ailleurs affecté par de nombreuses zones de cisaillement de dimension centimétrique à décimétrique, d'orientation NE-SW dominant et de sens dextre. Quelques zones de cisaillement d'orientation N-S sénestres sont également observées. C'est également dans cet encaissant sud que la tonalite est localement imprégnée par le magma granitique jusqu'à l'échelle du grain. Cette imprégnation induit localement une fusion partielle avec développement de restites riches en amphibole qui alternent avec des leucosomes où apparaît le grenat (Fig. III.4d). Cette élévation locale de la température, limitée à l'encaissant sud, est à attribuer à la mise en place quasi-simultanée du pluton de Kouaré et de celui de Ouargaye au Sud, ce dernier étant daté à 2135 ± 11 Ma par la méthode U-Th-Pb sur monazite (Castaing et al., 2003).

Dans l'hypothèse où les amphiboles des leucosomes sont rééquilibrées à la pression de mise en place du pluton de Kouaré, la pression de mise en place est de 4,8 ± 0,6 kb d'après le baromètre Al-in-hornblende de Schmidt (1992). La pression, calculée à partir d'amphiboles de l'encaissant TTG situé à un kilomètre ou plus des plutons, hors de la zone de migmatisation, varie de 5,8 ± 0,6 kb (FC73 : X= 11,9710°N ; Y=0,1472°E) à 6,3 ± 0,6 kb (DD63 : X= 12,1221°N ; Y=0,0246°E).

Le pluton de Kouaré présente des foliations magnétiques disposées de façon vaguement concentrique parallèlement à la limite du pluton. Dans le pluton, les foliations sont souvent parallèles à celles de l'encaissant TTG immédiat. De direction NNE-SSW en moyenne, elles sont fortement pentées en général puisque plus de 90 % des 72 sites de Kouaré ont des pendages supérieurs à 45°. Les linéations magnétiques ont des plongements très variables, allant de 0° à 90°, mais les forts plongements (≥ 45°) se rencontrent dans 57 % des sites et se répartissent en sept secteurs circonscrits (Fig. III.9a). Les linéations à faible plongement ont une direction moyenne NNE-SSW (Fig. III.9a).

On voit bien que les structures planaires (Fig. III.9b) ont des orientations cohérentes d'un site au site voisin. En ce qui concerne les structures linéaires, leurs forts plongements font que leurs directions peuvent varier largement sans que leurs orientations diffèrent notablement. Cette organisation cohérente des structures prouve, à notre avis, que la mise en place de Kouaré s'est effectuée en un seul événement principal. Les microstructures nous aident à en comprendre le déroulement.

L'encaissant tonalitique, surtout au Sud du pluton de Kouaré, montre des microstructures de déformation à l'état solide de haute température. Le quartz polygonisé autour des porphyroclastes de plagioclase montre que le contexte est cisaillant. Les microstructures du granite de Kouaré couvrent une large gamme, allant des traditionnelles microstructures magmatiques (Fig. III.5a) à des microstructures de déformation à l'état solide d'un type rarement rencontré, où les marques de la très haute température côtoient celles de la haute contrainte, avec parfois un grain particulièrement fin. On pense que, dans cette dernière microstructure, le liquide magmatique résiduel percolait à travers la charpente cristalline alors que les cristaux présents se déformaient (Fig. III.5c1) et/ou développaient de nombreuses myrmékites (Fig. III.5b et c2). Dans les échantillons les moins déformés, le liquide tardi-magmatique forme in fine des cristaux de quartz et feldspath qui occupent l'espace interstitiel entre les cristaux précoces et qui remplissent les fractures intragranulaires des plagioclases. Avec l'accroissement de la déformation, se développent des colonies de myrmékites le long des joints de grain et à l'intérieur des fractures intragranulaires où le liquide tardi-magmatique a cristallisé. En carte, les échantillons gneissiques occupent la périphérie du pluton alors que les microstructures magmatiques et à l'état solide haute température/haute contrainte occupent le cœur du pluton (Fig. III.6).

Le détail de cette étude fait l'objet d'un article sous presse à International Journal of Earth Sciences sous le titre : « Structure et mode de mise en place des plutons de granite dans la croûte paléoprotérozoïque du Burkina Faso : implications rhéologiques ». Les aspects rhéologiques seront abordés dans la discussion.

III.2 Publication sous presse à I.J.E.S

Int J Earth Sci (Geol Rundsch)
DOI 10.1007/s00531-007-0205-z

ORIGINAL PAPER

Structure and emplacement of granite plutons in the Paleoproterozoic crust of Eastern Burkina Faso: rheological implications

Nestor Vegas · Seta Naba · Jean Luc Bouchez · Mark Jessell

Received: 13 January 2006 / Accepted: 20 March 2007
© Springer-Verlag 2007

Abstract The Fada N'Gourma area in Burkina Faso is underlain by Paleoproterozoic rocks that make the northeastern West-African Craton. This region is composed of NE-trending volcano-sedimentary belts and foliated tonalites, affected by several shear zones. A generation of younger, ~2100 Ma-old, non-foliated biotite-bearing granites intrudes the former rock units. We have investigated the younger granite pluton of Kouare that was previously considered as forming a single body with the pluton of Satenga to the west, a pluton which likely belongs to the ~20 Ma more recent Tenkodogo-Yamba batholith. Magnetic fabric measurements have been combined with microstructural observations and the analysis of field and aeromagnetic data. The granite encloses angular enclaves of the host tonalites. Magmatic microstructures are preserved inside the pluton and solid-state, high-temperature deformation features are ubiquitous at its periphery. The presence of steeply plunging lineations in the pluton of Kouare and its adjacent host-rocks suggests that large volumes of granitic magmas became crystallized while they were ascending through the crust that was softened and steepened close to the contact. Around Kouare, the foliation in the host tonalites conforms with a map-scale, Z-shaped fold in between NNE-trending shear zones, implying a bulk clockwise rotation of the material contained in-between the shear zones, including the emplacing pluton. Regionally, the Fada N'Gourma area is concluded to result from NW-shortening associated with transcurrent shearing and vertical transfer of granitic magmas. This study concludes that the ~2200 Myears old juvenile crust of Burkina Faso was brittle before the intrusion of the biotite-granites, became softened close to them and that gravity-driven and regional scale wrench tectonics were active together.

Keywords Burkina Faso · Paleoproterozoic · Granite emplacement · Crust rheology · Magnetic fabrics

Introduction and regional setting

The Paleoproterozoic rocks of the West-African Craton (also called Birimian formations) crop out at the periphery of the Archean cratonic nucleus of Man (Fig. 1) and are principally made up of the so-called Eburnean granitoids (Bonhomme 1962) which were emplaced between 2.21 and 1.82 Ga (Castaing et al. 2003). These formations underwent three main phases of development: (1) Extrusion of basalts and andesites, deposition of sedimentary rocks followed by the intrusion of huge masses of tonalites into the previous volcano-sedimentary formations; the setting of these rocks is still debated (Béziat et al. 2000) being considered as originating either from oceanic plateau (Abouchami et al. 1990; Boher et al. 1992; Pouclet et al. 1996) or from back-arc tectonic environments (Sylvester and Attoh 1992; Ama-Salah et al. 1996); nevertheless, the clear "oceanic" affinity of the volcanism points to an episode of crustal accretion far from a continental influence

J. L. Bouchez · M. Jessell
Laboratoire des Mécanismes et Transfert en Géologie,
UMR CNRS #5563, 14 Ave E. Belin,
31 400 Toulouse, France

S. Naba
Laboratoire de Pétrophysique,
Université de Ouagadougou, 03 BP7021,
03 Ouagadougou, Burkina Faso

N. Vegas (✉)
Departamento de Geodinamica,
Universidad del Pais Vasco, Bilbao, Spain
e-mail: nestor.vegas@ehu.es

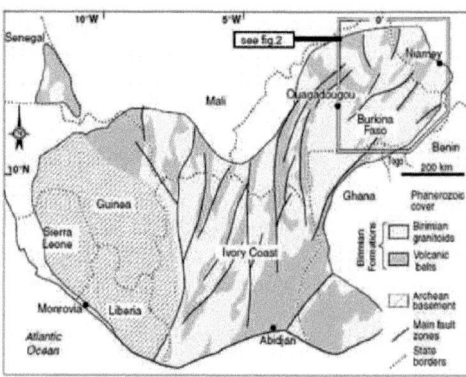

Fig. 1 Geological sketch map of the West African craton, showing the Archean basement surrounded by the Paleoproterozoic metavolcanic-metasedimentary belts (*dark grey*) and granitoids (*light grey*)

(Castaing et al. 2003; Egal et al. 2004). (2) The latter formations were then deformed together, resulting in the present NE–SW trending volcano-sedimentary-plutonic belts (Abouchami et al. 1990; Boher et al. 1992; Hirdes et al. 1996). (3) Intrusion of younger, non-foliated granites, such as the Fada N'Gourma intrusions that cross-cut the previously formed belts and that make the subject of this study.

Most of the recent geological studies have focused on the dominant, Birimian granitoids (Fig. 2) which are believed to constitute the main crustal accretion phase of the West-African Craton. These studies include geochemistry, isotope chronology and structural analysis (Boher et al. 1992; Pons et al. 1995; Hirdes et al. 1996; Doumbia et al. 1998; Caby et al. 2000; Gasquet et al. 2003; Castaing et al. 2003; Naba et al. 2004). Many authors have concluded that the metamorphism of the volcano-sedimentary belts, that locally reaches the amphibolite-facies, is due to regional contact metamorphism related to granitoid emplacements (Machens 1967; Pons et al. 1995).

Based on petrology and age dating, three groups of granitoids are distinguished in the northeast of the West-African Craton including Burkina Faso and western Niger (Pons et al. 1995; Castaing et al. 2003; Naba et al. 2004). The oldest group (called foliated granitoids) is made of tonalites, trondhjemites and granodiorites (TTG) whose emplacement has started at about 2.21 Ga (Castaing et al. 2003). The second group is made of non-foliated granites and has intruded the TTG granitoids between 2.15 and 2.095 Ga (Fig. 2). Late alkaline granitoids constitute the third group, ending the magmatic history of the region at ~1.89–1.82 Ga. The Tera-Ayorou batholith, made of TTG granitoids, has been studied by Pons et al. (1995) in Niger

who proposed an interplay between diapirism and regional tectonics as the dominant emplacement mechanism. In Niger, Pons et al. (1995) have also examined structural styles and emplacement modes of the granitoids from the third group through the study of the Dolbel plutons (Niger) which were concluded to be emplaced along fractures associated with a NE-directed regional extension.

The granites from the second group form either NE–SW elongate bodies of coalescent plutons, such as the Tenkodogo-Yamba plutons (Naba et al. 2004) dated at 2117 ± 6 Ma (Pb-Pb zircon, Castaing et al. 2003), or outcrop as subcircular and isolated bodies such as the plutons of Fada N'Gourma under investigation. The present study describes the internal structure of the pluton of Kouare (~1,200 km^2), one of the three plutons of the Fada N'Gourma area. Twenty kilometres to the south of the pluton of Kouare, we shall mention the pluton of Ouargaye, of similar size and setting as Kouare, but which has not been subjected to a detailed study. In the geological map of Burkina Faso (Fig. 2; Raguin 1969; Hottin and Ouedraogo 1975) the pluton of Kouare is not distinguished from the neighbouring pluton of Satenga (~400 km^2; Fig. 3) which is likely a satellite of the (slightly younger) Tenkodogo-Yamba alignment of plutons.

Using field observations combined with anisotropy of magnetic susceptibility measurements and aeromagnetic data we shall propose a model of emplacement for the pluton of Kouare. By using the younger granites as tectonic markers at the time of their emplacement, our structural data will be examined against models supporting tectonic plate collision, dominated by folding and thrusting (Ledru et al. 1994; Feybesse and Milesi 1994) and those advocating Archean-like tectonics where transcurrent shear and diapirism

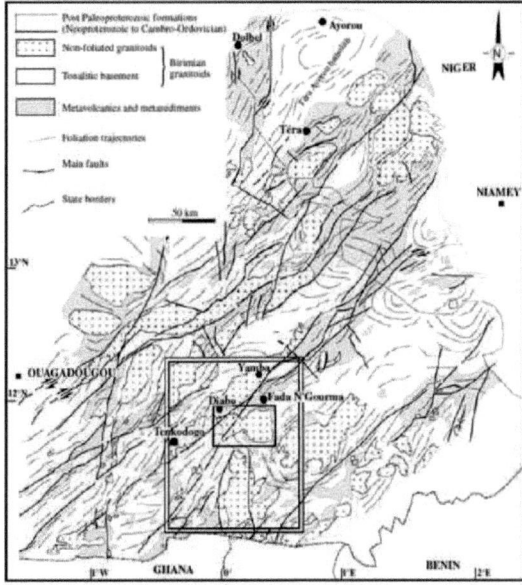

Fig. 2 Simplified geological map of eastern Burkina Faso, modified from Naba et al. (2004). The *dashed rectangle* gives the limits of the aeromagnetic image of Fig. 3, including the Fada N'Gourma plutons (*boxed*) and the Tenkodogo-Diabo-Yamba granite alignment

dominate (Pons et al. 1991, 1992, 1995; Vidal et al. 1996; Doumbia et al. 1998; Caby et al. 2000; Naba et al. 2004).

The Kouare pluton and its host rocks

The Kouare pluton, whose emplacement is dated at 2128 ± 6 Ma (Pb/Pb zircon; Castaing et al. 2003), is a biotite-granite which has virtually no visible structure in the field (Fig. 4a). By contrast, its host is made of tonalites that were gneissified mostly in the solid-state. Its modal composition varies from monzogranite to granodiorite, the chemical analyses pointing to homogeneous SiO_2 contents typical of granites, from 70 to 75% (Table 1). Finally, its A/CNK molar ratios, between 1.0 and 1.1 point to a slightly peraluminous, I-type nature.

Structurally, the layering/foliation of the host rocks tends to envelope the pluton (Fig. 3b). To the southwest of Kouare, the foliated tonalites define a low-amplitude map-scale, Z-shaped fold. At the outcrop scale, we also observe rather open folds with metric wavelengths. In one case (station a: Fig. 3b) the folds have steep SSE-plunging axes (Fig. 4b) parallel to a grain-scale stretching lineation defined by elongate quartz and feldspar aggregates (Passchier and Trouw 1996). Further west (station b: Fig. 3b) fold axes are observed to plunge gently to the northeast (Fig. 4c). At numerous places, late, cm- to dm-wide shear-zones are observed in the country rocks, with dominant NE-strikes and dextral senses of shear, but N–S sinistral and E–W dextral shear-zones are also present (Fig. 3b) and no folded shear-zone was observed.

At the southern contact of Kouare, the host tonalite was impregnated by the granite magma down to the grain-scale. This was accompanied by local remelting with development of amphibole-enriched restites separated by leucosome-enriched domains (Fig. 4d) often containing garnet. This contact metamorphism is observed up to several kilometres to the south in the direction of the Ouargaye pluton (Fig. 3a). Emplacement of the latter, 15–20 km to the south of the pluton of Kouare and dated at 2135 ± 11 Ma (U-Th-Pb monazite, Castaing et al. 2003), also developped a high-temperature metamorphism and local remelting of its immediate host rocks. To the north of Kouare, the contact metamorphism is not so well developed, a fact attributed to the absence of another pluton further north.

🖄 Springer

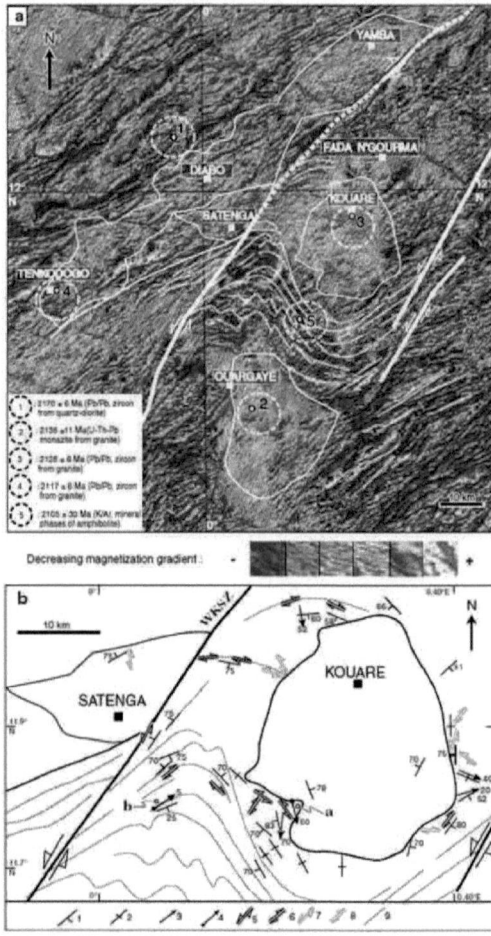

Fig. 3 a Aeromagnetic image of the Fada N'Gourma plutons (Kouare, Satenga and Ouargaye), and Tenkodogo-Diabo-Yamba granite alignment. Sites 1 to 5 correspond to places where age datings (given in the lower left corner) were performed (Castaing et al. 2003). This image gives the first derivative of the bulk magnetic intensity, stressing the gradient of magnetic susceptibility (induced by the Earth Field) and intensity of remanence. *Thin white lines* biotite granite plutons; *bold white lines* main NNE-trending shear zones (east and west Kouare sinistral shear zones, east-Yamba dextral shear zone possibly reactivating the latter, and east-Tenkodogo dextral shear zone). The layering of the folded tonalites is pecked in white. b Field data of the Kouare area: *1* foliation, *2* vertical foliation, *3* stretching lineation, *4* fold axis, *5* and *6* sinistral and dextral shear zone; *7* and *8* late, small-scale shear zones, *9* magnetic layering

Dark microgranular, biotite-enriched co-magmatic enclaves, a few centimetres to metres in size, are sporadically present in the granite. Their elongate shapes conform to the (faint) magmatic foliation of the granite (Fig. 4a). In addition, angular xenoliths of the tonalitic host-rocks are common (Fig. 4e). Xenoliths of amphibolite are also present at the southern border of the pluton, in accordance with the presence of amphibolite layers in the country rocks, to the southwest and southeast of the pluton. Finally, dykes of mostly fine-grained biotite-granite are abundant

Fig. 4 Field pictures. **a** Dark comagmatic enclave in the granite of Kouare. **b** The layered-folded tonalite of station a (located in Fig. 3b) with its steep fold axis. **c** The layered-folded tonalite of station b (Fig. 3b) with its shallow plunging fold axis. **d** Migmatite from the country rock close to the southern contact of Kouare. **e** Angular xenolith of tonalite in the granite of Kouare. **f** Dyke of biotite-granite transecting the tonalitic basement

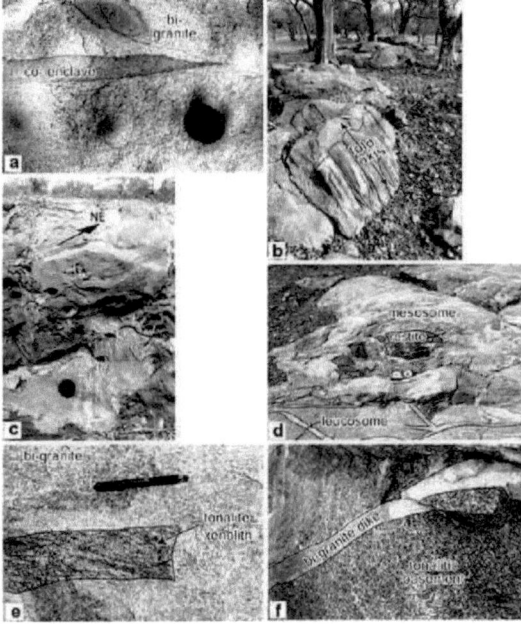

in-between the plutons of Satenga and Kouare where they cross-cut the tonalitic gneiss (Fig. 4f).

Aeromagnetic data

The aeromagnetic map of the study (Fig. 3a), kindly provided by Hein (1998), represents the first derivative of the total magnetic intensity reduced to the pole. In this image, the colours (white, red, yellow, green, blue and purple) represent decreasing magnetization gradients. The granites appear with rather homogeneous gradients while the tonalitic basement is marked by heterogeneous gradients and NE-trending stripes that define, to the south of the pluton of Kouare, the layering of the map-scale fold. The NE-trending limbs of this fold are parallel to narrow magnetic lineaments which can be traced over tens of kilometres and which are interpreted as sinistral shear zones, as suggested by field determinations and by the dragged structures observed in map view (Fig. 3).

The outer border zone of the pluton of Kouare was carefully examined both in map and in the field. The magnetic map suggests a northward plunge of the granite body beneath its tonalitic cover. To the south, the pluton is bordered by the large structure, dotted in Fig. 3a, that folds the magnetically layered basement. The heterogeneous magnetic nature of the basement is attributed to the interlayering of tonalites and amphibolites.

Microstructural study

Optical microstructures have been examined in order to determine both the degree of deformation and the physical state of the rock that prevailed during fabric development (Fig. 5). The tonalitic host shows a well-defined foliation associated with high-temperature solid-state deformation microstructures. These include polygonized quartz grains around plagioclase porphyroclasts as well as several features denoting shear, such as mica-fishes, microfaults and shear bands. The granite of Kouare, made of quartz, K-feldspar, plagioclase and biotite, is generally isogranular but develops locally a porphyritic texture, with a medium-grained matrix enclosing up to 5 cm-long K-feldspars.

Table 1 Major and trace element contents for Kouaré (three sites) and basement (one site). ICP-AES at CRPG Nancy

Mayor and trace element contents

Sample	Kouaré			Basement
	FC 118	FC 61	FC 110	FC 97
X coordinate	0° 21,434'E	0° 15,565'E	0° 18,466'E	0° 18,024'E
Y coordinate	11° 49,886'N	11° 54,860'N	11° 50,972'N	11° 44,074'N
SiO_2	72.15	72.85	73.64	60.49
TiO_2	0.24	0.17	0.18	0.63
Al_2O_3	15.33	15.12	14.32	17.98
Fe_2O_3t	1.78	1.3	1.6	5.29
MnO	–	–	–	0.07
MgO	0.34	0.27	–	2.75
CaO	1.96	1.49	1.19	5.69
Na_2O	4.6	4.14	3.45	4.68
K_2O	3.08	3.97	5.02	1.38
P_2O_5	0.09	0.07	0.04	0.28
LOI	0.35	0.51	0.38	0.69
TOTAL	99.91999	99.89	99.81999	99.93
Be	1.072	1.648	1.373	1.208
Cr	–	7.394	–	30.28
Ni	–	–	–	22.46
Cu	9.035	–	19.56	–
Zn	46.43	36.82	42.36	71.71
Co	2.78	2.405	1.85	16.23
Ga	19.52	19.2	18.85	22.03
Ge	0.743	1.001	1.016	0.959
V	14.5	11.68	11.78	96.07
Pb	15.885	18.296	23.187	6.484
Rb	90.75	137.8	169.3	84.22
Sn	1.337	1.315	1.645	0.974
Cs	1.643	2.284	2.36	6.682
Ba	1105	1204	1182	648.6
Sr	446.4	379.4	238.9	1102
Ta	0.341	0.394	0.558	0.155
Nb	4.257	4.624	8.524	3.14
Hf	4.029	3.554	5.326	2.543
Zr	154.3	118.3	201.5	102.7
Y	4.445	14.17	9.094	10.36
Th	10.62	9.612	19.46	0.368
U	1.082	1.929	2.677	0.33
La	31.31	53.35	69.5	20.73
Ce	55.52	49.31	128.3	44.12
Pr	5.752	10.26	12.91	5.725
Nd	19.32	36.92	40.97	23.44
Sm	2.74	5.888	5.517	4.249
Eu	0.685	1.293	0.895	1.355
Gd	1.578	4.412	3.297	2.98
Tb	0.175	0.573	0.4	0.383
Dy	0.842	2.861	1.908	2.063
Ho	0.145	0.491	0.318	0.353

Table 1 continued

Mayor and trace element contents

	Kouaré			Basement
Sample	FC 118	FC 61	FC 110	FC 97
Er	0.43	1.243	0.853	0.946
Tm	0.067	0.166	0.116	0.135
Yb	0.46	1.036	0.815	0.861
Lu	0.082	0.162	0.14	0.128
Eu/Eu*	1	0.77	0.64	1.16

* = EuN/[(SmN) (GdN)]1/2 (The normalization of the Europium content)
N Normalized to C1 chondrite values of Sun and McDonough 1989.

Accessory minerals include abundant epidotes with inclusions of allanite, titanite, apatite, zircon and opaques. Some muscovite appears as a late-magmatic phase and myrmekites are ubiquitous.

These microstructures demonstrate that the pluton records a continuous deformation that began in the magmatic state and lasted after the consolidation of the rock. Hence, a distinction was made between specimens showing: (1) magmatic fabric slightly deformed and equilibrated at high-temperature (Fig. 5a); (2) high-temperature, high-stress/strain microstructures (Fig. 5b); and (3) in which gneissified structures prevail (Fig. 5d). A closer inspection of these categories (magmatic, high-T and gneissified) reveals that the late-magmatic, fluid-enriched melt that percolated through the crystalline framework developed different microstructures as a function of strain.

In the less deformed (magmatic) samples, the late-magmatic melt forms a quartz-feldspar film that occupies the spaces of the crystalline framework and infills the intragranular fractures affecting the plagioclase grains (Fig. 5c1). This topology is typical of granites having a low percentage of melt and affected by ductile deformation of the crystalline framework accompanied by minor intergranular and intragranular melt-induced fractures

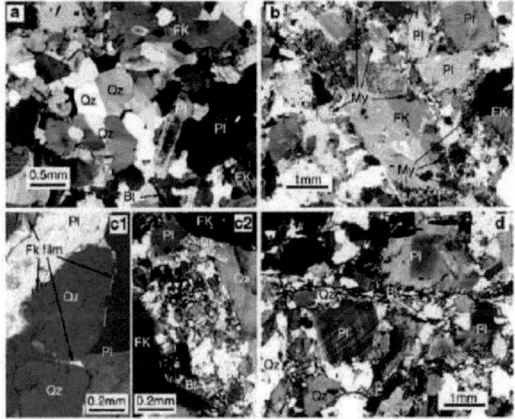

Fig. 5 Photographs of the main microstructures from the Kouaré pluton. a Magmatic equilibrated at high-T, with euhedral plagioclases and equilibrated quartz-quartz boundaries. b High-T, high-stress/strain, with abundant myrmekites associated to large K-feldspars. c c1 non deformed quartz-feldspatic film occupying the spaces of the crystalline framework; c2 myrmekite intergrowths partially transformed into polygonal quartz-plagioclase aggregates. d Gneissic microstructure with large clasts of feldspar surrounded by a fine-grained quartz-feldspar matrix, rich in myrmekites, coalescing into folia made of polygonal quartz-plagioclase aggregates and refined biotites. The lobate quartz-quartz boundaries and the well-recovered subgrains in quartz support the high-T environment. Qz quartz, Pl plagioclase, FK K-feldspar, Bt biotite

(Rosenberg and Riller 2000). With increasing deformation, colonies of myrmekites develop along the grain boundaries and within intragranular fractures at places where the quartz-feldspar film was deposited. The syndeformational occurrence of myrmekites and their relationship with melt was outlined by Vernon (2004) and Menegon et al. (2006), among others, and a temperature larger than 500°C during isobaric cooling was estimated by Harlov and Wirth (2000) for their formation. As deformation progresses, the myrmekite intergrowths tend to transform into polygonal quartz-plagioclase aggregates organized into fine-grained folia (Vernon 1991). Finally, in incipiently gneissified specimens, these aggregates become coalescent with mainly mechanically refined biotites, forming anastomosing folia at the origin of strain partitioning (Johnson et al. 2004). In map view, the gneissified specimens clearly distribute at the periphery of the pluton while the magmatic and high-T, high-stress/strain microstructures are present in its core (Fig. 6).

Magnetic susceptibility study

Magnetic fabrics have been measured using the anisotropy of magnetic susceptibility technique (Hrouda 1982; Bouchez 1997; Borradaile and Henry 1997; Bouchez 2000). Two oriented cores where collected at 155 different stations (Fig. 6) giving at least four specimens per station. Among them, 110 stations belong to the granitic plutons, and 45 stations to the host rocks. The orientations and magnitudes of the principal axes of the magnetic anisotropy ellipsoids ($K_1 \geq K_2 \geq K_3$) were obtained using a Kappabridge KLY3 susceptometer (Agico, Brno) operating at low alternating field (4×10^{-4} T; 920 Hz). The data for all stations, namely geographical coordinates, bulk susceptibility ($K_m = (K_1 + K_2 + K_3)/3$), anisotropy percentage ($P\% = [(K_1/K_3) - 1] \times 100$), T-shape parameter (Jelinek 1978) and orientations (declination/inclination) of K_1 (magnetic lineation) and K_3 (pole to magnetic foliation), are given in Table 2.

Scalar magnetic data

The susceptibility magnitudes (K_m) of all samples range from 11 to 17,000 μSI, with a mean of 1,740 μSI (Fig. 7a). The three values that exceed 10^4 μSI correspond to magnetite-rich tonalites. Taking ~500 μSI as the maximum paramagnetic contribution to susceptibility for granitic rocks (Rochette 1987), due to the iron-bearing silicates, we conclude that most specimens display a ferromagnetic contribution, hence contain magnetite.

Susceptibility versus temperature tests reveal the presence of ferromagnetic minerals by their Curie temperature. Specimens with different susceptibilities from the pluton of Kouare were analysed for their $K(T)$ behaviour under argon-atmosphere using the KLY-CS2 apparatus (Agico, Brno). Two characteristic plots are given in Fig. 8: (1) specimen #33 illustrates the paramagnetic behaviour ($K_m = 63$ μSI) with a hyperbolic beginning of the $K(T)$ curve. The gradual K decrease from 400 to 600°C reveals the formation of a trace amount of a ferromagnetic phase that probably took place during the experiment; biotite being the main carrier of the susceptibility; (2) specimen #107, has a higher susceptibility ($K_m = 2,078$(μSI) and displays an abrupt susceptibility decrease at temperatures higher than ~580°C, attesting to the presence of pure magnetite.

The anisotropy percentages ($P\%$) vary from 1 to 76% (site #20 from the host tonalites) and reach exceptionally 143% (site #150, also from the host; Fig. 7b). The mean anisotropy percentage ($P\%$) varies from 9% in the pluton of Kouare to 18% in the host rocks. The variable amount of magnetite from one specimen to the other makes the degree of anisotropy highly variable due to the different mechanisms of acquisition of the anisotropy: lattice-related for the paramagnetic grains, mostly biotite, and shape-related for the ferromagnetic grains, mostly magnetite (Benn et al. 1993; Bouchez 2000, among others). As a consequence, for a given shape fabric of magnetite, $P\%$ will be very sensitive to the magnetite content of the rock, hence to its susceptibility magnitude.

Presence of magnetite in a variable amount may also be responsible for the large variation of the values of the shape parameter (Fig. 7c) which is highly oblate ($T > 0$). Oblate shapes appear to be randomly distributed in map view,

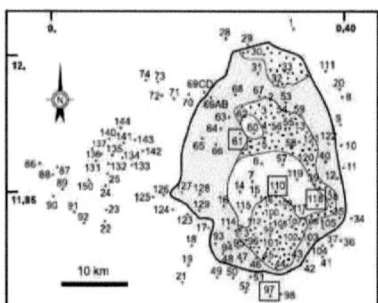

Fig. 6 Sampling sites for the magnetic study of Kouare pluton. Boxed numbers correspond to stations where geochemical studies have been performed (Table 1). Microstructures inside pluton: in white: purely magmatic; stippled: high-T/ high-strain; grey: gneissic

Table 2 Site locations (latitude/longitude) and magnetic data for the pluton of Kouaré and the surrounding basement

Site locations (latitude/longitude) and magnetic data

Sites	Latitude/Longitude	K_m	$Pj\%$	T	K_1	K_3
Kouaré pluton						
2	11°57.259'N/00°17.620'E	1,024	5	0.54	203/11	112/01
3	11°55.945'N/00°17.673'E	983	13	0.24	322/69	116/19
4	11°54.944'N/00°17.694'E	148	9	0.42	238/84	137/01
5	11°54.191'N/00°17.086'E	2,541	13	0.39	303/81	116/09
6	11°52.837'N/00°17.327'E	897	7	0.56	021/00	291/08
7	11°51.648'N/00°16.553'E	303	5	0.29	104/72	304/17
12	11°51.868'N/00°23.473'E	66	7	0.47	021/13	283/29
13	11°54.944'N/00°20.236'E	41	3	0.41	238/80	017/07
14	11°50.974'N/00°15.561'E	1,355	9	0.14	182/75	276/01
15	11°50.693'N/00°16.822'E	1,592	9	0.75	022/51	113/01
16	11°50.035'N/00°14.251'E	622	10	0.42	162/63	258/03
30	12°00.410'N/00°16.130'E	77	5	0.72	096/06	199/64
31	11°58.810'N/00°16.990'E	100	6	−0.13	189/67	028/22
32	11°58.090'N/00°18.630'E	206	4	−0.19	187/47	282/05
33	11°58.850'N/00°19.490'E	63	8	0.16	241/71	045/18
35	11°49.254'N/00°23.651'E	21	7	0.84	024/31	118/07
38	11°50.240'N/00°23.054'E	278	9	0.94	190/11	286/27
39	11°51.470'N/00°21.653'E	150	10	0.54	198/01	108/25
39b	11°51.470'N/00°21.653'E	113	4	−0.10	207/20	109/22
40	11°52.950'N/00°22.520'E	99	5	0.64	034/44	264/34
40b	11°52.950'N/00°22.520'E	76	7	0.77	012/33	112/15
43	11°46.444'N/00°20.304'E	8616	8	0.84	074/07	332/58
44	11°46.641'N/00°18.839'E	2213	4	−0.29	239/29	142/12
45	11°46.394'N/00°17.940'E	890	21	−0.14	142/52	020/22
46	11°46.615'N/00°16.881'E	1,272	7	−0.47	215/17	124/05
47	11°46.351'N/00°15.691'E	439	11	0.16	176/70	319/16
48	11°46.893'N/00°14.182'E	2,059	12	0.69	202/59	303/07
53	11°56.793'N/00°19.259'E	479	7	0.67	082/50	345/06
54	11°56.029'N/00°19.065'E	187	4	−0.20	095/74	337/08
55	11°55.310'N/00°19.600'E	130	4	0.34	262/72	155/05
56	11°54.930'N/00°18.637'E	1,451	28	0.31	210/81	321/03
57	11°52.772'N/00°19.044'E	429	4	−0.35	218/15	113/43
58	11°54.290'N/00°20.392'E	2,940	13	0.24	022/02	291/38
59	11°56.050'N/00°20.483'E	91	7	0.72	201/32	306/22
60	11°54.847'N/00°16.663'E	2,380	32	0.51	064/78	319/03
61	11°54.860'N/00°15.565'E	76	5	0.14	216/64	005/23
62	11°55.759'N/00°15.656'E	123	6	0.33	240/44	131/19
63	11°55.901'N/00°14.665'E	803	14	0.44	171/60	322/27
64	11°55.169'N/00°14.008'E	1,383	13	0.35	173/58	310/24
65	11°54.526'N/00°12.497'E	1,127	12	0.68	258/76	113/12
66	11°54.113'N/00°13.616'E	4,238	17	0.38	204/13	294/03
67	11°57.305'N/00°17.142'E	714	7	0.68	199/13	298/36
68	11°57.409'N/00°15.163'E	83	2	0.19	010/21	102/06
69CD	11°57.332'N/00°12.761'E	598	36	0.61	321/85	110/05
93	11°47.545'N/00°13.560'E	743	11	0.37	224/32	319/06
94	11°47.623'N/00°14.631'E	1,888	10	0.29	207/05	298/09

Table 2 continued

Site locations (latitude/longitude) and magnetic data

Sites	Latitude/Longitude	K_m	$Pp\%$	T	K_1	K_3
95	11°47.110'N/00°15.400'E	297	10	0.52	240/60	118/17
96	11°47.308'N/00°16.711'E	435	4	0.04	088/19	267/71
99	11°48.120'N/00°18.017'E	399	6	0.06	198/51	322/24
100	11°49.279'N/00°18.040'E	483	7	0.37	039/06	129/02
101	11°47.608'N/00°18.823'E	1,947	6	−0.49	218/06	310/14
102	11°47.519'N/00°19.963'E	961	6	0.34	048/25	285/48
103	11°47.543'N/00°21.138'E	791	13	0.78	035/09	125/02
105	11°48.571'N/00°22.324'E	2,427	12	0.48	216/18	307/03
106	11°48.583'N/00°21.275'E	118	8	0.74	091/37	301/48
107	11°48.678'N/00°19.812'E	2,078	5	0.58	223/67	127/03
108	11°48.593'N/00°18.990'E	584	8	0.42	211/70	322/08
109	11°49.889'N/00°19.244'E	177	9	0.51	214/39	118/07
110	11°50.972'N/00°18.466'E	2,528	9	0.50	217/70	120/03
112	11°48.575'N/00°16.791'E	556	8	0.15	090/61	185/03
113	11°48.694'N/00°15.724'E	1,404	5	−0.12	209/33	308/13
114	11°48.584'N/00°14.609'E	286	15	−0.70	224/87	083/03
115	11°49.673'N/00°15.681'E	496	6	−0.01	332/85	071/01
116	11°49.747'N/00°17.894'E	81	3	0.72	208/56	308/06
117	11°49.567'N/00°20.689'E	581	23	−0.39	002/74	124/09
118	11°49.886'N/00°21.434'E	1,686	9	0.43	136/75	311/15
119	11°51.784'N/00°20.200'E	107	7	0.46	192/15	061/67
120	11°52.826'N/00°21.041'E	87	2	0.18	228/01	138/08
121	11°54.084'N/00°21.491'E	33	5	−0.20	146/08	249/55
122	11°54.167'N/00°22.744'E	89	6	0.35	041/66	268/17
127	11°50.944'N/00°10.850'E	52	2	0.28	287/83	039/02
128	11°50.791'N/00°12.299'E	1,357	5	−0.65	228/70	099/013
129	11°49.735'N/00°12.276'E	111	11	0.23	245/87	037/03
Basement						
1	12°01.763'N/00°19.922'E	241	7	0.21	167/50	019/35
8	11°57.257'N/00°23.869'E	7,579	34	−0.19	206/29	298/04
9	11°55.413'N/00°23.720'E	155	16	0.75	202/29	110/03
10	11°54.068'N/00°23.793'E	13,493	49	−0.14	175/28	266/02
11	11°52.561'N/00°23.952'E	2,291	59	−0.15	187/16	092/19
17	11°48.590'N/00°13.240'E	12,017	12	0.21	150/43	013/38
18	11°47.420'N/00°11.660'E	503	7	−0.10	141/05	348/84
19	11°46.120'N/00°11.370'E	827	9	0.45	143/24	235/4
20	11°57.780'N/00°23.660'E	8,132	76	0.33	199/46	305/15
21	11°44.990'N/00°10.900'E	327	8	0.21	145/07	051/32
22	11°49.030'N/00°04.549'E	183	13	−0.24	070/16	309/61
28	12°01.122'N/00°14.399'E	244	17	0.81	148/63	353/25
29	12°00.622'N/00°16.173'E	67	12	0.21	154/78	007/10
34	11°49.226'N/00°24.606'E	445	5	−0.26	028/36	145/32
36	11°47.730'N/00°23.771'E	278	15	0.88	012/67	121/08
37	11°47.440'N/00°23.030'E	291	5	−0.03	160/47	048/19
41	11°46.680'N/00°22.267'E	358	3	0.12	162/36	277/31
42	11°46.494'N/00°20.920'E	394	6	0.60	175/42	289/24
49	11°45.322'N/00°13.716'E	2,931	18	0.22	156/45	060/05

Table 2 continued

Site locations (latitude/longitude) and magnetic data

Sites	Latitude/Longitude	K_m	$Pp\%$	T	K_1	K_3
50	11°45.276′N/00°14.987′E	663	6	−0.59	250/73	063/016
51	11°45.358′N/00°16.410′E	17,032	28	−0.06	194/50	290/05
52	11°44.325′N/00°16.007′E	415	5	−0.35	317/87	194/02
69AB	11°57.226′N/00°12.864′E	1440	5	0.55	215/20	124/02
73	11°58.259′N/00°08.830′E	820	18	0.76	243/81	018/06
74	11°58.355′N/00°07.882′E	337	17	0.64	045/75	179/10
75	11°58.776′N/00°05.965′E	1,370	9	0.78	206/84	299/00
86	11°52.835′N/00°00.821′W	3,216	18	0.33	093/34	279/56
87	11°52.604′N/00°00.596′E	6,172	17	−0.56	264/31	159/23
88	11°52.108′N/00°00.216′E	316	4	0.64	255/42	159/07
89	11°51.150′N/00°01.033′E	257	8	0.13	095/58	356/05
89b	11°51.150′N/00°01.033′E	373	6	0.82	060/25	329/03
97	11°44.074′N/00°18.024′E	3,447	13	−0.30	224/59	337/13
98	11°44.176′N/00°18.913′E	380	7	0.66	217/26	036/64
104	11°47.441′N/00°22.278′E	311	4	0.20	162/54	268/12
111	11°58.974′N/00°22.523′E	35	6	−0.17	190/09	097/20
123	11°49.476′N/00°11.290′E	2,494	9	−0.61	231/75	094/11
124	11°49.802′N/00°10.102′E	2,479	13	0.35	113/56	233/18
125	11°50.625′N/00°08.462′E	97	9	0.35	131/43	238/17
126	11°50.749′N/00°09.312′E	988	29	0.43	109/40	205/07
134	11°53.213′N/00°05.981′E	350	6	−0.13	069/29	160/03
136	11°53.463′N/00°04.242′E	614	8	0.05	033/74	284/05
137	11°53.831′N/00°03.487′E	374	6	−0.19	322/57	060/05
143	11°54.427′N/00°07.021′E	1,877	6	−0.53	145/53	14/26
23	11°49.770′N/00°04.670′E	39	5	0.07	251/51	148/11
24	11°51.360′N/00°04.580′E	20	5	0.49	211/82	119/00
25	11°52.172′N/00°04.770′E	1,314	100	0.45	025/51	121/05
70	11°57.445′N/00°11.414′E	88	8	0.58	163/39	346/51
71	11°57.139′N/00°10.181′E	2,182	17	−0.15	160/71	277/09
72	11°57.351′N/00°09.172′E	316	14	0.75	089/68	323/13
90	11°50.672′N/00°00.263′E	1,162	17	−0.36	198/79	083/04
91	11°49.618′N/00°01.993′E	547	49	0.17	296/60	118/30
92	11°48.899′N/00°02.834′E	56	5	−0.11	289/43	112/47
131	11°53.237′N/00°03.827′E	64	5	0.63	230/35	321/03
132	11°52.842′N/00°04.843′E	2,714	35	0.43	096/84	328/04
133	11°52.892′N/00°06.198′E	11	1	0.53	037/75	270/09
135	11°53.396′N/00°05.173′E	203	7	−0.42	241/47	087/40
140	11°54.376′N/00°05.041′E	476	11	0.35	052/24	151/19
141	11°54.222′N/00°06.090′E	497	11	0.39	000/69	214/18
142	11°53.679′N/00°07.651′E	677	3	0.51	264/32	002/14
144	11°55.233′N/00°05.844′E	766	22	0.20	142/74	359/13
150	11°51.726′N/00°03.231′E	2,592	143	0.37	027/49	145/22

hence giving no particular information about the distribution of strain. Oblate magnetic fabrics represent 79% of the specimens from Kouare and 66% of the specimens from the host rocks.

Directional magnetic data

Anisotropy of magnetic susceptibility is a second-rank tensor represented by an ellipsoid whose principal axes

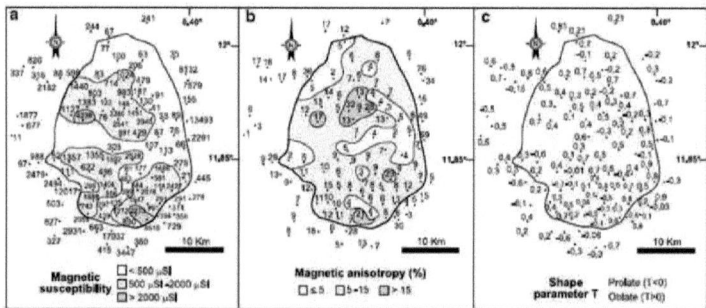

Fig. 7 Magnetic scalar data for the pluton of Kouare and host rocks. a Susceptibility magnitude (K_m) in 10^{-6} SI. b Anisotropy percentage (P%). c T shape parameter ($-1 \leq T \leq 1$)

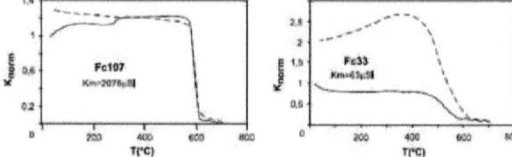

Fig. 8 K versus T curves of two representative specimens from Kouare. K_m: susceptibilities at room temperature. Both heating and cooling (*dashed*) curves are reported

$K_1 \geq K_2 \geq K_3$ define the magnetic fabric of the rock. K_1, the long axis of the magnetic ellipsoid, defines the magnetic lineation and K_3, the short axis, represents the pole to the magnetic foliation. In granitic rocks, the magnetic fabric equates with the mineral fabric of the rock (Bouchez 2000, among others). Depending on the mineralogy of the rock, the same two factors as for the anisotropy are responsible for the directional magnetic fabric: (1) magnetocrystalline fabric of the iron-bearing silicates (biotite subfabric) in case of magnetite-free granites; and (2) shape fabric of the magnetite grains (magnetite subfabric) in case of magnetite-bearing granites.

When both magnetic behaviours are present, like in this study, the shape fabric axes of magnetites and biotites are considered as co-axial, as demonstrated by Archanjo et al. (1995) who compared, in a granite and using an image analysis technique, the independently determined subfabrics of biotite and magnetite. Several authors have also concluded that the fabrics of biotite and magnetite are mimetic. Note that, although parallel to each other (i.e. coaxial), the principal axes of both subfabrics are different in magnitudes due to the different natures of the magnetic markers. These considerations allow us to equate the foliations and lineations obtained by magnetic means with the mineral shape fabric of the rock.

Three domains have been distinguished in the foliation and lineation maps of Fig. 9, and illustrated with specific stereoplots: (1) in the folded tonalites in-between the pluton of Kouare and the town of Satenga, the foliations are close to vertical and follow the arcuate shape of the layered tonalites; the lineations also depict the arcuate shape; (2) in contrast, in the tonalites north and east of the pluton of Kouare, the lineations clearly trend to the NNE and have mild to steep plunges to the SSW; (3) steep lineations are also recorded inside the pluton of Kouare (31% of the plunges are larger than 70°), the foliations having NNE-strikes and steep dips (86% of them are larger than 70°).

Discussion

Ubiquity and significance of the steep lineations

The most spectacular aspect of our structural measurements is the ubiquity of steeply plunging lineations in the pluton of Kouare and its immediate country rocks. This implies that the main stretching direction of the concerned areas was close to vertical. In Kouare, two main zones of steep lineations (>70°) are observed: the first is a few tens of square kilometres in area to the north of the core zone;

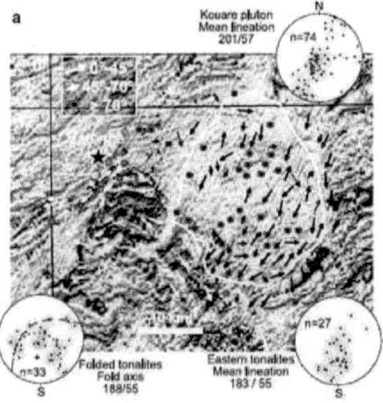

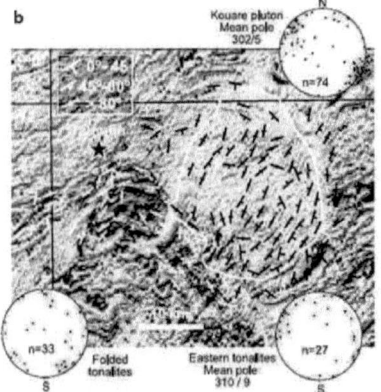

Fig. 9 Magnetic data plotted onto the aeromagnetic image. Black star: Satenga city. Data from the basement are separated into the folded tonalites to the south (*white symbols*) and the northern and eastern tonalites (*in black*). n number of measurements; the mean lineation (trend/plunge in °) is plotted as an empty symbols in the orientation diagrams. a magnetic lineations, in the orientation diagram of the folded tonalites, the lineations plot along the "best fit" small circle centered at 188°/55° (cross). b magnetic foliation poles

the second is much larger and observed to the south of the pluton. The preservation of steep lineations in the granite strongly suggests that the magma became crystallized while it was ascending. Presence of primary magmatic epidote in the granite, a high-pressure phase (Sial et al.

1999), further suggests that the rate of ascent was fast. Since subvertical lineations are present in areas as large as hundreds of square kilometres, it is likely that the magma, far from being restricted to dykes (Petford et al. 1993), was ascending through kilometre-wide feeder channels. Sectors with steep lineations in a pluton have already been interpreted as fossilised feeders by several authors (Guillet et al. 1985; Vigneresse 1995; Améglio et al. 1997; Vigneresse and Bouchez 1997; Vigneresse et al. 1999).

The development of vertical mineral fabrics during magma ascent necessitates that vertical gradients of shear strain were active in the feeder channels (see Bouchez 1997). A clearly defined, pluton-scale shear gradient is indeed marked by the contrast between the high-temperature solid-state deformation features that are concentrated at the periphery of Kouare and the magmatic ones inside the pluton (Fig. 7).

In the folded-layered tonalites, steep lineations are ubiquitous close to the pluton (Fig. 9a) and also interpreted as due to the drag-effect of the ascending magma. In the stereoplot of Fig. 9a, a number of mineral lineations are disposed along either a great or a small circle whose pole, or rotation axis, plunges steeply to the south. This suggests that the map-scale fold observed in the country rocks (Figs. 3, 9) has a steep south-plunging axis and that several linear structures pre-date the folding event. Steeply SSE-plunging fold axes have indeed been observed at station a, close to the pluton (Figs. 3, 4b). In contrast, the mesoscopic sub-horizontal NE-trending fold axes observed in station b (Figs. 3, 4c) either pre-date the regional folding or correspond to local refolding in relation to the present position of station b within the map-scale fold limb.

Emplacement of Kouare and shear folding
of the country rocks

It is likely that magma ascent began while the host rocks were brittle, as attested by the presence of isolated angular enclaves of tonalite in the granite (Fig. 4e). However, as also attested in the surrounding tonalites by the presence of microstructures that were reworked at high temperature, and by garnet-bearing leptynites and migmatitic assemblages at the southern periphery of Kouare, the temperature rose around the pluton. As a consequence, the tonalitic basement became more plastic, particularly in-between the plutons of Kouare and Ouargaye, resulting in steep, drag-induced mineral lineations, and allowing short-wavelength folds to develop (Fig. 3: to the north of Ouargaye). Amphibolite facies metamorphism in this area, attributed to contact metamorphism has been identified and dated at 2105 ± 30 Ma by Castaing et al. (2003). This dating suggests that a peak of temperature took place in the country rocks at the time of emplacement of Kouare (2128 ± 4 Ma)

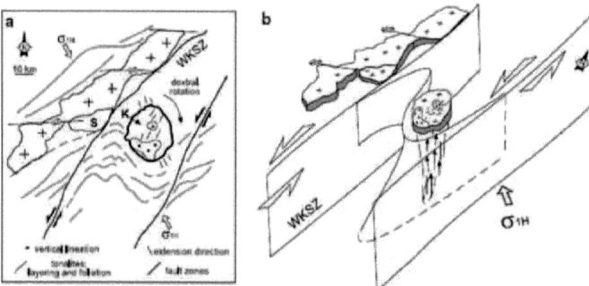

Fig. 10 Tectonic sketch map of the Fada N'Gourma area, including the Tenkodogo-Yamba alignment and the layered tonalite at the south of Kouare (a) and corresponding 3D-model. σ_{1H}: principal horizontal compression to which the region was subjected at time of emplacement of Kouare, while the NNE-trending sinistral shear zones were active. The Z-shape folding of the southern tonalite is attributed to clockwise rotation in-between the two sinistral shear-zones during the intrusion of Kouare. *S* Satenga pluton, *K* Kouare pluton, *WKSZ* West Kouare Shear Zone

or Ouargaye (2135 ± 11 Ma). Note that such a re-heating of the host rocks during emplacement of the younger granites has already been observed by Pons et al. (1995), Debat et al. (2003) and Castaing et al. (2003).

We propose that the emplacement of Kouare was coeval with the deformation of the corridor located in-between NNE-trending shear zones that run on the western and eastern sides of the pluton (Fig. 10). In this corridor, we propose that the original layering of the tonalite was initially at an angle to the limiting shear zones such that, while both shear zones were active (probably together), and during intrusion of the pluton, the material of the corridor, as underlined by the semi-rigid layering, was shortened, buckled, then rotated in a clockwise sense, hence developed a map-scale Z-shaped fold. As shown by Carreras et al. (2005), the assymetry of a shear-related fold (S- or Z-type) gives no decisive information about the sense of shear which also depends on the original orientation of the pre-folded structure, and on the 3D geometry and kinematics of the concerned zone with respect to the outcrop surface (see Passchier and Williams 1996).

Since a sinistral sense of shear for both shear zones on sides of the corridor was observed in the field (Fig. 3), a NW-trending direction of shortening has been reported on the geological reconstruction of Fig. 10. This reconstruction is consistent with the dominant sinistral N-trending shear zones that are described by many authors in the entire Man shield (Feybesse et al. 1990; Milesi et al. 1992; Pons et al. 1995; Caby et al. 2000) and which trend to the NNE in eastern Burkina Faso.

Note that in the Man shield, the latter shear system is followed in time by NE-trending shear zones which have a dextral sense (ref. cit.). Again, this agrees with our data since, to the west of the West Kouare Shear Zone, the shear regime is dominated by dextral NE- to ENE-trending shear zones (Naba et al. 2004) that are related to the emplacement of the Tenkodogo-Yamba plutons which, indeed seem younger, dated at 2117 Ma against 2135 Ma for Kouare (Castaing et al. 2003).

Conclusion

We conclude that the "late" Paleoproterozoic younger granites of eastern Burkina Faso, that intruded the juvenile tonalitic basement a few tens of million years after its formation, began their intrusion into an already brittle basement. Huge volumes of granitic magma seem to have been frozen-in during ascent, as attested by the density of steep magmatic lineations. But coeval strike-slips and shear movements along localized weak zones were also important in the host tonalites. We suggest that, ~2 Gyears ago, the new crust of Burkina Faso was thin enough to undergo rapid cooling and re-heating, allowing vertical mass-transfers and transcurrent displacements to coexist. Gravity-driven tectonics and bulk inhomogeneous strain assisted by transcurrent shearing in presence of syntectonic pluton emplacement, similar to that is described by Chardon et al. (2002) in the Archean basement of South India, was also suggested by Pons et al. (1995) in the Paleoproterozoic of Niger, and by Caby et al. (2000) in the Birimian of Ivory Coast. Such a mode of accretion could be the rule instead of the exception at about 2 Ga in the West-African craton. The rheological modelling of such a crust will, however, require a finer geological cover of the area with, in particular, more systematic isotope chronology and thermobarometric data.

Acknowledgments We warmly thank Dr Kim Hein (Mining Geology, University of Witwatersrand, Johannesburg) who provided us with the aeromagnetic image. We also thank Prof. Martin Lompo for the facilities provided in Burkina Faso, Christiane Cavaré-Hester for helping us in figure presentations and Anne Nédélec for suggestions and advices. The BUMIGEB (Ministry of Mines in Burkina Faso) is thanked for providing us with the new geological map of Burkina. This work was partially supported by a post-doctoral fellowship of the Basque Government to Nestor Vegas and the CGL2004-00701 project (Ministerio de Ciencia y Tecnología). This is a contribution of the LMTG of Toulouse.

References

Abouchami W, Boher M, Michard A, Albarède F (1990) A major 2.1 Ga old event of mafic magmatism in west Africa: an early stage of crustal accretion. J Geophys Res 95(B11):17607–17629

Ama-Salah I, Liégeois JP, Pouclet A (1996) Evolution dun arc insulaire océanique birimien précoce au Liptako nigérien (Sirba): géologie, géochronologie et géochimie. J Afr Earth Sci 22:235–254

Améglio L, Vigneresse JL, Bouchez JL (1997) Granite pluton geometry and emplacement mode inferred from combined fabric and gravity data. In: Bouchez JL, Hutton DHW, Stephens WE (eds) Granite: from segregation of melt to emplacement fabrics. Kluwer, Dordrecht, pp 199–214

Archanjo CJ, Launeau P, Bouchez JL (1995) Magnetic fabric versus magnetite and biotite shape fabrics of the magnetite-bearing granite pluton of Gameleiras (Northeast Brazil). Phys Earth Plan Int 89:63–75

Benn K, Rochette P, Bouchez JL, Hattori K (1993) Magnetic susceptibility, magnetic mineralogy and magnetic fabrics in a late Archean granitoid-gneiss belt. Precambrian Res 63:59–81

Beziat D, Bourges F, Debat P, Lompo M, Martin F, Tollon F (2000) A Paleoproterozoic ultramafic-mafic assemblage and associated volcanic rocks of the Boromo greenstone belt: fractionates originating from island-arc volcanic activity in the West African craton. Precambrian Res 101:25–47

Boher M, Abouchami W, Michard A, Albarède F, Arndt NT (1992) Crustal growth in West Africa at 2.1 Ga. J Geophys Res 97(B1):345–369

Bonhomme M (1962) Contribution à l'étude géochronologique de la plate-forme de lOuest africain. Ann Fac Sci Univ Clermont-Ferrand, Géol Minéral 5, 62 p

Borradaile GJ, Henry B (1997) Tectonic applications of magnetic susceptibility and its anisotropy. Earth Sci Rev 42:49–93

Bouchez JL (1997) Granite is never isotropic: an introduction to AMS studies in granitic rocks. In: Bouchez JL, Hutton DHW, Stephens WE (eds) Granite: from segregation of melt to emplacement fabrics. Kluwer, Dordrecht, pp 95–112

Bouchez JL (2000) Anisotropie de susceptibilité magnétique et fabrique des granites. CR Acad Sci Paris, Earth Planet Sci 330:1–14

Caby R, Delor C, Agoh O (2000) Lithologie, structure et métamorphisme des formations birimiennes dans la région dOdienné (Côte dIvoire): rôle majeur du diapirisme des plutons et des décrochements en bordure du craton de Man. J Afr Earth Sci 30:351–374

Carreras J, Druguet E, Griera A (2005) Shear zone-related folds. J Struct Geol 27:1229–1251

Castaing C, Billa M, Milési JP, Thiéblemont D, Le Métour J, Egal E, Donzeau M (BRGM) (coordonnateurs), Guerrot C, Cocherie A, Chèvremont P, Tegyey M, Itard Y (BRGM), Zida B, Ouédraogo I, Koté S, Kaboré BE, Ouédraogo C (BUMIGEB), Ki JC, Zunino C (ANTEA) (2003) Notice explicative de la carte géologique et minière du Burkina Faso à 1/1 000 000. Ed BRGM, Orléans, France, p147

Chardon D, Peucat JJ, Jayananda M, Choukroune P, Fanning CM (2002) Archean granite-greenstone tectonics at Kolar (South India): Interplay of diapirism and bulk inhomogeneous contraction during juvenile magmatic accretion. Tectonics 21/3:1–16

Debat P, Nikièma S, Mercier A, Lompo M, Béziat D, Bourges F, Roddaz M, Salvi S, Tollon F, Wenmenga U (2003) A new metamorphic constraint for the Eburnean orogeny from Paleoproterozoic formations of the Man shield (Aribinda and Tampelga countries, Burkina Faso). Precambrian Res 123:47–65

Doumbia S, Pouclet A, Kouamelan A, Peucat JJ, Vidal M, Delor C (1998) Petrogenesis of juvenile-type Birimian (Paleoproterozoic) granitoids in central Côte-dIvoire, West Africa: geochemistry and geochronology. Precambrian Res 87(1–2):33–63

Egal E, Castaing C, Chèvremont P, Donzeau M, Guerrot C, Kote S, Ouédraogo I, Kagambèga N, Le Métour J, Tegyey M, Thiéblemont D (2004) Geological and structural framework of the Paleoproterozoic basement in Burkina Faso: mapping and geochronological constraints. 20th Colloq Afric Geol, Orleans, Abstracts, vol 2, pp 181–182

Feybesse JL, Milési JP (1994) The Archean/Proterozoic contact zone in West Africa: a mountain belt of decollement thrusting and folding on a continental margin related to 2.1 Ga convergence of Archean cratons? Precambrian Res 69:199–227

Feybesse JL, Milési JP, Ouédraogo MF, Prost A (1990) La « ceinture » protérozoïque inférieure de Boromo-Goren (Burkina Faso): un exemple d'interférence entre deux phases transcurrentes éburnéennes. C R Acad Sci Paris 310:1353–1360

Gasquet D, Barbey P, Adou M, Paquette JL (2003) Structure, Sr–Nd isotope geochemistry and zircon U–Pb geochronology of the granitoids of the Dabakala area (Côte d'Ivoire): evidence for a 2.3 Ga crustal growth event in the Palaeoproterozoic of West Africa? Precambrian Res 127:329–354

Guillet P, Bouchez JL, Vigneresse JL (1985) Le complexe granitique de Plouaret: mise en évidence structurale et gravimétrique de diapirs emboîtés. Bull Soc Géol Fr 8:503–513

Harlov DE, Wirth R (2000) K-feldspar-quartz phase and K-feldspar-plagioclase phase boundary interactions in garnet-orthopyroxene gneisses from Val Strona di Omegna, Ivrea-Verbano Zone, Northern Italy. Contrib Miner Petro 140:148–162

Hein KAA (1998) Structural and geological interpretation of aeromagnetic data of Eastern Burkina Faso: explanatory notes. Company Report No. QB98\14i, Sanmatenga Joint Venture Partners, p18

Hirdes W, Davis DW, Lüdtke G, Konan G (1996) Two generations of Birimian (Paleoproterozoic) volcanic belts in northeastern Côte dIvoire (West Africa): consequences for the Birimian controversy. Precambrian Res 80:173–191

Hottin G, Ouédraogo OF (1975) Notice explicative de la carte géologique à 1/1.000.000 du Burkina Faso. Ed BRGM Archives DGM (Ouagadougou), p 58

Hrouda F (1982) Magnetic anisotropy of rocks and its application in geology and geophysics. Geophys Surv 5:37–82

Jelinek V (1978) Statistical processing of anisotropy of magnetic susceptibility measured on groups of specimens. Studia Geoph Geod 142:50–62

Johnson SE, Vernon RH, Upton P (2004) Foliation development and progressive strain-rate partitioning in the crystallizing carapace of a tonalite pluton: microstructural evidence and numerical modeling. J Struct Geol 26:1845–1865

Ledru P, Pons J, Milési JP, Tegyey M (1994) Markers of the last stages of the Palaeoproterozoic collision: evidence for a 2 Ga continent involving circum-south Atlantic provinces. Precambrian Res 69:169–191

Machens E (1967) Notice explicative de la carte géologique du Niger occidental, à 1/200 000. Ed BRGM Archives DGM (Niamey), p 36

Menegon L, Pennacchioni G, Stünitz H (2006) Nucleation and growth of myrmekite during ductile shear deformation in metagranites. J metamorphic Geol 24:553–568

Milési JP, Ledru P, Feybesse JL, Dommanget A, Marcoux E (1992) Early Proterozoic ore deposits and tectonics of the Birimian orogenic belt, West Africa. Precambrian Res 58:305–344

Naba S, Lompo M, Debat P, Bouchez JL, Béziat D (2004) Structure and emplacement model for late-orogenic Paleoproterozoic granitoids: the Tenkodogo-Yamba elongate pluton (Eastern Burkina Faso). J Afr Earth Sci 38:41–57

Passchier CW, Trouw RAJ (1996a) Microtectonics. Springer, Heidelberg, pp 1–304, ISBN: 3-540-58713-6

Passchier CW, Williams PR (1996b) Conflicting shear sense indicators in shear zones; the problem of non-ideal sections. J Struct Geol 18:1281–1284

Petfort N, Keer RC, Lister JR (1993) Dike transport of granitoid magmas. Geology 21:845–848

Pons J, Debat P, Oudin C, Valero J (1991) Emplacement and evolution of a synkinematic pluton (Saraya granite, Senegal, W. Africa). Bull Soc Géol Fr 162:1075–1082

Pons J, Oudin C, Valero J (1992) Kinematics of large syn-orogenic intrusions: example of the Lower Proterozoic Saraya Batholith (Eastern Senegal). Geol Rundsch 81/2:473–486

Pons J, Barbey P, Dupuis D, Léger JM (1995) Mechanisms of pluton emplacement and structural evolution of a 2.1 Ga juvenile continental crust : the Birimian of southwestern Niger. Precambrian Res 70:281–301

Pouclet A, Vidal M, Delor C, Siméon Y, Alric G (1996) Le volcanisme birimien du Nord-Est de la Côte-dIvoire : mise en évidence de deux phases volcano-tectoniques distinctes dans lévolution géodynamique du Paléoprotérozoïque. Bull Soc géol Fr 167(4):529–541

Raguin M (1969) Rapport de fin de campagne des travaux géologiques effectuées sur le degré carré de Pama. Rapport DGM, Ouagadougou, pp 1–132

Rochette P (1987) Magnetic susceptibility of the rock matrix related to magnetic fabric studies. J Struct Geol 9:1015–1020

Rosenberg CL, Riller U (2000) Partial melt topology in statistically and dinamically recrystallized granite. Geology 28:7–10

Sial AN, Toselli AJ, Saavedra J, Parada MA, Ferreira VP (1999) Emplacement, petrological and magnetic susceptibility characteristics of diverse magmatic epidote-bearing granitoid rocks in Brasil, Argentina and Chile. Lithos 46:367–392

Sun SS, McDonough WF (1989) Chemical and isotopic systematics of ocean basalts: Implications for mantle composition and processes. In: Saunders AD, Norry MJ (eds) Magmatism in ocean basins, Special Publication 42. Geological Society of London, pp 313–345

Sylvester PJ, Attoh K (1992) Lithostratigraphy and composition of 2.1 Ga greenstone belts of the West African Craton and their bearing on crustal evolution and the Archean-Proterozoic boundary. J Geol 100:377–393

Vernon RH (1991) Questions about myrmekite in deformed rocks. J Struct Geol 13:979–985

Vernon RH (2004) A practical guide to rock microstructure. Cambridge University Press, 594 p ISBN 052181443 X

Vidal M, Delor C, Pouclet A, Siméon Y, Alric G (1996) Evolution géodynamique de lAfrique de lOuest entre 2,2 et 2 Ga: le style "Archéen" des ceintures vertes et des ensembles sédimentaires birimiens du Nord-Est de la Côte-dIvoire. Bull Soc Géol Fr 167:307–319

Vigneresse JL (1995) Control of granite emplacement by regional deformation. Tectonophysics 249:173–186

Vigneresse JL, Bouchez JL (1997) Successive granitic magma batches during pluton emplacement: the case of Cabeza de Araya (Spain). J Petrol 38:1767–1776

Vigneresse JL, Tikoff B, Améglio L (1999) Modification of the regional stress field by magma intrusion and formation of tabular granitic plutons. Tectonophysics 302:203–224

CHAPITRE IV

L'Alignement Plutonique Tenkodogo-Yamba

IV.1 Présentation résumée

L'alignement dit de Tenkodogo-Yamba est un ensemble de plutons comprenant le corps de Tenkodogo au Sud-Ouest et ceux de Kindzéoguin, Diabo et Yamba au Nord-Est. Il s'agit de granites à biotite de composition pétrographique et géochimique semblable à celle du pluton du pluton de Kouaré. Presque entièrement intrusifs dans les granitoïdes TTG, c'est seulement dans la partie nord que l'alignement est en contact avec les roches métavolcaniques et métasédimentaires de la ceinture de Fada N'gourma-Komampouma (Fig. IV.2).

Les granites de l'alignement renferment souvent des enclaves co-magmatiques allongées selon la trace de la foliation magmatique (Fig. IV.6e). Ils renferment également souvent des enclaves anguleuses (Fig. IV.6c et d) et sont eux-mêmes recoupés par des filons de même composition granitique (Fig. IV.6f). L'âge Pb/Pb sur zircon, à 2117 ± 6 Ma, d'un site granitique de l'alignement (à Tenkodogo : X = 0,33681°W, Y = 11,77191°N) confirme qu'il est plus jeune d'environ cinquante millions d'années que l'encaissant TTG de la même localité (X = 0,06102°W, Y = 12,14269°N), daté à 2170 ± 6 Ma par la même méthode (Castaing et al., 2003). Il est également une dizaine de millions d'années plus jeune que le pluton de Kouaré étudié au chapitre précédent. Les observations de terrain, ainsi que des mesures de susceptibilité et d'anisotropie de la susceptibilité, accompagnées par l'examen des microstructures et par l'interprétation d'images du magnétisme aéroporté, nous permettent de nous avancer sur le mode de mise en place de cet alignement.

Dans cet alignement plutonique, les foliations magnétiques sont fortement pentées, les pendages étant en majorité supérieurs à 45° (Fig. IV.10). Dans l'encaissant TTG voisin, les pendages des foliations sont également très forts mais leurs orientations sont souvent très différentes de celles que l'on rencontre dans l'alignement où les directions NE-SW dominent (Fig. IV.10). Les linéations magnétiques de l'alignement ont des directions voisines les unes des autres au moins secteur par secteur. Il en va de même pour les plongements qui, cependant, varient, de l'horizontale à la verticale selon les secteurs. Ce qui est remarquable, ce sont les plongements élevés des linéations, supérieurs à 45° dans 62% des 238 sites mesurés. Les linéations proches de la verticale se regroupent en un certain nombre de secteurs circonscrits (Fig. IV.10) que nous interprétons comme des zones d'alimentation ou de racine des plutons.

Nous montrons qu'il n'y a pas de processus tectonique indépendant de la mise en place pouvant justifier de la verticalité des linéations. Les microstructures montrent en effet que l'essentiel des structures sont acquises à l'état magmatique ou submagmatique avec parfois des traces de cisaillement perceptibles dans cet état. Les structures de déformation à l'état solide sont très rares dans ces plutons de l'alignement. Elles sont localisées le long de la bande de cisaillement NE-SW dextre qui souligne la limite entre l'alignement et la ceinture de roches vertes de Fada-N'gourma- Komampouma (Fig. IV.9). Dans ce secteur, le fait que l'on trouve à la fois des microstructures de déformation à l'état solide de haute et de basse température, suggère fortement que l'activité de cette zone de cisaillement a accompagné le granite tout au long de sa mise en place. Contrairement au cas du pluton de Kouaré, il apparaît clairement que l'encaissant TTG était complètement refroidi au moment où l'alignement se mettait en place. Cela se traduit par les enclaves anguleuses de l'encaissant observé dans les granites et par une indépendance notoire de l'orientation des structures du granite vis-à-vis de celles de l'encaissant TTG.

Le détail de ces résultats est publié dans le Journal of African Earth Sciences sous le titre « Structure et modèle de mise en place pour les granitoïdes tardi-orogéniques du Paléoprotéroïque : le pluton allongé de Tenkodogo-Yamba (Burkina Faso Oriental) »

IV.2 Publication à J.A.E.S (2004)

Structure and emplacement model for late-orogenic Paleoproterozoic granitoids: the Tenkodogo–Yamba elongate pluton (Eastern Burkina Faso)

Séta Naba [a], Martin Lompo [a], Pierre Debat [b], Jean Luc Bouchez [b,*], Didier Béziat [b]

[a] *Département de Géologie, Université de Ouagadougou, BP 7021, Ouagadougou 03, Burkina Faso*
[b] *LMTG-UMR CNRS no. 5563, Laboratoire de Pétrophysique et Tectonique, Université Paul-Sabatier, 38 rue des 36-Ponts F-31400 Toulouse, France*

Received 6 April 2002; received in revised form 6 February 2003; accepted 12 September 2003

Abstract

The Tenkodogo–Yamba (TY) elongate pluton is made of apparently isotropic biotite-bearing granites that form a continuous, 125 km long and NE trending, and 15–20 km wide, succession of granite bodies that intruded the so-called batholith of eastern Burkina Faso dominated by foliated granitoids and associated volcano-sedimentary belts. Geochemically, the granitoids of the batholith have well-defined TTG affinities that characterize the "gneiss-granitoids" of the Paleoproterozoic basement of West Africa. The biotite granites of the TY-elongate pluton, that display the so-called "basin" affinity, seem to be derived from the (partial) remelting of the batholith. The internal microstructures of the TY-elongate pluton are mostly purely magmatic, contrasting with the magmatic to high-temperature solid-state microstructures of the batholith. The systematic anisotropy of magnetic susceptibility study undertaken in the TY-elongate pluton reveals that the magmatic foliations cross-cut the foliations of the batholith and locally define concentric trajectories. The magmatic lineations have predominant steep plunges and well-defined subareas ascribed to magma feeders which can be delineated. The overall NE- to NNW-trending trajectories of both foliations and lineations, independent of structures of the batholith, form contacts with it and form subdivisions into subplutons inside the alignment, clearly depict alignment-scale dextral sigmoids. The latter are interpreted as being formed during a dextral, NE-trending regional shearing parallel to the alignment, that occurred during emplacement of the biotite granites concerned. This study suggests that the ≈2.2 Ga TTGs, which form most of the Birimian terrains of this part of West Africa, were rapidly cooled and reached a brittle behaviour before being passively intruded, a few tens of million years later, by a new generation of granites, derived from partial remelting of the deep basement, during a regional-scale dextral wrench event. The present picture of the alignment is concluded to result from subsequent dissection into subareas along a set of late E-trending dextral faults.
© 2003 Elsevier Ltd. All rights reserved.

Keywords: West Africa; Burkina Faso; Paleoproterozoic; Granites; Magnetic fabrics; Geochemistry

1. Introduction

The West-African Craton (Bessoles, 1977) is dominated by Paleoproterozoic, also called Birimian, terrains (Fig. 1) that extend to the east and the north of the Archean cratonic nucleus of Liberia. These terrains comprise narrow sedimentary basins and linear to arcuate volcanic belts that were accreted around 2.1 Ga (Abouchami et al., 1991; Boher et al., 1992; Taylor et al., 1992; Hirdes et al., 1996) during the Eburnean orogeny (Liégeois et al., 1991). Huge masses of granitoids were emplaced at that time (Leube et al., 1990; Cheilletz et al., 1994; Hirdes et al., 1996; Doumbia et al., 1998; Oberthür et al., 1998) among which the Tenkodogo–Yamba alignment of plutons, called here TY-elongate pluton, in eastern Burkina Faso, are the main object of this paper.

The lithostratigraphic features, context of crustal accretion and overall tectonic regime of the Birimian formations are subjected to contrasted interpretations. According to the authors, (1) the metasedimentary series of greenstone-belt affinity, called here volcanic belts, are lying either below (Junner, 1940; Milési et al., 1992; Feybesse and Milési, 1994) or above (Bassot, 1966;

*Corresponding author. Fax: +33-6152-0544.
E-mail address: bouchez@lmtg.ups-tlse.fr (J.L. Bouchez).

0899-5362/$ - see front matter © 2003 Elsevier Ltd. All rights reserved.
doi:10.1016/j.jafrearsci.2003.09.004

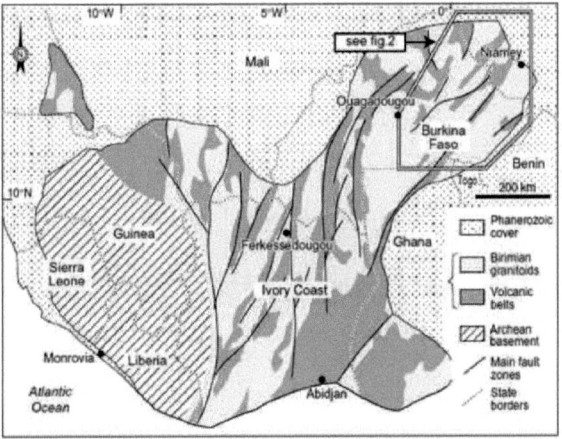

Fig. 1. General geological map of the West African craton showing the Archean basement surrounded by the Paleoproterozoic formations and Phanerozoic cover.

Pouclet et al., 1996; Hirdes et al., 1996; Béziat et al., 2000) the volcanic series; (2) the volcanic series were emplaced either in the oceanic plateau context (Abouchami et al., 1991; Boher et al., 1992; Pouclet et al., 1996), in the back-arc context (Sylvester and Attoh, 1992; Ama Salah et al., 1996) or in both contexts (Béziat et al., 2000); and (3) the overall tectonic regime is ascribed either to modern plate tectonic conditions, with dominant collision and thrusting (Ledru et al., 1994; Feybesse and Milési, 1994) or to Archean-like tectonics, with dominant transcurrent shearing and diapirism (Pons et al., 1991, 1992, 1995; Vidal et al., 1996; Doumbia et al., 1998; Caby et al., 2000). The granitoids constitute about 70% of the Birimian formation. They have largely been studied for their geochemical and isotopical characters, including isotope chronology (Leube et al., 1990; Liégeois et al., 1991; Boher et al., 1992; Hirdes et al., 1996; Vidal et al., 1996; Oberthür et al., 1998; Doumbia et al., 1998). However, their structural characters have been disregarded with the noticeable exception of Pons et al. (1991, 1992, 1995) in Eastern Senegal and in Niger. In Niger, Pons et al. (1995) gathered foliations trajectories in the Tera-Ayorou batholith and in the Dolbel pluton, located to the north-east of the study area. Since structural data are fundamental to identify tectonic regimes, their gathering constitutes one of the main scope of this paper.

Paleoproterozoic granitoids of West Africa are now recognized as calc-alkaline and locally alkaline, with a minor component of Archean crust (Boher et al., 1992). The granitoid plutons have various shapes, from circular to elliptical, and appear either as isolated to nested-coalescent bodies, or as aligned and more-or-less interlocked bodies. The geometry and inferred mode of emplacement of the isolated-coalescent plutons have been examined by Pons et al. (1991, 1992, 1995), but the aligned-interlocked plutons, among which the TY-elongate pluton, remain to be better understood (Naba, 1999).

2. Regional geological setting

Geologically, the Liptako-Fada N'Gourma area (Fig. 2) comprises the NE–SW-trending volcanic and metasedimentary belts, and the granitoid formations (Ducellier, 1963; Machens, 1964; Hottin and Ouédraogo, 1975). The belts are composed of metabasalts (massive to pillowed lava-flows), meta-andesites, pyroclastites, and locally abundant meta-sedimentary rocks (meta-pelites and meta-greywackes). These lithological assemblages were ubiquitously subjected to a greenschist-facies metamorphism (prehnite, chlorite, actinolite, albite for mafic rocks, muscovite, albite and quartz for sedimentary rocks) with locally low- to medium-grade amphibolite-facies metamorphism (andalusite, biotite, muscovite and quartz in the metapelites) ascribed to the thermal effect of granitoid emplacement.

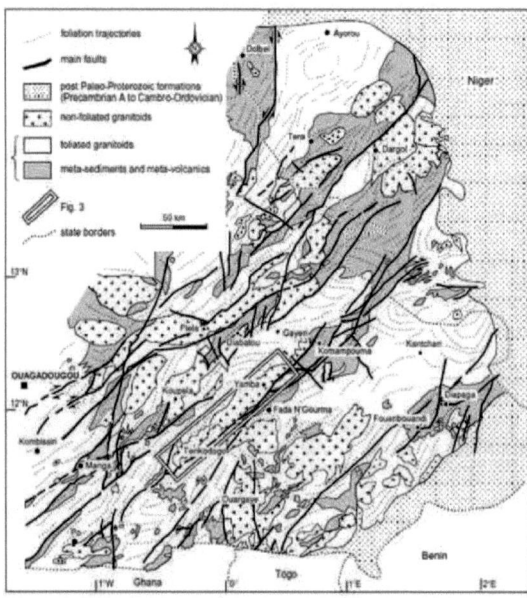

Fig. 2. Structural sketch map of the Liptako-Gourma area compiled from Ducellier (1963), Berton (1964), Machens (1964), Vyain (1967), Bos (1967), Trinquard (1969), Legrand (1968), Raguin (1969), Delfour and Jeambrun (1970), Ouedraogo (1970), Hottin and Ouédraogo (1975), Levin (1985), Milési et al. (1992), Hirbec (1992), and Pons et al. (1995).

From petrographic and structural data, the granitoids can be sorted into three types (Fig. 2): (1) elongate bodies, namely the Tera, Kombissiri, Gayeri and Kantchari units, consisting of foliated tonalite, trondhjemite and granodiorite, assembled into large NE–SW-elongate batholiths alternating with trough-shaped volcanic belts; (2) elongate plutonic alignments, namely the Koupela-Piela and Tenkodogo-Yamba (TY) alignments, or circular plutons, among which the Ouargaye, Dargol and Fada N'Gourma plutons, made of apparently unfoliated biotite granite that cross-cut both the volcanic belts and the foliated batholiths; and (3) a few small and isolated circular alkali granite plutons among which the Dolbel pluton (Pons et al., 1995) and the Fouanbouandi pluton.

The TY-elongate pluton (Fig. 2) belongs to the Gayeri batholith. It is partly bordered to the east by the Fada n'Gourma volcanic belt. The area displays good exposures that were mapped by Ducellier (1963), Berton (1964), Bos (1967) and Trinquard (1971). In this paper we shall (1) define the petrographical and geochemical characters of the TY-elongate pluton and surrounding granitoids, called here the batholith; (2) describe the structure of the TY-elongate pluton and immediate country rocks of the batholith, using both field observations and anisotropy of magnetic susceptibility (AMS) measurements; and (3) derive the possible emplacement mechanism of the TY-elongate pluton as a marker of the regional tectonic regime at the time of emplacement.

3. Petrography, mineralogy and geochemistry of the granitoids

Two main types of granitoids are exposed in the Fada N'Gourma area. The first one forms a huge, 350 km long and 40–80 km wide, NE–SW-trending batholith. It is made of usually steeply foliated or layered granitoids that are exposed in between the belts of Manga and

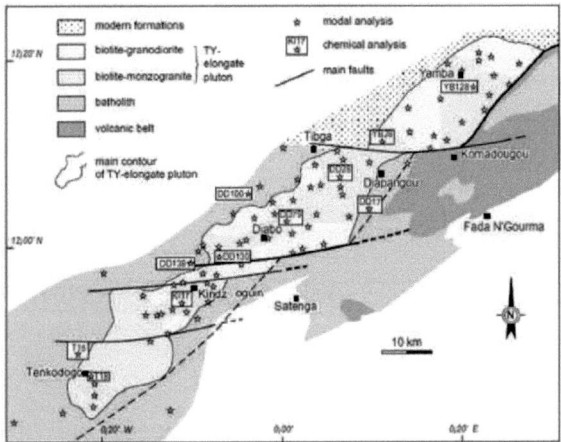

Fig. 3. The Tenkodogo–Yamba alignment: main rock-types and locations of the modal analyses (Fig. 4) and chemical analyses (Fig. 5).

Diabatou to the west, and the belts of Fada N'Gourma–Komampouma to the east (Figs. 2 and 3). These granitoids are cross-cut by numerous dykes of pegmatites and biotite-bearing granite, the latter forming the TY-elongate pluton itself.

The NE–SW-trending TY-elongate pluton, 125 km long and 15–20 km wide, is homogeneously granitic in composition. In map view (Fig. 3), its apparent regional pinch-and-swell shape is attributed to a succession of late strike-slips faults that our reconstruction will reveal to be dextral. Some of them are clearly defined in aeromagnetic survey maps (Paterson and Watson Ltd., 1985). These faults isolate a succession of roughly elliptical massifs which, from south to north, are the Tenkodogo, Kindzeoguin, Diabo and Yamba plutons (Fig. 3). The central and southern parts of the TY-elongate pluton are hosted in the foliated granitoids (batholith). The north-eastern part of the TY-elongate pluton is separated from the Fada N'Gourma volcanic belt by a fault-zone locally recognized as mylonitic, parallel to the alignment. Finally, the granites of the TY-elongate pluton are cross-cut by numerous pegmatite and quartz veins, a second generation of veins that also cross-cut the surrounding batholith (Fig. 6f).

These two types of granitoids (batholith and TY-elongate pluton) have well-defined relationships since the granites of the alignment contain enclaves made of the different petrographic types from the batholith and from the first generation of pegmatites (Fig. 6c, d and f).

3.1. The surrounding batholith

The TY-elongate pluton is hosted by two structural types of granitoids, foliated and layered. The foliated granitoids have a gneissic structure marked by the preferred orientation of evenly distributed ferro-magnesian minerals. The layered granitoids evolve into a migmatitic structure with alternating leucosomes, made of discontinuous layers of dominant quartz and feldspar, and melanosomes enriched in biotite and amphibole.

The batholith granitoids have a complete compositional gradation from quartz-diorite and tonalite to granodiorite and trondhjemite (Fig. 4a). In the gneissic foliated granitoids, the modal amount of quartz ranges from 6% to 40%. Plagioclase (31–58%) forms the larger crystals, up to 1 cm in size, made of slightly zoned andesine (An_{30-35}). Rare microcline appears as small antiperthitic patches within plagioclase. Amphibole, usually in large crystals including small inclusions of randomly oriented biotite and plagioclase, is a magnesio-hornblende ($X_{Mg} = 0.56–0.62$). Mg-rich biotite ($X_{Mg} = 0.55$) forms small clusters. In the more felsic rocks, biotite is the predominant ferro-magnesian mineral.

In the leucosome-rich layered granitoids, the quartz content ranges from 33% to 42%. Plagioclase (27–37%) is usually euhedral and slightly zoned (An_{25-20}). Microcline-microperthite crystals (8–21%) form either euhe-

73

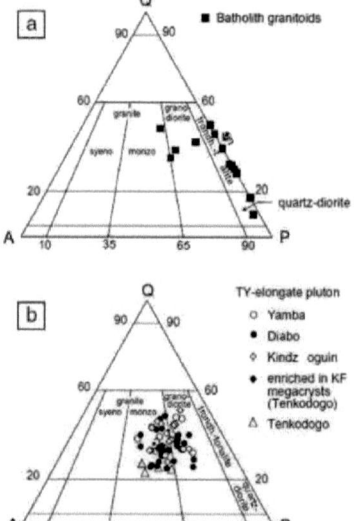

Fig. 4. The Fada N'Gourma granitoids in QAP diagrams from modal analyses: (a) batholith; (b) TY-alignment.

dral clusters with plagioclase, large interstitial and anhedral crystals enclosing plagioclase, biotite and amphibole, or small antiperthitic patches within plagioclase. Small amounts (5–12%) of ferro-magnesian minerals are concentrated into thin layers of biotite ($X_{Mg} = 0.55$) and amphibole (ferro-edenite; $X_{Mg} = 0.44$).

Geochemically (Table 1), all these granitoids have $K_2O/Na_2O < 1$ and are metaluminous (A/CNK: 0.8–1). Mafic and felsic rocks carry two distinct signatures. The mafic foliated granitoids (SiO_2: 55–60%) have high Ni (100 ppm) and Cr (250 ppm) contents, while the leucosome-rich layered granitoids (SiO_2: 75–80%) have high Zr, U, Th, Hf and REE contents. In the normative An–Ab–Or diagram of Barker (1979), the first type is typified as a tonalite, and the second type as a trondhjemite (Fig. 5a). The tonalite exhibits fractionated REE patterns (($La/Yb)_N = 8$–10) with no negative Eu anomalies, contrasting with the trondhjemites with rather fractionated patterns (($La/Yb)_N = 16$) and high negative Eu anomalies ($Eu/Eu^* = 0.46$) are observed (Fig. 5b). Finally, these granitoids are similar to the Tafalo tonalite and Katiola trondhjemite from the Katiola-Marabadiassa granitoids of Central Ivory Coast (Doumbia et al., 1998; Fig. 5b).

3.2. The Tenkodogo–Yamba alignment

The TY-elongate pluton is homogeneously made of light coloured to pink, biotite-rich granites that generally show fine- to medium-grained (millimetric) granoblastic textures, except in the north of Tenkodogo where the feldspar megacrysts, up to 5 cm long, are enclosed in a fine-grained matrix. The modal compositions progressively vary from granodiorite, preferentially toward the borders of the alignment, to monzogranite in the core-zones of the plutons (Figs. 3 and 4b).

Plagioclase, euhedral and associated with microcline and quartz, and commonly forming myrmekite outgrowths of one feldspar into the other, is a homogeneous oligoclase (An_{20}) except where thin rims of albite are present. Microcline–microperthitic forms large interstitial crystals grown from subhedral crystals that tend to enclose biotite and plagioclase. A variable amount (1–17%) of iron-rich biotite ($X_{Mg} = 0.32$) occurs as fine-grained laths, either isolated or in aggregates that frequently enclose grains of epidote. Muscovite (0–8%) is secondary and developed at the expense of biotite. Epidote, allanite, zircon and magnetite are accessories (0–6%).

The composition of the biotite granites, as defined from five samples from the alignment (Fig. 3), is homogeneous ($SiO_2 = 70$–75%) (I) and typified as a granite in the An–Ab–Or diagram (Fig. 5a). The K_2O/Na_2O ratios range from 0.85 to 1.15, giving more aluminous compositions (A/CNK~1) than the batholith granitoids. These granites have highly fractionated REE patterns (($La/Yb)_N = 47$–163) with no Eu anomalies (Fig. 5c).

From the above-mentioned petrological, mineralogical and geochemical features, we conclude that the surrounding batholith is made of TTG-type rocks (hornblende tonalite, trondhjemite and granodiorite) while the rocks of the TY-elongate pluton they enclose are made of biotite granites that are unambiguously distinct from those of the batholith. In the framework of the West African Paleoproterozoic Craton (1) rocks from the batholith have strong similarities with the gneiss-granitoids of Hirdes et al. (1996) in northern Haute Comoe area, and with the sodic calc-alkaline granitoid (NaCG) group of Doumbia et al. (1998) intruding the Katiola and Marabadiassa volcanic belts of central Ivory Coast; and (2) the biotite granite of the TY-elongate pluton has the features of both the "Bavé-type" biotite granodiorite of "basin" affinity, as defined by Hirdes et al. (1996), and the peraluminous granitoids (AIG) of Doumbia et al. (1998) that constitute the Ferkessedougou intrusion of central Ivory Coast. These authors conclude, on the basis of isotopic data, that the gneiss-granitoids of type (1) constitute entirely or partially constitute the parent rocks of their type (2) granites. Unfortunately no isotopic data have been collected

Table 1
Major and trace element contents (ICP-AES at CRPG Nancy), and CIPW norms

Sample	Batholith granitoids			TY-elongate pluton (from south to north)						
	T15	DD17	DD138	T18	K117	DD130	DD79	DD28	YB28	YB128
SiO_2	59.21	55.96	78.53	70.92	71.65	72.82	71.68	70.18	72.47	73.1
TiO_2	0.69	0.68	0.19	0.25	0.32	0.2	0.2	0.32	0.16	0.17
Al_2O_3	16.14	17.54	10.16	14.64	14.57	14.21	14.42	15.12	14.43	14.26
Fe_2O_3	5.99	7.04	3.59	1.63	1.83	1.48	1.54	1.69	1.2	1.41
MnO	0.08	0.08	0.05	0.02	0.02	0	0	0	0.02	0
MgO	3.41	4.36	0.32	0.54	0.39	0.41	0.5	0.6	0.39	0.32
CaO	5.59	7.27	1.35	1.58	1.64	1.55	1.71	1.97	1.74	1.47
Na_2O	4.36	4.03	3.89	4.55	4.3	4.08	4.06	4.58	3.81	4.1
K_2O	2.11	1.48	1.1	4.36	3.96	4.07	4.32	3.96	4.38	4.28
P_2O_5	0.34	0.29	0.07	0.16	0.14	0.12	0.16	0.16	0.11	0.12
LOI	1	1.02	0.51	0.63	0.82	0.69	0.85	0.72	0.73	0.52
Total	98.92	99.75	99.76	99.28	99.64	99.64	99.45	99.31	99.43	99.76
Norm %										
Q	7.89	3.39	46.84	23.42	26.92	29.25	26.87	23.05	29.08	28.84
or	12.86	8.95	6.58	26.21	23.77	24.39	26.00	23.82	26.30	25.57
ab	37.96	34.81	33.25	39.08	36.88	34.94	34.91	39.37	32.69	35.01
an	18.75	25.92	6.78	6.71	8.26	7.80	8.47	9.11	8.77	7.37
C	0	0	0.11	0.00	0.21	0.26	0	0	0.24	0.20
Di	8.08	8.99	0	1.05	0	0	0.14	0.70	0	0
Hy	11.90	15.21	5.36	2.71	2.98	2.68	2.93	2.99	2.37	2.41
mt	1.22	1.42	0.71	0.33	0.37	0.29	0.30	0.34	0.23	0.27
ilm	1.35	1.32	0.37	0.48	0.62	0.39	0.39	0.62	0.31	0.33
Cr	106	246	4.2	9.6	5.5	6.9	6.2	8.7	6.3	4.5
Ni	51	101	4.6	7.6	3.7	3.9	4.3	5	3.1	2.8
Co	18	25.1	5.86	3.2	2.5	2.4	2.1	3.1	1.9	1.7
Ga	22.9	21.3	19.9	20.2	22	20.4	19	20.2	18.3	20.2
V	114	136	10.7	17.5	16.2	15.8	10.2	19.3	14.2	12.1
Pb	10.3	7.44	11	35.9	17.6	22.6	21.1	23	16.4	19.4
Rb	66	52	72	135	133	165	119	90.4	98	181
Cs	1.89	1.9	2.27	3.34	0.58	1.84	0.9	0.69	0.49	0.97
Ba	1512	521	310	2232	1299	1190	2160	2523	1464	775
Sr	817	510	179	1005	486	406	634	1145	469	271
Ta	0.63	0.31	0.89	0.40	0.195	0.26	0.48	0.34	0.11	0.31
Nb	9.15	4.01	8.17	4.50	6.27	5.04	4.07	3.54	2	7.08
Hf	6.04	3.52	12.2	4.30	5.47	4.55	6.37	4.52	3.27	4.04
Zr	275	144	421	184	235	174	258	193	129	147
Y	30.3	14.5	28.7	11.9	6.1	7.6	8.2	8.0	6.4	8.3
Th	1.88	2.59	12.28	7.96	6.72	15.09	12.89	10.96	6.25	11.01
U	1.30	1.07	2.94	3.30	0.76	2.13	1.38	1.38	0.64	1.63
La	30.74	18.39	58.83	49.61	42.01	37.69	53.21	110.2	27.24	35.27
Ce	69.95	38.97	140.2	91.29	81.12	63.62	93.37	167.7	44.63	62.22
Pr	8.85	4.55	12.62	9.60	8.0	6.33	9.28	18.76	5.26	6.7
Nd	37.25	17.6	45.21	33.42	26.29	20.92	31.91	61.69	17.43	22.85
Sm	7.17	3.55	7.3	5.06	3.55	2.84	4.72	7.18	2.89	3.42
Eu	2.01	1.15	0.95	1.46	1.06	0.92	1.31	2.01	0.9	0.77
Gd	5.65	2.87	5.55	3.22	1.92	1.89	3	4.07	1.95	2.21
Tb	0.81	0.4	0.79	0.39	0.24	0.22	0.37	0.45	0.23	0.26
Dy	4.90	2.49	4.68	2.09	1.28	1.09	1.87	2.02	1.29	1.48
Ho	0.91	0.48	0.91	0.32	0.17	0.19	0.25	0.24	0.20	0.23
Er	2.85	1.34	2.56	0.82	0.51	0.47	0.74	0.70	0.53	0.66
Tm	0.42	0.21	0.41	0.12	0.05	0.08	0.09	0.08	0.06	0.08
Yb	2.67	1.35	2.63	0.66	0.45	0.54	0.64	0.48	0.41	0.60
Lu	0.44	0.21	0.41	0.11	0.07	0.09	0.09	0.06	0.07	0.10
Eu/Eu*	0.96	1.10	0.46	1.11	1.24	1.21	1.06	1.14	1.16	0.85

4. Relative chronology between the TY-elongate pluton and the batholith

Field observations of contacts between rock types, enclaves and xenoliths (Fig. 6) unambiguously attest that the granites of the TY-elongate pluton post-date the TTG-NaCG rocks of the batholith. Along the locally well exposed, ~100 m wide transitional contact zone between the batholith and the Tenkodogo, Kindzoeguin and Diabo plutons, the layering of the batholith is sharply cross-cut by dm- to 10-m-wide dykes of biotite granite in roughly orthogonal networks (Fig. 6a and b). Several types of inclusions are observed in the TY-elongate pluton granites. Dark microgranular enclaves, ellipsoidal in shapes, cm to dm in sizes, and made of fine-grained biotite cumulates underline the faint foliation of the porphyritic granite to the north of Tenkodogo (Fig. 6e). Xenoliths of the hosting batholith occur in the whole TY-elongate pluton, preferentially located toward the margins; they form randomly oriented small rounded bodies of granodiorite and tonalite; more frequently they form up to metric irregular blocks of tonalite and/or pegmatite from the batholith (Fig. 6c, d and f) whose straight limits attest to the high viscosity contrast between the rocks of the batholith and the granite.

5. Internal structures in the TY-elongate pluton and neighbouring batholith

The orientations of the foliations and lineations have been defined in the TY-elongate pluton and the surrounding batholith. In the batholith, because of its well-defined foliation, most structures have been directly measured in the field. In the TY-elongate pluton, and except for the porphyritic granite to the north of Tenkodogo, the overall structural homogeneity and poor anisotropy made impossible direct orientation measurements. In turn, the magmatic fabrics have been measured using the anisotropy of magnetic susceptibility technique or AMS (Hrouda, 1982; Bouchez, 1997; Borradaile and Henry, 1997; Bouchez, 2000). The magnetic fabric has been determined from regularly distributed stations according to a ~2 km × 2 km grid, out of 238 stations in the alignment and 36 stations in the surrounding batholith. Two oriented cores were drilled at each station and two, 1 in. in diametre cylinders from each core were studied. The orientations and magnitudes of the principal axes of the magnetic anisotropy ellipsoids ($K_1 \geq K_2 \geq K_3$) were obtained in the laboratory of Toulouse, by averaging for a given station, the four individual measurements performed with a Kappabridge KLY^2 susceptometer (Agico, Brno) operating at low alternative-field (4×10^{-4} T; 920 Hz).

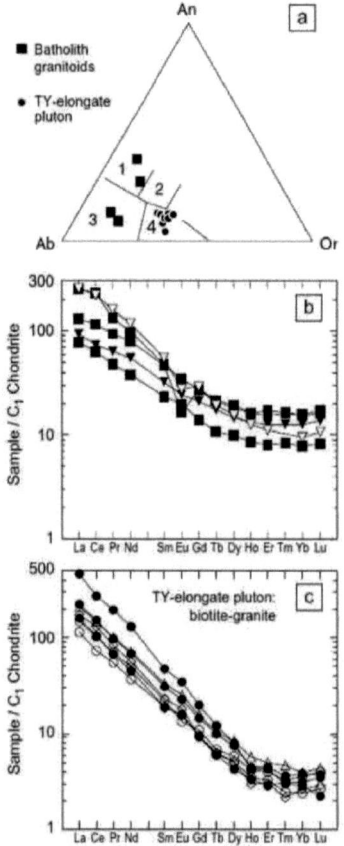

Fig. 5. The Fada N'Gourma granitoids: batholith (TTG-granitoids) and TY-elongate pluton. (a) in the normative An-Ab-Or diagram of Barker (1979) with fields as follows: 1. tonalite; 2. granodiorite; 3. trondhjemite; 4. biotite granite. (b,c) REE diagrams normalized to the C1 chondrite (Sun and Mc Donough, 1989); (b) batholith: full squares; triangles: data from Ivory Coast (Doumbia et al., 1998); open triangles: Katiola tronhjemite; full triangles: Tafalo tonalite; (c) TY-elongate pluton (same symbols as in Fig. 3b).

from our rock samples. But, since our granitoids strongly correlate with their types (1) and (2), it is anticipated that their isotopic data would also apply to our rock types.

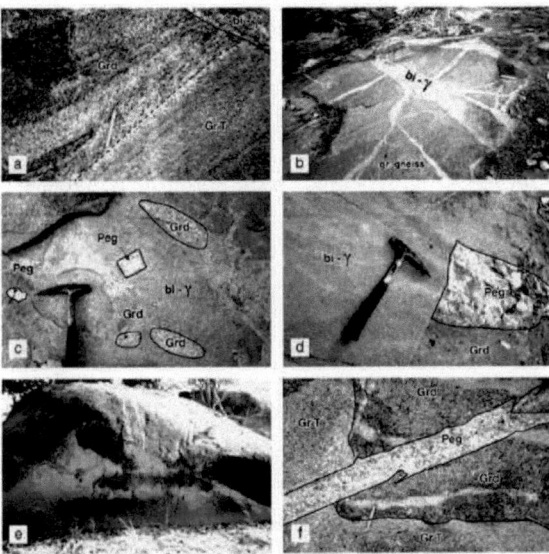

Fig. 6. Field relationships between the batholith and the TY-biotite granite. (a) the NE-SW trending layers and foliation of the granodiorite (Grd) and tonalite (GrT) forming the batholith are sharply cut by the biotite granite (bi-γ); (b) dykes of TY-biotite granite (bi-γ) cross-cutting the batholith (gr-gneiss) close to the contact; note similarities with the arrangement of dykes of biotite granite cross-cutting the Tera pluton granodiorite (Fig. 10 of Pons et al., 1995); (c, d) enclaves of foliated granodiorite (Grd) and pegmatite (Peg) within the TY-biotite granite (bi-γ); (e) ellipsoidal biotite-enriched enclaves underlining the granite foliation in the Tenkodogo pluton; (f) pegmatite vein (Peg) belonging to the second generation cross-cutting both the Tenkodogo-granite (GrT) and an enclave of granodiorite (Grd).

The row magnetic data for each of the 238 stations concerning the TY-elongate pluton are reported in Table 2, successively giving, the geographical location, the bulk susceptibility magnitude ($K_m = (K_1 + K_2 + K_3)/3$), the anisotropy percentage ($P\% = 100 \times (K_1/K_3) - 1$), the T-shape parameter of Jelinek (1978), and the orientations (declination/inclination) of K_1 (magnetic lineation) and K_3 (pole to magnetic foliation).

5.1. Scalar magnetic data

The susceptibility magnitudes (K_m) of the whole collection range from 32 to 30 000 μSI. These values point to the presence of both a paramagnetic behaviour (K_m usually less than 500 μSI), dominated by the signal of the iron-bearing silicates (biotite in the TY-plutons) and a ferromagnetic behaviour ($K_m \gg 500$ μSI), dominated by the signal of magnetite (Rochette, 1987; Jover et al., 1989; Bouchez et al., 1990). The Presence of Ti-poor magnetite was ascertained by susceptibility versus temperature measurements showing an abrupt susceptibility decrease at around 570 °C. Both para- and ferro-behaviours sometimes appear in the same petrographic type, and even in the same station, pointing to the uneven distribution of magnetite in some samples (Archanjo et al., 1995).

In both the TY-elongate pluton and the batholith the anisotropy percentage varies from $P = 1\%$ to 70% (site DD7, domain III; Table 2) and exceptionally 117% (site DD11; Table 2). As usually observed in granites (Bouchez, 1997), $P\%$ values lower than 15% correspond to magnetite-free rocks (low K_m values). The uneven presence of magnetite in many samples makes the anisotropy degree highly variable between the magneto-crystalline and the shape anisotropies of the magnetic minerals (Benn et al., 1993; Bouchez, 2000). This impedes the use of P as a strain intensity marker. As for the shape parameter, T is generally highly oblate ($T > 0$) and greatly varies from 0.55 to 0.70. This is valid both in the TY-plutons and in the surrounding batholith. The most

Table 2
Site locations (latitude/longitude) and magnetic data for domains I–IV of Figs. 7 and 8 (TY-elongate pluton only)

Site I	$X(N)/Y(W)$	K_m	P	T	K_1	K_3	Site II	$X(N)/Y(W)$	K_m	P	T	K_1	K_3
Panel A: Site locations and magnetic data for domains I and II													
T1	11°46.469/0°21.800 W	7457	6	0.07	312/67	121/22	D106	11°58.694/0°02.018	3812	18	−0.22	007/36	225/51
T2	11°46.064/0°21.524	3111	7	0.03	058/83	311/02	D107	11°57.736/0°01.850	212	3	−0.25	041/65	305/03
T3	11°45.794/0°21.524	4474	7	0.14	186/06	279/23	D108	11°57.455/0°03.049	609	16	−0.03	080/70	274/19
T4	11°45.929/0°22.076	4466	5	−0.03	306/69	093/17	D109	11°58.523/0°03.250	1498	13	−0.35	011/33	237/50
T5	11°45.118/0°21.800	4174	5	0.79	018/64	260/13	D120	11°58.109/0°04.503	564	8	−0.1	002/36	103/08
T6	11°45.388/0°22.214	2448	2	0.46	292/40	143/46	D121	11°57.152/0°04.190	9474	17	0.00	006/50	217/40
T7	11°45.794/0°22.628	2320	7	0.04	241/79	099/08	D122	11°58.203/0°05.429	1168	8	−0.20	360/19	209/68
T8	11°45.118/0°22.628	3243	5	−0.18	286/79	054/12	D131	11°57.719/0°06.459	1890	6	−0.05	349/73	207/15
T9	11°44.848/0°22.904	1685	6	0.18	191/49	067/26	D139	11°56.946/0°09.468	2868	13	−0.01	337/9	244/13
T10	11°44.442/0°23.455	2265	7	0.54	241/63	049/31	D140	11°56.150/0°08.291	1042	11	0.15	128/77	337/11
T11	11°46.334/0°22.628	3781	9	−0.64	222/80	348/08	D141	11°57.227/0°08.614	256	6	−0.63	307/87	090/05
T12	11°45.929/0°23.180	1075	6	−0.27	351/68	121/21	D142	11°57.377/0°07.492	1004	11	0.22	235/81	109/05
T13	11°45.794/0°23.317	1792	7	0.22	300/71	081/15	D144	11°56.729/0°06.147	2810	20	0.24	025/62	128/08
T16	11°44.305/0°21.662	1966	21	−0.14	081/18	180/12	D145	11°56.959/0°04.950	7744	19	0.78	051/69	142/04
T17	11°44.172/0°20.835	482	6	0.04	206/78	032/10	K13	11°55.790/0°07.608	169	10	0.03	091/73	299/16
T18	11°46.334/0°21.249	2754	5	−0.31	315/77	124/14	K16	11°55.540/0°08.799	1298	24	−0.09	313/81	054/02
T19	11°46.064/0°19.731	4754	6	−0.35	336/62	071/03	K17	11°54.602/0°08.635	460	4	0.27	341/41	193/47
T20	11°45.658/0°18.766	3738	2	0.15	205/64	067/19	K18	11°54.109/0°08.096	1021	8	−0.05	291/63	077/24
T21	11°45.388/0°18.076	9106	4	0.09	243/46	016/34	K19	11°57.234/0°10.147	1110	7	0.18	334/29	231/22
T22	11°45.253/0°17.386	1746	10	–	159/81	302/08	K110	11°56.366/0°09.887	2907	11	−0.25	330/58	071/07
T24	11°47.280/0°21.249	1306	8	−0.38	331/72	135/18	K111	11°55.603/0°10.112	556	5	−0.26	333/21	240/07
T25	11°47.010/0°19.869	1920	4	−0.05	287/52	187/02	K112	11°54.114/0°09.874	717	11	0.25	190/74	078/08
T26	11°47.821/0°18.904	908	13	0.05	312/66	069/11	K115	11°56.221/0°10.901	46	2	−0.14	336/72	225/07
T27	11°48.496/0°17.524	965	7	0.11	134/75	274/11	K116	11°55.277/0°10.979	4111	11	0.46	215/56	043/35
T28	11°47.820/0°16.283	611	9	0.02	155/70	252/02	K117	11°54.067/0°11.008	1204	5	0.25	275/67	021/09
T29	11°49.577/0°15.455	3857	12	–	165/16	260/18	K118	11°53.030/0°10.467	2126	15	−0.2	298/70	055/09
T30	11°49.577/0°20.697	830	21	0.31	332/62	235/04	K119	11°51.703/0°10.892	2224	18	−0.34	330/72	079/04
T31	11°48.091/0°20.835	46	6	0.24	173/87	113/04	K121	11°51.189/0°11.853	2002	11	−0.27	299/78	115/12
T37	11°45.523/0°20.835	4832	7	0.37	137/32	236/20	K122	11°52.525/0°11.705	2603	14	0.31	300/77	066/07
T38	11°42.956/0°20.973	816	4	−0.30	223/79	016/08	K123	11°53.398/0°12.007	3635	20	−0.15	307/75	055/04
T39	11°47.145/0°17.662	9997	8	–	170/15	078/06	K124	11°54.488/0°12.028	929	7	−0.16	352/34	127/50
T40	11°47.415/0°16.559	4830	6	–	162/58	259/07	K125	11°56.005/0°11.882	439	5	0.22	330/37	069/16
T41	11°49.577/0°17.938	2247	16	–	157/26	248/03	K127	11°55.331/0°13.246	386	3	0.36	328/41	232/09
T42	11°44.307/0°19.731	723	4	–	213/59	043/29	K128	11°53.905/0°13.746	253	7	0.4	018/89	232/00
T43	11°48.767/0°21.524	831	12	–	216/48	122/03	K129	11°53.746/0°13.219	674	20	0.05	045/86	265/03
T44	11°43.767/0°23.042	1321	3	–	217/60	041/30	K130	11°52.906/0°13.385	514	18	−0.45	185/85	083/01
T45	11°43.631/0°22.214	4598	8	–	230/66	023/22	K131	11°51.748/0°13.064	1812	11	−0.52	139/85	239/01
T47	11°48.496/0°18.352	532	7	–	070/75	193/08	K132	11°54.828/0°12.501	223	8	−0.31	006/82	269/01
T48	11°49.983/0°16.145	1245	13	–	159/10	249/02	T33	11°52.145/0°16.421	1899	10	−0.06	154/46	252/09
T49	11°49.172/0°20.007	1232	22	–	040/86	219/03	T34	11°54.037/0°16.145	149	5	0.03	231/78	035/12
							T35	11°51.875/0°15.455	1610	9	−0.13	024/83	249/05
							T36	11°52.956/0°13.800	3070	21	0.22	011/81	239/07

Site III						Site III							
Panel B: Site locations and magnetic data for domain III													
DD2	12°08.411/0°10.258 E	8018	20	0.27	326/46	079/28	DD73	12°02.839/0°01.542	2180	11	−0.06	220/18	119/36
DD7	12°06.750/0°09.128	12069	70	0.26	230/10	139/09	DD74	12°03.885/0°01.473	2836	15	0.30	011/08	279/23
DD9	12°08.917/0°09.766	247	13	−0.1	108/67	323/18	DD75	12°05.016/0°00.964	1575	7	0.69	037/58	295/12
DD11	12°09.511/0°07.793	1256	117	0.00	105/87	324/02	DD78	12°03.756/0°00.129	1747	13	0.44	184/31	026/57
DD14	12°05.950/0°08.527	353	4	−0.23	034/23	151/16	DD79	12°02.644/0°00.530	3359	14	0.48	034/44	294/10
DD20	12°04.504/0°08.008	725	10	0.67	008/42	129/31	DD80	12°01.415/0°01.174	2354	6	0.10	007/28	104/12
DD21	12°05.490/0°07.826	1446	11	0.01	018/69	113/06	DD81	12°00.361/0°01.200	958	19	−0.37	013/37	126/24
DD24	12°09.283/0°06.800	472	29	0.23	233/85	124/04	DD87	12°04.693/0°01.225	509	9	0.40	013/49	122/16
DD27	12°08.594/0°05.857	43	5	−0.12	017/88	232/46	DD88	12°03.514/0°00.918	1893	10	0.37	030/24	125/07
DD28	12°07.373/0°06.206	1631	11	−0.47	282/65	180/05	DD89	12°02.472/0°00.819	3050	9	−0.23	056/34	232/55
DD29	12°06.201/0°06.274	575	27	0.22	358/75	107/05	DD90	12°01.345/0°00.526	2132	9	0.67	029/47	273/32
DD30	12°05.557/0°06.615	3638	38	0.34	039/69	131/01	DD91	12°00.393/0°00.304	8002	12	−0.01	016/22	258/50
DD31	12°04.414/0°06.992	297	4	0.05	290/28	191/33	DD92	11°59.328/0°00.002	12651	10	−0.24	290/54	163/08
DD32	12°03.133/0°07.227	1131	17	−0.01	007/56	106/07	DD93	11°59.996/0°01.378	2582	8	−0.26	023/35	266/34
DD35	12°00.824/0°06.554	418	3	0.07	017/34	287/00	DD94	12°00.806/0°01.577	3404	7	0.03	003/17	271/08
DD37	12°02.785/0°05.782	62	5	0.20	219/28	106/34	DD95	12°02.282/0°01.740	1283	11	0.19	196/31	302/11

(continued on next page)

Table 2 (continued)

Site III	X(N)/Y(W)	K_m	P	T	K_1	K_3	Site III	X(N)/Y(W)	K_m	P	T	K_1	K_3
DD38	12°03.953/0°05.826	5696	26	0.19	223/05	131/12	DD96	12°03.2950/0°02.161	951	7	−0.08	204/27	310/27
DD39	12°04.899/0°05.649	315	8	−0.22	126/84	342/09	DD101	12°04.102/0°03.575	1564	7	0.21	005/39	135/36
DD41	12°07.025/0°05.001	2242	6	−0.51	027/08	119/22	DD102	12°02.979/0°03.092	1354	21	0.73	006/41	112/16
DD42	12°08.123/0°05.060	1943	12	0.20	162/79	308/09	DD103	12°02.086/0°02.948	479	8	0.36	022/12	144/09
DD44	12°08.884/0°03.539	222	10	0.50	065/65	307/13	DD104	12°00.992/0°02.694	4362	25	0.13	010/44	117/17
DD45	12°07.734/0°03.737	1892	11	0.59	034/56	298/03	DD105	11°59.834/0°02.450	540	13	0.05	211/09	209/82
DD46	12°06.639/0°04.078	1512	4	0.45	053/46	144/03	DD110	11°59.642/0°03.583	2028	10	−0.15	353/44	092/15
DD47	12°05.740/0°04.223	5167	15	0.17	030/37	134/17	DD111	12°00.810/0°03.946	399	7	−0.29	023/13	114/06
DD48	12°04.718/0°04.467	409	11	0.63	022/24	113/04	DD112	12°01.629/0°03.968	1772	14	−0.03	222/55	327/09
DD49	12°03.729/0°04.780	956	8	0.08	021/30	118/12	DD113	12°02.857/0°04.236	1438	12	−0.02	015/51	127/16
DD50	12°02.539/0°04.927	2201	17	0.45	042/19	138/08	DD114	12°03.685/0°04.496	4472	10	−0.32	270/82	134/06
DD51	12°01.406/0°05.079	877	18	0.29	226/17	132/15	DD117	12°01.678/0°05.324	676	8	0.40	183/63	313/18
DD52	12°00.462/0°05.581	79	4	0.28	050/22	152/08	DD118	12°00.335/0°04.689	913	5	0.54	011/57	139/24
DD53	12°00.228/0°04.598	394	8	−0.09	278/62	121/40	DD119	11°59.349/0°04.493	1725	11	−0.37	204/07	113/17
DD54	12°01.322/0°04.149	1271	25	0.64	233/10	138/17	DD124	12°00.088/0°05.940	579	5	−0.19	233/06	321/05
DD55	12°02.425/0°03.991	320	15	0.39	066/74	317/05	DD125	12°01.293/0°06.439	792	9	0.46	008/75	146/11
DD56	12°03.467/0°03.647	454	7	0.62	026/22	119/06	DD127	12°02.137/0°07.495	32	1	0.14	024/31	120/11
DD57	12°04.606/0°03.369	1114	6	0.26	040/29	133/13	DD128	12°00.778/0°07.477	1111	16	0.15	348/65	107/12
DD59	12°06.501/0°02.890	1911	8	0.54	142/80	293/08	DD129	11°59.911/0°07.084	912	15	0.55	237/72	132/09
DD60	12°06.866/0°02.361	1578	43	0.47	211/61	313/12	DD130	11°58.849/0°06.871	1233	10	−0.13	009/66	265/07
DD61	12°08.638/0°02.392	690	11	0.19	054/64	295/09	DD132	11°58.675/0°07.995	1749	28	0.36	175/02	088/16
DD64	12°06.176/0°01.850	705	13	0.12	015/57	283/01	DD133	11°59.784/0°08.076	1038	7	0.26	246/64	121/16
DD66	12°04.235/0°02.459	2173	10	0.59	025/16	289/29	DD135	12°00.035/0°08.632	459	12	−0.22	042/67	298/10
DD67	12°03.159/0°02.631	1029	11	0.13	243/72	108/19	DD146	11°59.133/0°01.016	4071	15	0.19	008/44	141/35
DD68	12°02.218/0°02.828	2326	15	0.75	345/79	145/11	DD147	11°59.451/0°01.139	1507	14	0.43	340/59	136/31
DD69	12°01.314/0°03.107	319	12	0.27	052/69	314/05	DD148	11°59.899/0°02.153	243	10	0.48	302/81	110/09
DD70	11°59.988/0°03.306	921	12	0.21	241/17	331/02	YB5	12°10.175/0°06.262 E	222	28	−0.07	298/81	122/08
DD71	12°00.884/0°02.072	680	12	0.48	356/66	117/12	YB25	12°08.836/0°11.790	191	5	−0.15	043/50	286/21
DD72	12°01.905/0°01.709	2885	11	−0.19	100/20	331/57	YB42	12°09.160/0°13.704	328	7	0.01	336/73	164/17

Panel C: Site locations and magnetic data for domain IV

Site IV	X(N)/Y(E)	K_m	P	T	K_1	K_3	Site IV	X(N)/Y(E)	K_m	P	T	K_1	K_3
YB23	12°10.248/0°10.089	2629	25	−0.44	203/63	311/01	YB101	12°15.608/0°23.611	2097	13	0.90	195/41	285/00
YB27	12°09.822/0°12.905	1502	5	0.10	312/50	041/01	YB108	12°16.264/0°16.072	1613	14	0.38	225/18	126/23
YB28	12°10.654/0°11.169	4138	18	−0.63	345/34	212/47	YB113	12°19.013/0°19.063	190	7	0.28	024/79	142/05
YB29	12°11.136/0°10.383	88	9	0.37	032/73	137/04	YB114	12°18.054/0°18.637	318	5	0.37	216/65	319/03
YB38	12°11.724/0°11.963	5094	26	0.34	354/32	108/36	YB115	12°17.708/0°18.669	532	7	0.13	311/72	140/16
YB45	12°11.680/0°14.267	1096	6	0.06	136/77	244/01	YB116	12°16.152/0°18.315	630	16	−0.19	198/04	119/19
YB47	12°12.619/0°13.169	1159	15	0.57	074/51	207/54	YB117	12°16.376/0°19.645	2286	7	0.16	036/33	145/23
YB48	12°13.209/0°12.156	2508	19	0.12	235/19	325/09	YB125	12°18.194/0°20.706	946	10	0.49	202/60	303/06
YB54	12°12.685/0°14.356	213	7	−0.47	225/42	086/47	YB126	12°17.308/0°20.382	571	7	−0.04	343/64	127/18
YB57	12°14.496/0°14.308	801	12	0.64	273/53	112/36	YB127	12°16.167/0°20.575	261	6	0.27	322/66	132/23
YB58	12°14.322/0°12.945	374	9	−0.14	356/43	117/29	YB128	12°16.403/0°21.793	1021	9	−0.16	011/72	109/01
YB61	12°14.266/0°16.106	1079	8	0.26	017/46	112/07	YB130	12°17.818/0°21.691	140	6	0.46	313/74	146/15
YB63	12°12.046/0°16.175	2846	8	0.47	358/27	089/03	YB131	12°18.965/0°21.156	1175	10	0.54	231/40	143/06
YB65	12°09.751/0°16.602	7332	11	−0.54	277/74	087/15	YB132	12°20.395/0°22.019	1313	15	0.14	036/81	150/05
YB67	12°11.263/0°16.988	1592	8	−0.46	284/53	106/36	YB138	12°20.263/0°22.618	309	13	0.51	255/12	339/17
YB69	12°13.400/0°16.936	110	4	0.16	245/21	167/36	YB139	12°18.602/0°22.779	1948	15	0.55	046/61	188/12
YB70	12°14.437/0°17.927	1699	9	0.50	013/38	114/15	YB142	12°16.448/0°24.277	3390	15	0.47	222/47	125/07
YB71	12°14.983/0°17.003	789	9	0.59	287/70	129/17	YB143	12°17.533/0°24.180	1482	10	0.19	295/70	134/21
YB72	12°15.259/0°18.050	1092	10	−0.10	030/31	125/19	YB145	12°19.605/0°23.857	127	10	0.39	317/59	183/26
YB73	12°13.549/0°18.747	1030	9	0.00	324/55	126/34	YB146	12°20.736/0°23.700	122	7	0.11	048/71	293/02
YB74	12°12.514/0°18.661	3396	8	0.25	240/33	052/56	YB154	12°19.232/0°25.205	1088	7	−0.16	279/73	104/11
YB76	12°10.527/0°18.494	6262	22	0.01	263/70	096/19	YB158	12°15.631/0°25.172	959	19	0.52	238/87	129/01
YB79	12°10.821/0°19.363	4754	35	0.34	246/62	130/13	YB159	12°14.946/0°25.452	44	5	−0.15	054/72	188/12
YB80	12°11.800/0°19.479	2372	13	0.01	256/64	102/14	YB160	12°16.576/0°25.800	220	7	0.61	188/86	318/02
YB81	12°12.834/0°19.580	737	8	0.19	266/62	097/26	YB161	12°17.365/0°26.422	888	11	−0.03	200/53	307/11
YB82	12°13.941/0°19.370	6187	11	−0.05	210/02	117/59	YB162	12°18.230/0°25.732	215	8	0.03	269/12	319/03
YB83	12°15.010/0°19.516	404	4	0.58	197/44	104/10	YB164	12°20.289/0°26.082	745	9	−0.06	035/21	135/21
YB85	12°14.128/0°20.707	439	5	−0.10	031/00	121/08	YB173	12°20.271/0°27.409	1486	13	0.30	042/45	151/17
YB86	12°12.830/0°20.309	568	5	−0.2	241/53	151/10	YB174	12°19.316/0°27.120	316	11	0.26	013/32	120/18
YB87	12°11.822/0°21.068	242	8	0.05	260/55	135/22	YB175	12°18.622/0°27.008	827	27	0.03	024/44	136/22
YB92	12°12.668/0°21.671	754	10	0.54	230/54	102/24	YB179	12°17.870/0°27.975	61	8	0.83	211/10	302/05

Table 2 (continued)

Site IV	X(N)/Y(E)	K_m	P	T	K_1	K_3	Site IV	X(N)/Y(E)	K_m	P	T	K_1	K_3
YB93	12°13.968/0°21.651	940	6	−0.03	222/28	116/29	YB180	12°18.771/0°28.704	219	32	−0.01	346/60	131/15
YB96	12°13.937/0°22.913	147	3	0.44	240/52	122/20	YB190	12°19.679/0°29.318	97	7	0.43	343/72	117/12

K_m (magnetic susceptibility) in 10^{-6} SI, P (anisotropy percentage) in %, T (shape parameter of Jelinek: $[Ln(K_2/K_3) - Ln(K_1/K_2)]/[Ln(K_2/K_3) + Ln(K_1/K_2)]$), K_1 (magnetic lineation, inclination/declination in degree) and K_3 (pole to the magnetic foliation).

oblate shapes occur essentially in the TY-plutons (70% of the stations against 50% in the batholith). Oblate shapes appear to have a random distribution, not particularly concentrated on the plutons' margins, or contact zone with the batholith, as if these contacts did not act as strain localization sites during emplacement of the TY-plutons.

5.2. Directional magnetic data

As a common practice, the K_1 axis of the AMS ellipsoid defines the magnetic lineation, and the normal to K_3 defines the magnetic foliation. According to previous studies (see Bouchez, 2000), in paramagnetic granites, K_3 always represents the pole of the biotite foliation, and K_1 represents the biotite lineation which itself is defined as the axis of rotation, or zone axis, of the biotite foliation. In ferromagnetic (magnetite-bearing) granites, K_3 defines the pole of the average flattening plane, and K_1 the elongation direction of the magnetite grains (Grégoire et al., 1998). In the case of mixed para- and ferromagnetic behaviours, as in this study, grain shape fabrics of magnetites and biotites are found to be co-axial: their shape axes are parallel but not similar in magnitude, due to the different natures of the magnetic markers. These considerations allow us to use the terms foliation and lineation, obtained by magnetic means, as indicative of the mineral shape fabrics, usually magmatic in origin. Note that, for the sake of easier presentation of the directional data, the alignment has been subdivided into four domains (I–IV, from the south to the north) corresponding roughly to, respectively, the Tenkodogo, Kindzeoguin, Diabo and Yamba bodies.

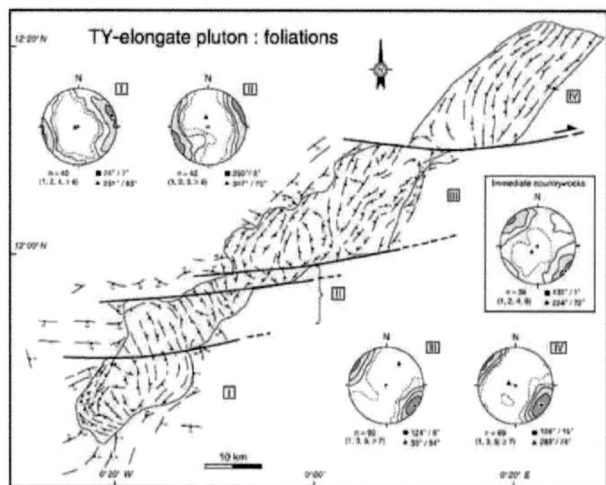

Fig. 7. Magnetic foliations within the TY-elongate pluton (and surrounding batholith). Orientation diagrams (equal area, lower hemisphere, contours given in %): foliation poles of the four domains (TY-elongate pluton). n: number of sites; square: best-fitting pole; triangle: pole to the best-fit plane.

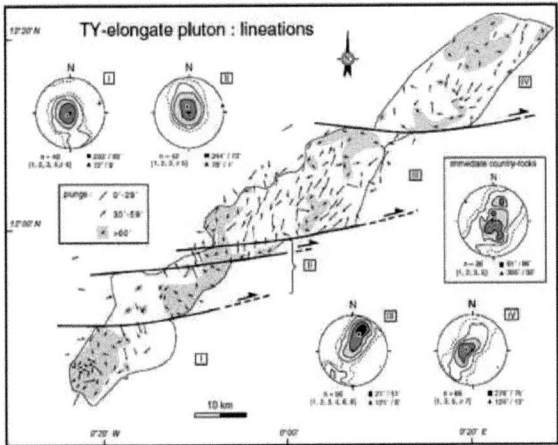

Fig. 8. Magnetic lineations within the TY-elongate pluton (and surrounding batholith). Orientation diagrams (equal area, lower hemisphere, contours given in %): foliation poles of the four domains (TY-elongate pluton) n: number of sites; square: best-fitting line; triangle: pole to the best-fit plane.

In the whole sampling, the *foliations* (Fig. 7) are found to be mostly steep in dips, since 90% of them are steeper than 60°. Foliation strikes in the TY-elongate pluton are mostly NNW–SSE to NE–SW in orientation, always at an angle to both the northern and southern borders, and to the general trend of the alignment. Locally, the foliation pattern is more complex-like, from the south to the north (Fig. 7): (1) in the south and the north of domain I (Tenkodogo area), in the north of domain II (Kindzeoguin area) and the south of domain III (Diabo area), where more-or-less concentric foliation patterns seem to define subpluton areas; and (2) in domain IV (Yamba area), northern part of the TY-elongate pluton, where the sigmoidal foliation trajectory becomes parallel to the northern contact. In the surrounding batholith (Fig. 7), the steeply dipping foliations are either parallel to the alignment or steeply oblique to it, as particularly obvious around the Tenkodogo massif (domains I and II).

In both the TY-elongate pluton and the surrounding batholith, the *lineations* (Fig. 8) have predominant steep plunges. Within the TY-elongate pluton, the percentages of plunges steeper than 60° are the following in each domain area as follows: 65% in domain I (average plunge: 59°); 64% in domain II (average plunge: 73°); 33% in domain III (average plunge: 45°); and 41% in domain IV (average plunge: 50°). For comparison, among the 36 measurements from the country rocks (Fig. 8), 25% of the lineations have plunges steeper than 60° (average plunge: 45°). In the alignment, the lineation trajectories are mostly subparallel to the foliation trajectories, independent of the plutons' limits, except locally in domains III and IV (NW of Diabo and Yamba areas) where they parallel the borders, and independent of the limits of our domains (initially considered as individual plutons, from map considerations), except perhaps for domains III and IV. In the surrounding batholith, the lineation trends are slightly oblique to the limits of the alignment.

6. **Microstructures of the granitoids**

In accordance with modern structural studies in granites (Paterson et al., 1989; Bouchez et al., 1992), detailed microstructural observations have been performed. They help determining whether the deformation undergone by the rock, and from which the foliations and lineations derive, took place in the magmatic state, or in the solid state at high or low temperatures. The microstructures have been characterized from thin sections coming from all the sampling stations (Fig. 9).

Four types of microstructures have been distinguished (Fig. 9) but the dominant one is *magmatic*, i.e. records deformation around the solidus temperature, and con-

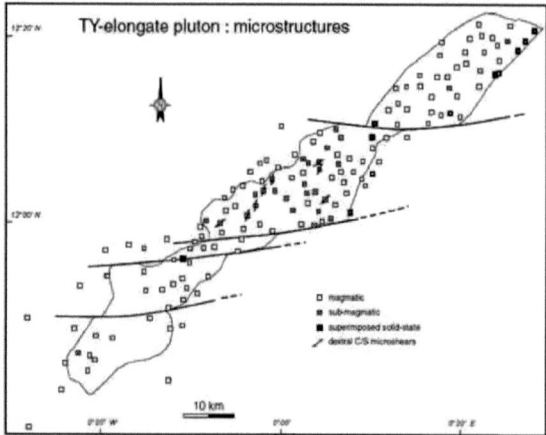

Fig. 9. Microstructures within each station of the TY-elongate pluton and surrounding batholith (see text for details).

cerns both the TY-elongate pluton and the batholith. This microstructure is characterized by typical magmatic crystal relationships, and rare solid-state strain features in quartz. At a few localities, mainly in the center of domain III (Diabo area), submagmatic microstructures have been observed. Defined by low-strain, and high- to moderate-temperature solid-state microstructures, they confirm that some plastic strain took place by the end of, and/or shortly after, complete crystallization of the magma. In almost all of the latter sites, dextral micro-shear zones have been observed, characterized by new recrystallized grains in quartz, denoting high-temperature strain localization within dominantly NNE–SSW trending narrow bands in map view. Finally, gneissic to mylonitic microstructures (Fig. 9: superimposed solid state), attest moderate to low-temperature, late-emplacement movements along fault zones, as observed particularly along the eastern borders of domains III and IV.

7. Discussion and conclusion

7.1. Protolith and emplacement age of the TY-granites

In the absence of isotopic data, the origin and emplacement age of the TY-granites cannot be precisely determined. Concerning the protolith, however, our geochemical data (Table 1 and Fig. 5) exclude a sedimentary origin. Since the biotite granites of Ivory Coast have the same petrological characters as the TY-biotite granites, we suggest that both granites have the same origin, i.e. come from some degree of remelting of TTG-rocks (the batholith), as deduced from the isotopic studies of the Ivory Coast granites (Hirdes et al., 1996; Doumbia et al., 1998). Concerning the emplacement age, our data demonstrate that the TY-granites were emplaced after crystallization and cooling of the batholith. Complementary comparisons come from the granitoids from Niger-eastern Burkina Faso and Ivory Coast.

In the Liptako area, southern Niger and north of Fada N'Gourma region, the Tera pluton, mainly consisting of medium-grained granodiorite (Pons et al., 1995) similar to the TTG-batholith, was emplaced at 2115 ± 5 Ma (U/Pb zircon; Cheilletz et al., 1994). The Tera pluton is cross-cut by dykes of fine- to medium-grained biotite granite equivalent to the biotite granite of the TY-elongate pluton.

In northern Ivory Coast, following Doumbia et al. (1998): the sodic calk-alkaline granitoid group (NaCG), considered as "belt-affiliated" granitoids equivalent to the TTG-batholith, was emplaced between 2.123 and 2.108 Ga; and the Ferké granite, which belongs to the peraluminous granitoids group (AIG) and equivalent of the TY-granite, was emplaced in 2094 ± 6 Ma (Pb evaporation method). In northern Comoé (Ivory Coast), the emplacement ages of the gneiss-granitoids and Bavé-type biotite granodiorite (the equivalents of the TTG-batholith and the TY-granite) are 2.15 and 2.13 Ga, respectively (Hirdes et al., 1996; U/Pb zircon dates).

All these data indicate that the Paleoproterozoic granitoids of West Africa were emplaced during two separate events with a time lapse between them ranging from 20 to 100 Ma according to different studies. Concerning the TY-elongate pluton, whatever be the precise figure within this time window, the TTG-batholith had enough time to fully crystallize before the TY-granite plutons were emplaced, conforming to our observations.

7.2. Emplacement model

The rheological context that prevailed during the emplacement of the TY-elongate pluton into the batholith can be deduced from field relationships and structural considerations. As mentioned the contacts of the TY-elongate pluton with the batholith are sharp, and dykes of the TY-granites locally, cross-cut the batholith. In addition, the numerous blocky enclaves of country rocks from the batholith call for a high viscosity contrast between the country rocks and the granite. Not only does the foliation of the batholith not wrap toward the borders of the TY-granites but, in several areas, the TY-granite cross-cuts the foliation of the batholith. The magmatic foliation trajectories inside the TY-granites are oblique with respect to the alignment elongation in map view, rather independent of contacts, and no anisotropy gradient toward contact is observed. It is therefore concluded that there was no ballooning inside the TY-elongate pluton and that the granite was passively emplaced into the spaces, created from regional forces, within the TTG-batholith which already had reached a brittle behaviour.

Most foliations of the TY-granites are steep, have sigmoidal trajectories independent of the limits of the alignment and, in some areas, define closed domains suggesting that the alignment was built out of separate sources. The lineations have mostly steep plunges. In particular areas regularly distributed along the alignment, clusters of subvertically plunging lineations are recorded. These areas retain magmatic microstructures, as almost everywhere in the alignment. Conforming to similar cases where closed subdomains with steep lineations were evidenced, these subdomains are interpreted as feeding magma channels (Vigneresse and Bouchez, 1997). Note finally that dextral shear bands are locally recognized in the Diabo pluton (domain III) and that solid-state overprints are observed by places in between Kindzeoguin and Diabo, in between Diabo and Yamba and along the eastern border of Yamba, in contact with the greenstone-belt formations, and locally of Diabo.

Considering that the foliations and lineations displaying magmatic microstructures record the strain-field to which the magma was subjected before and during its crystallization, their NE- to NNW trends, at an angle with respect to the NE-overall trend of the alignment, call for pluton-scale sigmoidal dextral trajectories that were formed during an overall, parallel-to-alignment

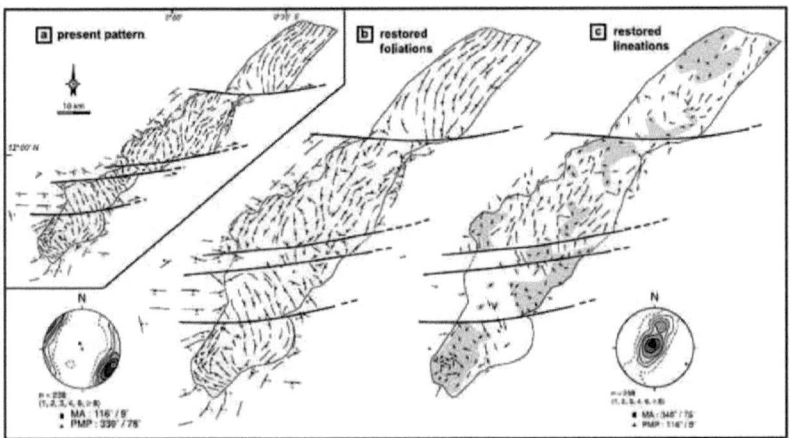

Fig. 10. Comparison between the present pattern (a) and the reconstructed pattern of the TY-elongate pluton (b) and (c), using the best-fit continuity between contours and foliation trajectories. Orientation diagrams (equal area, lower-hemisphere, contours given in %) gathering all the magnetic measurements (238 different sites) and stressing the NNE–SSW average strikes of the foliations, and the average subvertical plunges of the lineations.

dextral shearing during magma emplacement. Such oblique, pluton-scale lineation patterns, have already been described both in coastal batholithic context (St Blanquat and Tikoff, 1997; Benn et al., 2001) and intra-continental shear-related plutonism (Djouadi and Bouchez, 1994). In the present case, the regional dextral shear is mainly argued from the lineation pattern itself, but is also consistent with the observation of localized, late-magmatic and NE-trending, dextral shear bands within Diabo (Naba, 1999). Note finally that the whole structural pattern becomes more limpid after the tentative reconstruction of Fig. 10a and b which restore the different pieces of the alignment before its final dissection into domains along the inferred ENE- to E-trending dextral faults, and along which a few stations display some superimposed solid-state microstructures (Fig. 9).

The Emplacement of the TY-elongate pluton can therefore be divided into four stages. (1) After its entire crystallization, cooling and subsequent emplacement of pegmatite and aplite dykes, the TTG-batholith was subjected to a NE-trending regional dextral-shear that was localized preferentially along an elongate domain, parallel to the border of the volcanic belt to the north. This domain, which defined the future TY-elongate pluton, was thermally weakened by the presence of partial melts of the TTG-granitoids at depth. (2) Several aligned springs of granite appeared and progressed upwards into relayed dilatant sites toward the upper, and still brittle crust of the batholith. (3) The aligned granite plutons became coalescent under persisting dextral shearing, and formed the "restored" TY-elongate pluton of Fig. 10. (4) After full crystallization of the TY-granites, NE- to E-trending dextral faulting dissected the alignment into its present configuration. This episode marks the end of the tectonic history of the region. A tentative 3D picture of events (2) and (3) is given in Fig. 11 in which, although no major crustal-scale shear zone can be evidenced as in the panafrican case of Djouadi and Bouchez (1994), a regional (tensional?) syn-emplacement dextral movement is emphasized.

7.3. The TY-elongate pluton in the Eburnean orogeny

The proposed structural evolution of the Fada n'Gourma area is consistent with the model of Vidal et al. (1996), Doumbia et al. (1998) and Caby et al.

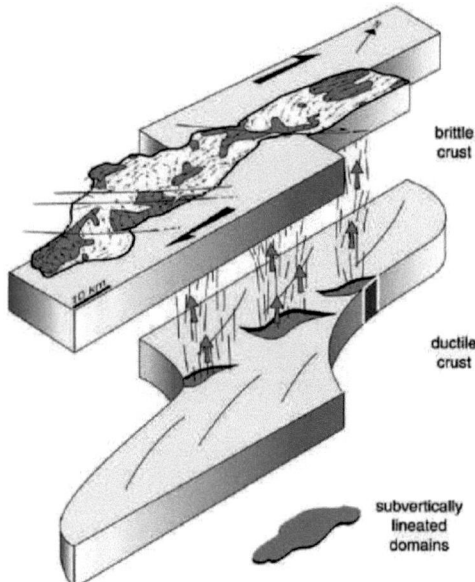

Fig. 11. Synthetic 3D view of the TY-elongate pluton (dark gray: feeder zones) while emplacing along a NE-SW-trending wrench-zone of the brittle batholith.

(2000) for the Eburnean orogeny. These authors recognize two stages of granitic magma emplacement. A first stage, ascribed to forceful intrusions of sodic calc-alkaline granitoids that led to the belt structuration, was followed by a second stage during which large complexes of peraluminous granitoids were emplaced in a transcurrent tectonic context.

Compared with the other biotite granites of the Man shield, the TY-elongate pluton has two particularities: (1) the TY-granites are (almost) entirely enclosed into the granitoid basement, the TTG-batholith, while the peraluminous biotite granites, such as the Ferké batholith in Ivory Coast (Doumbia et al., 1998) and the Saraya batholith in Senegal (Pons et al., 1991, 1992), are mostly emplaced within metasedimentary rocks; (2) the foliations and lineations of the TY-granites are steeply dipping and plunging, while in the Ferké and Saraya batholiths foliations have domal attitudes and the lineations are close to horizontal. These differences are tentatively attributed to the different emplacement and/or outcrop levels, being deeper in the Fada n'Gourma area than in northern Ivory Coast and Senegal.

Acknowledgements

This work has been supported by the collaborative Campus-Programs between Ouagadougou and Toulouse "Evolution crustale et minéralisations aurifères au Burkina Faso", 1998–2001. Anne Nédélec is thanked for detailed revision and advice. Christiane Cavaré-Hester is thanked for her kind assistance in illustrations. A.B. Kampuzu, editor of JAES, and the two anonymous referees are kindly thanked for their suggestions. This is a contribution of the University of Ouagadougou (Burkina Faso) and Université Paul-Sabatier (Toulouse; LMTG, UMR CNRS-IRD #5563).

References

Abouchami, W., Boher, M., Michard, A., Albarède, F., 1991. A major 2.1 Ga old event of mafic magmatism in west Africa: an early stage of crustal accretion. Journal of Geophysical Research 95 (B11), 17607–17629.

Ama Salah, I., Liégeois, J.P., Pouclet, A., 1996. Evolution d'un arc insulaire océanique birimien précoce au Liptako nigrien (Sirba): géologie, géochronologie et géochimie. Journal of African Earth Sciences 22, 235–254.

Archanjo, C.J., Launeau, P., Bouchez, J.L., 1995. Magnetic fabrics vs. magnetite and biotite shape fabrics of the magnetite-bearing granite pluton of Gameleiras (Northeast Brazil). Physics of the Earth and Planetary Interiors 89, 63–75.

Barker, F., 1979. Throndhjemitesdacites and related rocks. In: Developments in Petrology. Elsevier, New York, p. 659.

Bassot, J.P., 1966. Etude géologique du Sénégal oriental et de ses confins guinéo-Maliens. Mémoire BRGM 40, p. 332.

Benn, K., Rochette, P., Bouchez, J.L., Hattori, K., 1993. Magnetic susceptibility, magnetic mineralogy and magnetic fabrics in a late Archean granitoid-gneiss belt. Precambrian Research 63, 59–81.

Benn, K., Paterson, S.R., Lund, S.P., Pignotta, G.S., Kruse, S., 2001. Magmatic fabrics in batholiths as markers of regional strains and plate kinematics: example of the Cretaceous Mt. Stuart batholith. Physics and Chemistry of the Earth 26 (4/5), 343–354.

Berton, Y., 1964. Prospection aéroportée du périmètre de Fada N'Gourma: reconnaissance au sol. Ed. B.R.G.M., Archives DGM, Ouagadougou, p. 114.

Bessoles, B., 1977. Géologie de l'Afrique: le craton Ouest Africain. Mémoire BRGM, Orléans 88, p. 403.

Béziat, D., Bourges, F., Debat, P., Lompo, M., Tollon, F., 2000. A Paleoproterozoic ultramafic-mafic assemblage and associated volcanic rocks of the Boromo greenstone belt, Burkina Faso: fractionates originating from island-arcs volcanic activity in the West African craton. Precambrian Research 101, 25–47.

Boher, M., Abouchami, W., Michard, A., Albarède, F., Arndt, N.T., 1992. Crustal growth in West Africa at 2.1 Ga. Journal of Geophysical Research 97 (B1), 345–369.

Borradaile, G.J., Henry, B., 1997. Tectonic applications of the magnetic susceptibility and its anisotropy. Earth-Science Reviews 42, 493.

Bos, P., 1967. Notice explicative de la carte géologique à 1/200.000 de Fada N'Gourma. Edit. B.R.G.M., Archives DGM Ouagadougou, p. 58.

Bouchez, J.L., Gleizes, G., Djouadi, T., Rochette, P., 1990. Microstructures and magnetic susceptibility applied to emplacement kinematics of granites: the example of the Foix pluton (French Pyrenees). Tectonophysics 184, 157–171.

Bouchez, J.L., Delas, C., Gleizes, G., Nédélec, A., Cuney, M., 1992. Submagmatic microfractures in granites. Geology 20, 35–38.

Bouchez, J.L., 1997. Granite is never isotropic: an introduction to AMS studies of granitic rocks. In: Bouchez, J.L., Hutton, D.H.W., Stephens, W.E. (Eds.), Granite: From Segregation of Melt to Emplacement Fabrics. Kluwer Academic Publishers, Dordrecht, pp. 95–112.

Bouchez, J.L., 2000. Anisotropie de susceptibilité magnétique et fabrique des granites. Comptes Rendus Académie des Sciences, Paris, Earth and Planetary Sciences 330, 1–14.

Caby, R., Delor, C., Agoh, O., 2000. Lithologie, structure et métamorphisme des formations birimiennes dans la région d'Odienné (Côte d'Ivoire): rôle majeur du diapirisme des plutons et des décrochements en bordure du craton de Man. Journal of African Earth Sciences 30 (2), 351–374.

Cheilletz, A., Barbey, P., Lama, Ch., Pons, J., Zimmermann, J.L., Dautel, D., 1994. Age de refroidissement de la croûte juvénile birimienne d'Afrique de l'Ouest, données U-Pb, Rb-Sr et K-Ar sur les formations à 2.1 Ga du SW-Niger. Comptes Rendus Académie des Sciences, Paris 319 (II), 435–442.

Delfour, J., Jeambrun, M., 1970. Notice explicative de la carte géologique au 1/200.000 de l'Oudalan. Ed. BRGM, Archives DGM Ouagadougou, p. 56.

Djouadi, M.T., Bouchez, J.L., 1994. Structure étrange du granite du Tesnou (Hoggar, Algérie). Comptes Rendus Académie des Sciences, Paris 315 (II), 1231–1238.

Doumbia, S., Pouclet, A., Kouamelan, A., Peucat, J.J., Vidal, M., Delor, C., 1998. Petrogenesis of juvenile-type Biriminan (Paleoproterozoic) granitoids in central Côte-d'Ivoire, West Africa: geochemistry and geochronology. Precambrian Research 87 (1–2), 33–63.

Ducellier, J., 1963. Contribution à l'étude des formations cristallines et métamorphiques du centre et du nord de la Haute Volta. Mémoire BRGM 10, p. 319.

Feybesse, J.L., Milési, J.P., 1994. The Archean/Proterozoic contact zone in West Africa: a mountain belt of decollement thrusting and folding on a continental margin related to 2.1 Ga convergence of Archean cratons? Precambrian Research 69, 199–227.

Grégoire, V., Darrozes, J., Gaillot, P., Nédélec, A., Launeau, P., 1998. Magnetite grain shape fabric and distribution anisotropy vs rock

magnetic fabric: a three-dimensional case study. Journal of Structural Geology 20 (7), 937–944.
Hirbec, Y., 1992. La structure Birimienne du Liptako nigérien: un exemple d'interaction entre déformation régionale et mise en place de granitoïdes. Pangea 17/18, 48–55.
Hirdes, W., Davis, D.W., Lüdtke, G., Konan, G., 1996. Two generations of Birimian (Paleoproterozoic) volcanic belts in northeastern Côte-d'Ivoire (West Africa): consequences for the Birimian controversy. Precambrian Research 80, 173–191.
Hottin, G., Ouédraogo, O.F., 1975. Notice explicative de la carte géologique à 1/1.000.000 du Burkina Faso. Ed. BRGM Archives DGM, p. 58.
Hrouda, F., 1982. Magnetic anisotropy of rocks and its application in geology and geophysics. Geophysical Surveys 5, 37–82.
Jelinek, V., 1978. Statistical processing of anisotropy of magnetic susceptibility measured on groups of specimens. Studia Geophysika Geodetika 22, 50–62.
Jover, O., Rochette, P., Lorand, J.P., Maeder, M., Bouchez, J.L., 1989. Magnetic mineralogy of some granites from the French Massif Central: origin of their low-field susceptibility. Physics of the Earth and Planetary Interiors 55, 79–92.
Junner, N.R., 1940. The geology of the Gold-Coast and Western Togoland with revised geological map (1.000.000). Gold-Coast Geological Survey Bulletin 11, 40.
Ledru, P., Pons, J., Milési, J.P., Tegyey, M., 1994. Markers of the last stages of the Palaeoproterozoic collision: evidence for a 2 Ga continent involving circum-south Atlantic provinces. Precambrian Research 69, 169–191.
Legrand, J.M., 1968. Levé géologique du quart Sud-Est du degré carré de Pama. Rapport DGM Ouagadougou, p. 120.
Leube, A., Hirdes, W., Mauer, R., Kesse, G., 1990. The early proterozoic birimian supergroup of ghana and some aspect of its associated gold mineralisation. Precambrian Research 46, 139–165.
Levin, P., 1985. Les roches vertes du Birimien dans le Nord Est de la Haute-Volta: Bundesanstalt Für geowissenschaften und Rohstoff, Hannover, p. 188.
Liégeois, J.P., Claessens, W., Camara, D., Klerkx, J., 1991. Short-lived Eburnean orogeny in southern mali: geology, tectonics, U–Pb and Rb–Sr geochronology. Precambrian Research 50, 111–136.
Machens, E., 1964. Rapport de fin de mission (1958–1964) et inventaire d'indices de minéralisation. Rapport BRGM, Archives DGM Niamey, p. 328.
Milési, J.P., Ledru, P., Feybesse, J.L., Dommanget, A., Marcoux, E., 1992. Early proterozoic ore deposit and tectonics of the Birimian orogenic belt, West Africa. Precambrian Research 70, 281–301.
Naba, S., 1999. Structure et mode de mise en place des plutons granitiques emboîtés: exemple de l'alignement plutonique Paléoprotérozoïque de Tenkodogo–Yamba dans l'Est du Burkina Faso (Afrique de l'Ouest). Unpublished thesis Univ. Dakar, p. 236.
Oberthür, T., Vetter, U., Davis, D.W., Amanor, J.A., 1998. Age constraints on gold mineralization and Paleoproterozoic crustal evolution in the Ashanti belt of southern Ghana. Precambrian Research 89, 129–143.
Ouedraogo, O.F., 1970. Essai de synthèse des travaux géologiques effectués sur le degré carré de Pama. Rapport DGM, Ouagadougou, p. 30.
Paterson G., Watson Ltd., 1985. Interprétation du levé magnétique et du levé radiométrique de rayons gamma. Région du Liptako-Gourma, Afrique occidentale, two volumes. Rapport ACDI.

Paterson, S.R., Vernon, R.H., Tobisch, O.T., 1989. A review for the identification of magmatic and tectonic foliations in granitoids. Journal Structural Geology 11 (3), 349–363.
Pons, J., Debat, P., Oudin, C., Valero, J., 1991. Emplacement and evolution of a synkinematic pluton (Saraya granite, Senegal, W. Africa). Bulletin de la Société géologique de France 162, 1075–1082.
Pons, J., Oudin, C., Valero, J., 1992. Kinematics of large syn-orogenic intrusions: example of the Lower Proterozoic Saraya Batholith (Eastern Sénégal). Geologische Rundschau 81/2, 473–486.
Pons, J., Barbey, P., Dupuis, D., Léger, J.M., 1995. Mechanisms of pluton emplacement and structural evolution of a 2.1 Ga juvenile continental crust: the Birimian of south-western Niger. Precambrian Research 70, 281–301.
Pouclet, A., Vidal, M., Delor, C., Siméon, Y., Alric, G., 1996. Le volcanisme birimien du Nord-Est de la Côte-d'Ivoire, mise en évidence de deux phases volcano-tectoniques distinctes dans l'évolution géodynamique du Paléoprotérozoïque. Bulletin de la Société géologique de France 167 (4), 529–541.
Raguin, M., 1969. Rapport de fin de campagne des travaux géologiques effectués sur le degré carré de Pama. Rapport DGM, Ouagadougou, p. 132.
Rochette, P., 1987. Magnetic susceptibility of rock matrix related to magnetic fabric studies. Journal Structural Geology 9, 1015–1020.
Sun, S.S., Mc Donough, W.F., 1989. Chemical and isotopic systematics of oceanic basalts: implications for mantle composition and processes. In: Sanders, A.D., Norry, M.J. (Eds.), Magmatism in the Ocean basins, 42. Geological Society Special Publication, pp. 313–345.
Saint-Blanquat (de), M., Tikoff, B., 1997. Development of magmatic to solid-state fabrics during syntectonic emplacement of the Mono Creek granite Sierra Nevada batholith. In: Bouchez, J.L., Hutton, D.H.W., Stefens, W.E. (Eds.), Granite From Segregation of Melt to Emplacement Fabrics. Kluwer Academic Publishers, Dordrecht, pp. 231–252.
Sylvester, P.J., Attoh, K., 1992. Lithostratigraphy and composition of 2.1 Ga greenstone-belts of the West African Craton and their bearing on crustal evolution and Archean-Proterozoic boundary. Journal of Geology 100, 377–393.
Taylor, P.N., Moorbath, S., Leube, A., Hirdes, W., 1992. Early Proterozoic crustal evolution in the Birimian of Ghana: constraints from geochronology and isotope geology. Precambrian Research 56, 97–111.
Trinquard, R., 1969. Synthèse des travaux géologiques et de prospection effectués sur le degré carré de Tenkodogo. Ed. BRGM, Archives DGM, Ouagadougou, p. 236.
Trinquard, R., 1971. Notice explicative de la carte géologique au 1/200.000 de Tenkodogo. Ed. BRGM, Archives DGM, Ouagadougou, p. 37.
Vidal, M., Delor, C., Pouclet, A., Siméon, Y., Alric, G., 1996. Evolution géodynamique de l'Afrique de l'Ouest entre 2,2 et 2 Ga: le style "Archéen" des ceintures vertes et des ensembles sédimentaires Birimiens du Nord-Est de la Côte-d'Ivoire. Bulletin de la Société géologique de France 167, 307–319.
Vigneresse, J.L., Bouchez, J.L., 1997. Successive granitic magma batches during pluton emplacement: the case of Cabeza de Araya (Spain). Journal of Petrology 38 (12), 1767–1776.
Vyain, R., 1967. Notice explicative de la carte géologique au 1/200.000 de Diapaga-Kirtachi. Ed. BRGM, Archives DGM, Ouagadougou, p. 39.

CHAPITRE V

LE PLUTON DE NANENI

V.1 Présentation résumé du pluton de Nanéni

Le granite de Nanéni est un petit corps plutonique d'environ 50 km^2 situé au Nord-Est de notre secteur d'étude (Fig. V.1). Il se met en place entre l'encaissant tonalitique à l'Ouest, et au Sud et la ceinture de roches vertes de Matiakoali à l'Est. Du point de vue pétrographique, ce granite a les caractères d'une syénogranite avec des affinités chimiques de type A (Fig. V.7). La comparaison des éléments chimiques de Nanéni avec ceux de l'alignement de Tenkodogo-Yamba une trentaine de kilomètres plus au Sud suggère que Nanéni a pu dériver du magma de l'alignement via un processus de cristallisation fractionnée. Cette hypothèse est confirmée par un modèle de balance des masses qui utilise les compositions chimiques en éléments majeurs des deux granites et les compositions chimiques des minéraux de l'alignement susceptibles de fractionner (Tableau V.5). Les spectres de terres rares (Fig. V.6) de Nanéni montrent un relatif enrichissement en terre rares lourdes attribué à une circulation hydrothermale. Cette circulation serait à l'origine de la transformation de certains minéraux tels que la biotite en chlorite, le plagioclase en mica blanc et de la formation d'épidote secondaire.

Les structures du granite de Nanéni ont été mesurées à l'aide de l'anisotropie de la susceptibilité magnétique, et l'éventuelle existence de sous-fabriques d'orientations différentes dues à la circulation hydrothermale a été testée par des mesures d'ARA partielle sur quelques échantillons.

Les foliations sont orientées en moyenne selon NE-SW (Fig. V.14b) et ont des pendages supérieurs à 45° dans 95% des cas. Les linéations, fortement plongeantes ($\geq 45°$), se rencontrent dans 12 des 19 sites échantillonnés (63%) et occupent un domaine qui s'étend à peu près selon l'axe médian du pluton (Fig. V.14a). Les quelques linéations faiblement plongeantes ont des directions assez variées, sauf au NW du pluton où l'azimut NE-SW est parallèle aux linéations également faiblement plongeantes de l'encaissant. Ces linéations subhorizontales de direction NE-SW sont attribuées à des cisaillements syn- à tardi-magmatiques.

Ce qui est tout à fait remarquable dans ce pluton, ce sont les microstructures. En effet dans une même lame mince on peut observer à la fois de larges cristaux non déformés, des cristaux dont la déformation est caractéristique des conditions de déformation de haute température, comme la polygonisation du quartz, et des conditions de déformation de basse température/haute contrainte. Les microfractures submagmatiques sont particulièrement nombreuses (Fig. V. 8c, d et e), ce qui montre que les cristaux étaient soumis à une contrainte alors que le liquide résiduel n'était pas encore cristallisé. L'abondance des figures de déformation fragile, en présence de grains de quartz polygonisés de petite taille (Fig. V.8c et d), suggère fortement que les cristaux ont été déformés, voire broyés alors que le granite n'avait pas encore achevé sa cristallisation. Enfin, l'abondance des myrmékites suggère que la vitesse de refroidissement du granite a été inhabituellement grande, puisque l'exsolution des phases au moment de la cristallisation implique que le liquide final se soit plus ou moins figé sur place. Enfin, l'unicité de l'événement responsable de cette fabrique est suggérée par l'absence de fabrique secondaire telle que l'aimantation remanente partielle (pARA) aurait pu le déceler (Fig. V.15)

Tous ces arguments permettent de conclure à une mise en place forcée du pluton de Nanéni, dans une fente probablement ménagée par la remontée du magma lui-même, ce qui justifierait l'enchaînement des déformations subies depuis le stade magmatique jusqu'à la cristallisation complète du magma.

Les résultats de cette étude sont synthétisés dans l'article intitulé : « **Le pluton de Nanéni (Burkina Faso oriental) : Microstructures et fabriques magnétiques d'un poinçon magmatique tardi-birimien** » à soumettre.

V.2. Publication à soumettre

NANENI PLUTON (EASTERN BURKINA FASO) : MICROSTRUCTURAL AND MAGNETIC FABRICS OF A LATE-BIRIMINAN GRANITE PLUG

Abstract

The pluton of Naneni, a leucocratic syenogranite with A-type affinities intrudes the Paleoproterozoic terranes of eastern Burkina Faso. As modelled by mass balance calculations using major elements, this pluton is made of a residual magma that likely derived from the nearby Tenkodogo-Yamba pluton by fractional crystallization. Its enrichment in heavy earth rare elements is attributed to hydrothermal circulation of the residual aqueous fluids of Naneni's magma. The microstructures of this pluton reveal the coexistence in the same thin section of magmatic and solid-state deformation of both high temperature and high strain. Since no secondary fabric is evidenced, by using anisotropy of remanence, these peculiar microstructures are attributed to the emplacement mechanisms. We conclude that the pluton of Naneni was emplaced under high pressure conditions at the contact between metavolcanic rocks and TTG granitoids. This mode of emplacement, which likely characterizes the late orogenic Eburnean alkaline granites, could be linked to the lack of regional transcurrent faulting that would be able to create tension gashes in the already cold and brittle crust.

Keywords : Paleoproterozoic, Burkina Faso, alkaline granite, microstructure, magnetic fabric, high pressure condition.

I- INTRODUCTION

Structural studies of basement rocks that are dominated by granitoids cannot avoid the use of the anisotropy of magnetic susceptibility (AMS) technique, or magnetic fabric, that was develloped in these rocks since more than two decades (Guillet et al., 1983; Borradaile and Henry, 1997; Bouchez, 1997, among many others). Magnetic fabric measurements provide quantitative scalar and directionnel data concerning the rocks, but their interpretation relies upon complementary information concerning (i) the physical state of the magmatic rock at the time when fabric was imprinted, and (ii) the carriers of the magnetic fabric signal. Hence, (i) microstructural examinations, that help distinguishing between pre- full crystallization fabrics and various degrees of solid-state overprint (Hutton, 1988; Gleizes et al., 1989, among others), and (ii) magnetic fabric determinations that help sorting between magnetite-dominated and silicate-dominated fabrics or between primary and secondary fabrics (Trindade et al., 2001), must be studied along with the AMS.

Burkina Faso is a part of the West African Craton (Bessoles, 1977). It is largely dominated, particularly in its eastern part (Fig. V.1a), by Paleoproterozoic (2.1-2.2 Ga) also called Birimian, metavolcanics (30%) and granitoids (70%), organised into a succession of NE-trending belts ascribed to the so-called Eburnean orogeny (Bonhomme, 1962 ; Liégeois et al., 1991). Among the granitoids, a first-order distinction is currently made between the "basement" which is dominated by granodiorites, tonalites and tronhjemites, and that are foliated parallel to the general structural NE-trend, and apparently non-foliated granites that clearly intruded the basement. These late, non-foliated granites are organised into either (i) NE-elongate alignments of plutons or (ii) small and isolated plutons.

(i) Naba et al. (2004) have detailed the fabric of the 125 km-long plutonic alignment of Tenkodogo-Yamba, Eastern Burkina Faso (Fig. V.1a). This alignment is concluded to result from a set of granitic magma springs that intruded dilatant sites within an already brittle (cool) Birimian mainly tonalitic crust, and that became coalescent under persisting regional dextral shear. The springs, or magma feeding centers of this aligmnent, are characterized by highly plunging lineations (> 60°) that represent up to 45% of the whole aligmnent.

(ii) The only study concerning the isolated granite plutons is the one of Pons et al. (1995). It concerns the composite alkali-granite body of Dolbel, in SW-Niger (Fig. V.1a), that intrude the NE-prolongation of the Birimian granitoids of NE-Burkina Faso. Pons et al. (1995) argue that these granites, that were emplaced at right angle to the Birimian structures, have intruded the brittle crust by the end of the Eburnean orogeny. The present paper concerns the pluton of Naneni, a small NS-elongate granite body that crops out to the north-east of the Tenkodogo-Yamba alignment (Fig. V.1b), and which also cross-cuts the Birimian structures at almost right angle.

The small granite pluton of Naneni ($\sim$ 50 km^2), 250 km to the east of Ouagadougou, is a N- S elongate body, about 10 km-long and a few km-wide (Fig. V.2). In map view, the pluton seems to be injected in-between the granodioritic basement to the west and the metavolcanics to the east. Its sharp north-south contacts make an angle of $\sim$ 70° to the overall NE-trending Birimian structural trends. No contact can be observed in the field. But the presence, in the pluton, of foliated tonalitic enclaves coming from the western country rocks, and of metavolcanic brechiae (Bos, 1967) that characterize the northern and eastern country rocks (the so-called Matiakoali belt), establish that the Naneni pluton post-dates the Birimian structures of the area.

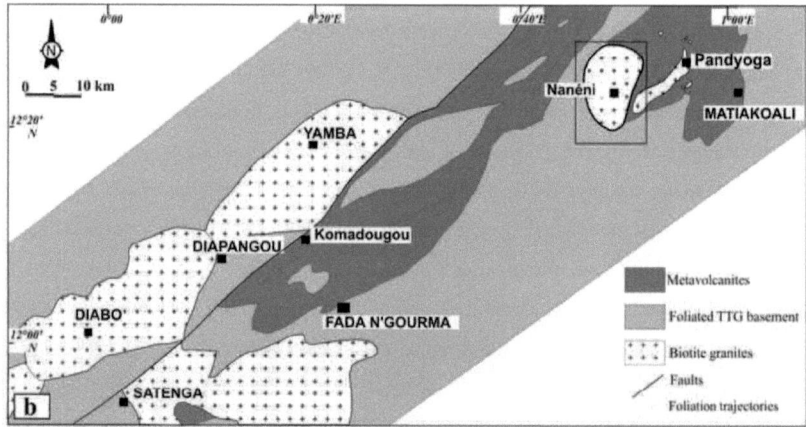

Figure V.1: Geological map of Burkina Faso (after Hottin et Ouédraogo, 1975). a : location of the study area in eastern Burkina Faso, b : Location of Naneni pluton on the study area.

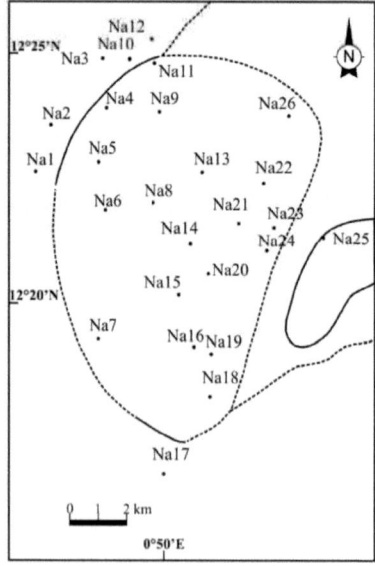

Figure V.2 : Sampling stations on the Naneni pluton

II- NANENI GRANITE : Petrology

The granite of Naneni is leucocratic, often pink in colour, with a dark mineral fraction mostly made of biotite that does not exceed 10 %. From its mode, it is syenogranitic in composition, with ~ 40% of quartz and ~ 60% of feldspars. K-feldspar (microcline), in cm-long, often microperthitic crystals, rich in inclusions of the other minerals, represent ~ 40 % of the modal composition when the euhedral and zoned crystals of plagioclase (An_{20}-An_{03}) represent ~ 20 %. Representative analyses of plagioclase from Naneni and TY granites are given in Table V.1. Compared to TY granites, Naneni biotite crystals (Table V.2) are moderately iron-rich (X_{Mg} : 0.37 – 0.41) and fluor-bearing (0.67 – 0.98 wt.%). They often appears as clusters in which accessory minerals (oxides, titanite, zircon and epidote) tend to concentrate. They are frequently partly transformed into chlorite. Epidote contains a rather high fraction of pistacite (Ps = Fe^{3+}/[Fe^{3+}+Al] around 29% : see Table V.3), hence suggesting that this mineral is a secondary phase (Ps : 29 – 33%) rather than a magmatic one (Ps : 20 – 25%) following the typical percentages indicated by Dawes and Evans (1991). The granite of Naneni is also charaterized by the presence of rare white micas with a phengitic nature (FeO around 6%).

In addition to chlorite (after biotite) and epidote, presence of sericite within plagioclase and clusters of small calcite grains within either plagioclase or matrix constitute further evidence of a greenschist-faciès hydrothermal alteration in the Naneni granite.

Concerning the oxides, the opaque idiomorphic grains either form inclusion in the K-feldspars or occur within the (variably chloritized) biotite clusters. Microprobe determinations show that these oxide have negligible contents in TiO_2 and Fe_2O_3/FeO ratios that are variable but close to 2. This suggests that the opaque minerals are mostly made of magmatic low Ti magnetite that, in turn, are partly altered into hematite. This is confirm by the following magnetic study showing that magnetite is dominant over hematite, except perhaps for the specimen NA25A. In fact, the overall textural relationships of the opaque minerals, including their slight elongation either as individual grains or as cluster of grains, do support their dominant magmatic origin.

From the petrographic and mineralogical point of view, the Naneni granite is distinct from the mainly tonalitic basement that forms the western border of the pluton. These tonalites contain both magnesio-hornblendes (Leake et al., 1997), with X_{Mg} = 0.5 – 0.6, and less iron-rich (X_{Mg} ~ 0.5) biotite. Also, their plagioclase are richer in anorthite (An_{32}-An_{24}) than in Naneni.

Rock type	Nanéni Granite						TY-granite				
Sample	NA18	NA18	NA25	NA25	NA14	NA14	DD50	DD50	YB125	YB125	KI08
Label	PL1-core	PL2-rim	PL3-core	Pl4-rim	PL5-core	PL6-rim	Pl1-core	PL2-rim	PL3-core	PL4-rim	PL5-core
SiO_2	67.45	68.18	67.74	67.89	64.69	64.51	63.71	67.95	63.36	64.10	63.71
Al_2O_3	20.89	19.70	20.15	19.81	22.11	21.89	22.97	20.09	22.78	22.24	23.42
CaO	1.82	0.62	0.88	0.68	3.45	3.31	4.03	0.66	4.37	3.72	4.11
Na_2O	11.04	11.92	11.30	11.71	9.77	10.17	9.30	11.9	8.89	9.79	9.71
K_2O	0.12	0.03	0.09	0.07	0.08	0.08	0.13	0.05	0.18	0.16	0.15
Sum Ox%	101.48	100.46	100.22	100.15	100.18	100.15	100.25	100.71	99.65	100.15	101.17
Si	2.92	2.97	2.96	2.97	2.85	2.85	2.81	2.96	2.81	2.83	2.79
Al IV	1.07	1.01	1.04	1.02	1.15	1.14	1.19	1.03	1.19	1.16	1.21
Ca	0.09	0.03	0.04	0.03	0.16	0.16	0.19	0.03	0.21	0.175	0.19
Na	0.93	1.01	0.96	0.99	0.83	0.87	0.80	1.01	0.77	0.84	0.82
K	0.01	0.00	0.01	0.00	0.00	0.01	0.01	0.00	0.01	0.01	0.01
Sum Cations	5.01	5.03	5.00	5.02	5.00	5.02	5.00	5.03	4.98	5.01	5.02
Ab	91.00	97.03	95.40	96.54	83.33	84.36	80.00	97.00	78.00	82.00	80.00
An	8.30	2.81	4.10	3.09	16.25	15.18	19.00	3.00	21.00	17.00	19.00
Or	0.66	0.16	0.50	0.37	0.43	0.46	1.00	0.00	1.00	1.00	1.00

Table V.1: Plagioclase analyses from Naneni and TY granites (structural formulae on the basis of 8 oxygens).

Rock type	Naneni granite				TY -granite	
Sample	Na14	Na14	Na14	Na 25	YB125	YB125
Label	Bi1	Bi2	Bi3	mus	Bi1	Bi2
SiO_2	36.42	35.82	34.98	45.32	36.33	36.41
TiO_2	1.76	2.40	1.23	0.00	2.22	1.91
Al_2O_3	14.99	14.61	14.72	28.51	15.85	15.83
FeO	21.91	22.45	23.18	6.10	22.24	21.66
MnO	0.33	0.29	0.40	0.17	0.25	0.29
MgO	8.68	7.51	8.02	1.22	8.95	9.47
CaO	0.06	0.05	0.00	0.04	0.00	0.02
Na_2O	0.00	0.00	0.03	0.14	0.03	0.18
K_2O	9.63	9.51	9.42	10.71	9.97	9.67
BaO	0.00	0.09	0.00	0.92	0.00	0.00
F	0.98	0.67	0.85	0.24	0.00	0.00
Cl	0.00	0.03	0.05	0.01	0.00	0.00
H2O(c)	3.34	3.42	3.28	4.12	3.89	3.89
O=F	0.41	0.28	0.36	0.10	0.00	0.00
O=Cl	0.00	0.01	0.01	0.00	0.00	0.00
Sum Ox%	97.72	96.58	95.79	97.40	99.73	99.33
Si	5.73	5.73	5.68	6.41	5.61	5.62
Ti	0.21	0.29	0.15	0.00	0.26	0.22
Al IV	2.27	2.27	2.32	1.59	2.39	2.38
Al VI	0.51	0.49	0.49	3.17	0.49	0.50
Fe^{2+}	2.88	3.00	3.15	0.72	2.87	2.80
Mn^{2+}	0.04	0.04	0.06	0.02	0.03	0.04
Mg	2.04	1.79	1.94	0.26	2.06	2.18
Ca	0.01	0.01	0.00	0.01	0.00	0.00
Na	0.00	0.00	0.01	0.04	0.01	0.05
K	1.93	1.94	1.95	1.93	1.96	1.90
Ba	0.00	0.01	0.00	0.05	0.00	0.00
F	0.49	0.34	0.44	0.11	0.00	0.00
Cl	0.00	0.01	0.01	0.00	0.00	0.00
OH	3.51	3.65	3.55	3.89	4.00	4.00
Sum Cations	19.64	19.57	19.75	18.20	19.68	19.70
XMg	0.41	0.37	0.38	0.26	0.42	0.44

Table V.2: biotite and muscovite analyses from Naneni and TY granites (structural formulae on the basis of the basis of 2O oxygens + 4(OH, F, Cl)). Bi = biotite, Mus = muscovite.

Rock type	Naneni granite			Tonalite	
Sample	NA18	NA18	NA14	NA19	NA19
Label	Ep.1	Ep.2	Ep.3	Ep.1	Ep.2
SiO_2	37.45	37.29	73.97	37.52	37.49
Al_2O_3	22.23	22.92	8.44	22.22	22.87
Fe_2O_3	14.73	14.36	5.99	14.65	13.48
Mn_2O_3	0.64	0.63	0.11	0.27	0.28
CaO	23.25	22.98	10.83	23.69	23.64
F	0.00	0.05	0.18	0.07	0.00
Cl	0.03	0.00	0.00	0.03	0.02
$H_2O(c)$	1.87	1.86	2.09	1.84	1.87
O=F	0.00	0.02	0.08	0.03	0.00
O=Cl	0.01	0.00	0.00	0.01	0.01
Sum Ox%	100.19	100.14	101.61	100.31	99.67
Si	2.99	2.97	5.10	2.99	3.00
Al IV	0.00	0.03	0.00	0.01	0.00
Al VI	2.09	2.13	0.69	2.08	2.15
Fe^{3+}	0.89	0.86	0.31	0.88	0.81
Mn^{3+}	0.04	0.04	0.01	0.02	0.02
Ca	1.99	1.96	0.80	2.03	2.03
F	0.00	0.01	0.04	0.02	0.00
Cl	0.00	0.00	0.00	0.00	0.00
OH	1.00	0.99	0.96	0.98	1.00
Sum Cations	9.00	9.00	7.90	9.01	9.01
PS %	30.00	29.00	31.00	30.00	27.00

Table V.3 : Epidote analyses from Naneni and tonalitic basement (structural formulae on the basis of 12.5 oxygens).

By contrast, epidote is also present and has similar Ps ratios (27-30%). Concerning the oxides, both ilmenite and magnetite are presente, the latter also tending to transform into hematite. Differences are less pronounced with TY granites.

Whole-rock geochemical data from 3 Naneni granites (Table V.4) and 7 from TY granites (Table 1 in Naba et al., 2004) help to precise the relationships between TY granites and Naneni granite. The Naneni granites are characterized by their very higher silica contents ($SiO2$ = 76-78%), high Na_2O + K_2O and very high FeO/MgO. Their molar ratios [Al2O3]/[CaO]+[Na2O]+[K2O], i.e. A/CNK, range from 1,03 – 1, 06 (Table V.4 , Fig. V.3a). Hence, these rocks are slightly peraluminous in the sense of Shand (1947), but they could also be regarded as fractionated I-type granites or as A-types granites, as will be discussed later. In the K2O vs SiO2 diagram (Fig. V.3b), they plot with TY granites in the high K calk-alkaline field of Rickwood (1989). Therefore, all these so-called "unfoliated" or late-Birimian granites are quite distinct from their TTG-like, i.e. sodic or low K, country rocks.

Sample	Major elements				Traces elements				Rare earth elements		
	Na 21	Na 19	Na 26		Na 21	Na19	Na 26		Na21	Na19	Na 26
SiO_2 (wt %)	76.81	76.68	78.28	Ni (ppm)		9.90		La (ppm)	59.40	169	65.90
TiO_2	0.16	0.15	0.11	Cr	5.10			Ce	112.00	126	129.00
Al_2O_3	11.95	12.22	11.38	Co	1.84	1.73	0.69	Pr	13.40	34	14.70
$Fe_2O_3^*$	1.86	1.81	1.68	Ga	20.30	20.70	20.40	Nd	49.30	132	54.70
MnO	0.03	0.00	0.00	V	5.20	5.00		Sm	9.60	23.90	9.71
MgO	0.15	0.20	0.00	Cu	151.00	189.00	334.00	Eu	1.02	3.85	0.90
CaO	0.45	0.43	0.27	Pb	13.30	12.70	13.80	Gd	9.98	24.80	8.11
Na_2O	3.60	3.74	3.75	Rb	115.00	86.50	116.00	Tb	1.65	3.54	1.21
K_2O	4.30	4.19	4.01	Cs	0.60	0.34	0.64	Dy	11.20	20.70	7.21
P_2O_5	0.00	0.00	0.00	Ba	889.00	1375.00	773.00	Ho	2.55	3.91	1.44
LOI	0.34	0.40	0.28	Sr	44.60	51.90	20.60	Er	7.88	10.30	4.24
Sum	99.65	99.82	99.76	Ta	1.10	0.63	1.21	Tm	1.17	1.40	0.64
A/CNK (mol.)	1.05	1.06	1.03	Nb	11.30	7.08	13.40	Yb	7.18	8.93	4.46
				Hf	7.93	7.32	7.59	Lu	1.12	1.30	0.74
				Zr	287.00	280.00	286.00	$(La/Yb)_N$	6.62	15.14	11.82
				Y	93.80	109.00	46.10	Eu/Eu*	0.32	0.48	0.30
				Th	9.96	7.84	11.60				
				U	1.60	0.86	3.21				
				Sn	2.96	1.84	2.22				
				Zn	80.40	81.50	86.60				

Table V.4: Whole rocks analyses (ICP-AES at CRPG Nancy, France) : major, trace and rare earth elements.

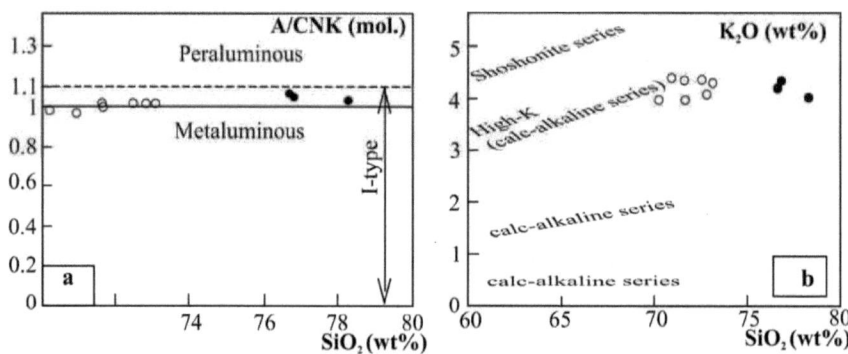

Figure V.3: Some chemical characters of Naneni granite (full circles) compare to those of TY granite (open circles). a : A/CNK versus SiO_2, b : K_2O versus SiO_2 after Rickwood (1989)

Harker diagrams for major elements are presented in figure V.4. All samples from TY pluton follow linear trends corrresponding to either a negative or a positive correlation with SiO2. Despite the gap corresponding to the 73-76 wt% silica interval, a petrogenetic relationship between TY granites and Naneni granites is suggested. Slope changes are evocative of a fractional crystallization process. Harker diagrams for trace elements (Fig. V.5) lead to the same conclusion, with the exception of the Y vs SiO$_2$ diagrams, where the Naneni granites display high contents apparently uncorrelated to those of the TY granites.

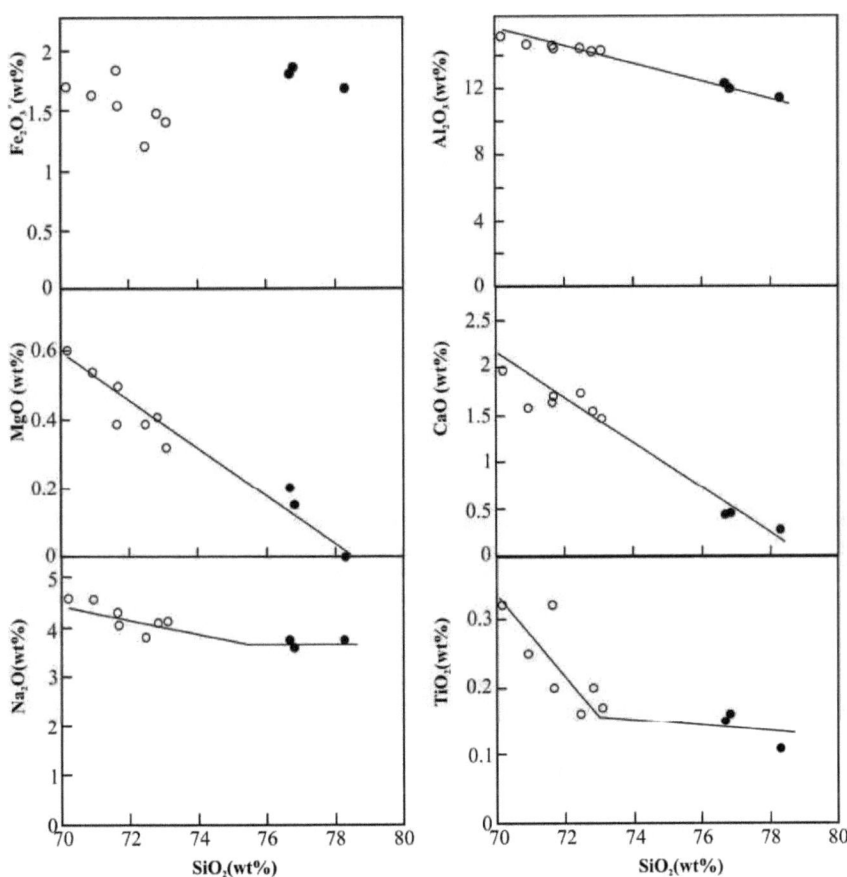

Figure V.4 : Harker's diagrams for major elements of Naneni granite (full circle) and TY granite (open circle)

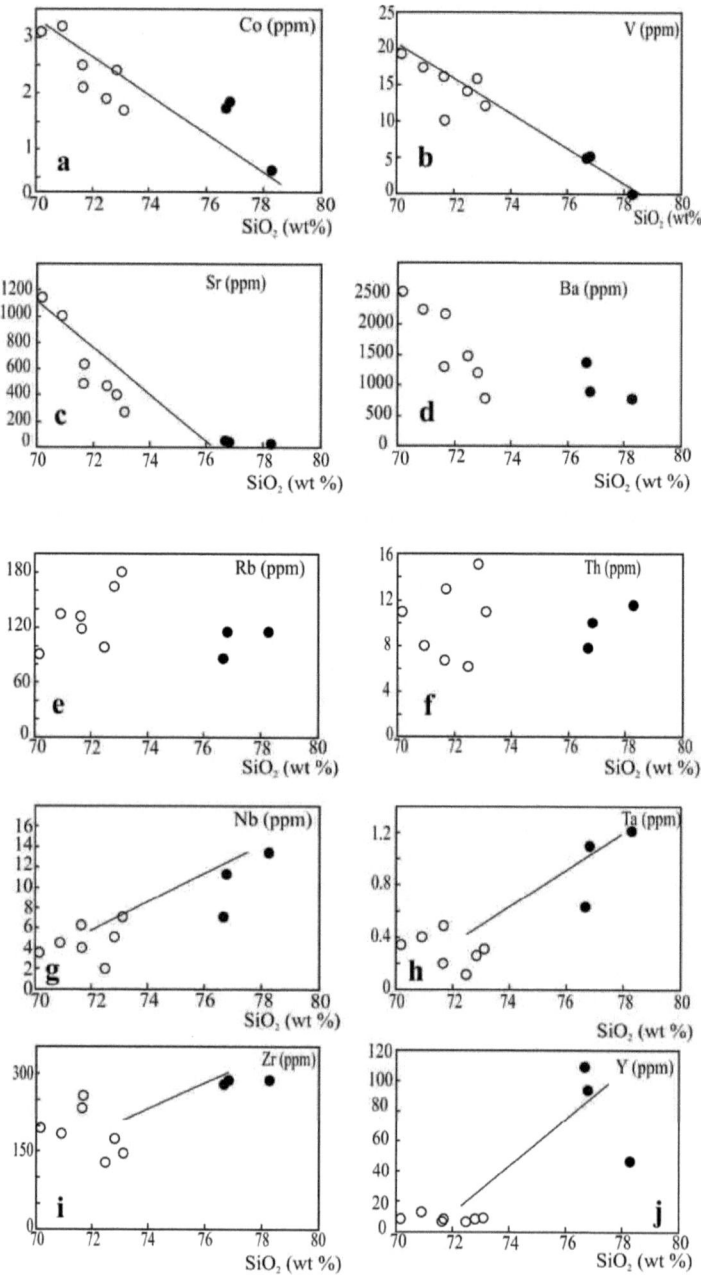

Figure V.5 : Harker's diagrams for traces elements of Naneni (full circles) and TY granites (open circles).

Rare earth element (REE) contents ares given in Table 4 and distribution patterns are presented in Figure V.6. Compared to those of the TY granites, Naneni patterns are less fractionated due to higher contents of heavy (H) REE, and they display a negative Eu anomaly consistent with a feldspar fractionation process. The HREE patterns cannot be explained by mineral-melt relationships and are typical of rocks that underwent fluid-rock interaction (Jahn et al., 2001). It is well-known that HREE can migrate as fluoride complexes (Mineyev, 1963). Presence of F in Naneni magmas is deduced from biotite compositions.

These highly evolved magmas likely reached H_2O saturation, liberating a hydrous fluid phase responsible for both the mineralogy (development of secondary minerals) and the geochemistry (Y and HREE enrichment).

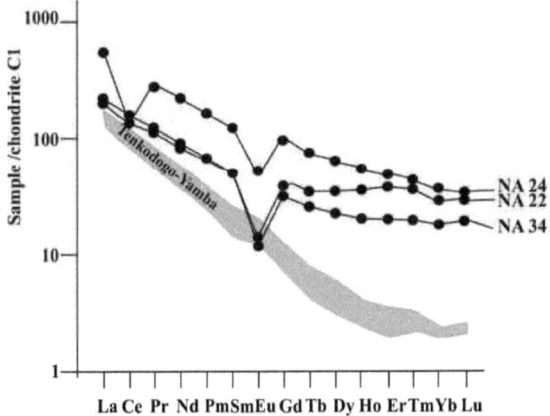

Figure V.6 : Rare earth elements of Naneni, normalized to Chondrite C1 (Sun and Mc Donough, 1989). Lines and solid-circles represent the three analyzed samples. In gray the REE trend of Tenkodogo-Yamba for comparison.

The role of fractional crystallization suggested by the Harker diagrams is evaluated using mass balance calculations of all major elements (except MnO and TiO_2) to derive Naneni granite composition from the most evolved TY granite. The algorithm follows the XLFRAC model of Stormer and Nicholls (1978). Compositions of minerals used in the fractionated assemblage (biotite, plagioclase and apatite) are analyzed compositions recalculated to 100 %. Calculation results are given in table V.5. The quality of the model is measured by the sum of the squares of the differences (Σr^2) between the calculed residual melt and the most evolved rocks (inferred residual melt) in each unit. In the present case, $\Sigma r^2 = 0.57$ indicates that the model is good.

Microprobe data				Whole rock analyses			data from calculation
Fractionated minerals					Original melt	Final liquid	Solid remove (cumulates)
sample n°	YB125			sample n°	YB128	Na24	
Labels	Bi. 1	Pl. 2	Ap1				
SiO_2 (wt %)	36.33	63.36	0.00	SiO_2 (wt %)	73.10	76.68	61.48
Al_2O_3	15.85	22.78	0.00	TiO_2	0.00	0.00	0.00
FeO	22.24	0.07	0.00	Al_2O_3	14.26	12.22	21.75
MnO	0.24	0.00	0.00	FeO*	1.28	1.63	2.58
MgO	8.95	0.00	0.00	MnO	0.32	0.20	0.00
CaO	0.00	4.37	57.89	CaO	1.47	0.43	4.91
Na_2O	0.03	8.89	0.00	Na_2O	4.10	3.74	7.27
K_2O	9.97	0.18	0.00	K_2O	4.28	4.19	1.06
P_2O_5	0.00	0.00	42.11	P_2O_5	0.12	0.00	0.94
Sum of the squares of the differences = 0.57							

Table V.5 : data used in mass balance model and calculation results. Microprobe data from TY granite (Sample YB125) are the fractionated minerals : Bi1 = Biotite , Pl2 = Plagioclase, Ap1 = apatite. Whole rock analyse : Major elements of TY granite (sample YB128) representing the original melt and the major elements of Naneni (sample Na 19) represent final liquid.

Finally, the A-type nature of the Naneni granites is confirmed by selected diagrams (Fig.V.7) after Whalen et al. (1987), whereas TY granites are typical I-type granites. Nevertheless, it is noticeable that the more evolved TY granite also plots in the A-type domain. The scarcity of alkaline magmas in Archaean and late Proterozoic times has been discussed by Blichert-Toft et al. (1995). Indeed, plutonic rocks with alkaline affinities are volumetrically insignificant in the whole western Africa birimian domain (Doumbia et al., 1998). However, the small Naneni pluton represents a interesting case, where A-type granites are derived from extreme fractional crystallization of high K calc-alkaline granitoids. As will be seen below, all these magmas have similar structures and were likely emplaced in the same geodynamic setting.

III- NANENI GRANITE : peculiar microstructures

Microstructures in granites are commonly subdivided into magmatic, or pre-full crystallization microstructures, and solid-state overprinted microstructures (Paterson, 1989; Bouchez, 1992; Gleizes et al., 1998). In the former case, the quartz forms large crystals that have few plastic strain features such as subgrains, and the euhedral feldspars are totally undeformed. A "sub-magmatic", close to solidus-temperature, microstructure is identified when transgranular microfractures, mostly in the more brittle plagioclase, appear to be filled-up by minerals belonging to the matrix, mostly quartz and feldspars (Bouchez et al., 1992).

This peculiar microstructure reveals that, due to mechanical interactions between crystals, some crystals have been broken while a low fraction of residual melt was still present. After total crystallization, if the rock continues to be subjected to stress, the quartz grains, which easily deform plastically, constitute the best indicators of solid-state straining, mainly through the amount and sizes of recrystallized grains they contain.

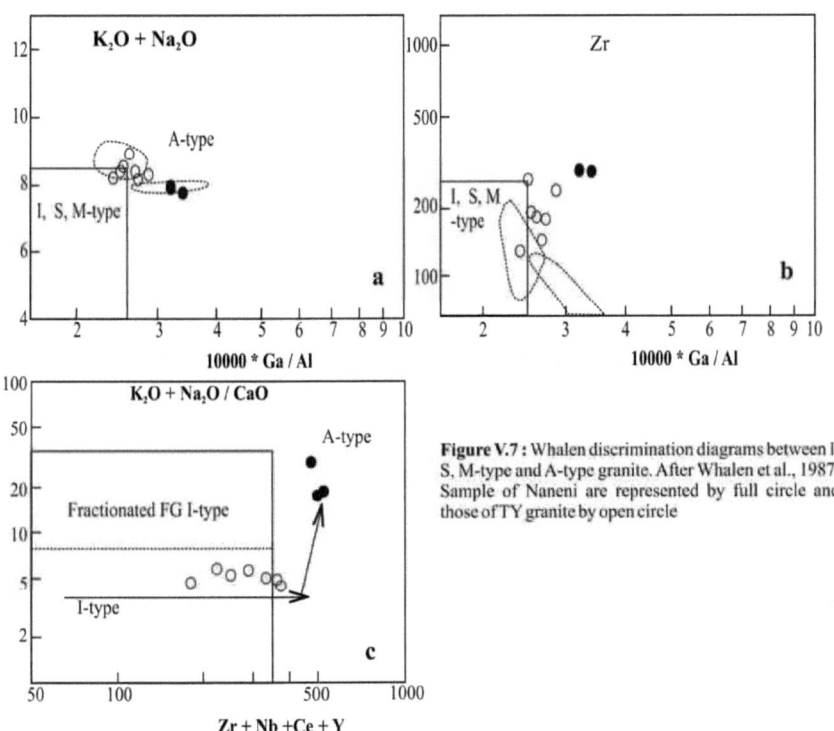

Figure V.7: Whalen discrimination diagrams between I, S, M-type and A-type granite. After Whalen et al., 1987. Sample of Naneni are represented by full circle and those of TY granite by open circle

What is remarkable in the Naneni pluton, as being rarely observed in granites, is that all these microstructures can be observed together in the same specimen. On the one hand, the idiomorphic microcline and plagioclase grains coexist with large grains of quartz that have very few undulose extinctions or subgrains (Fig. V.8a et b). Also frequently observed are the sub-magmatic microfractures affecting plagioclase, with infillings of mainly quartz, but also of feldspar, micas (chloritized biotite, white micas), epidote and sometimes calcite (Fig. V.8c, d, e). The feldspars are often observed to be bent or twisted, attesting that they suffered a certain amount of plastic déformation (Fig V.8f). In addition, the whole grain-structure has undergone locally, a few millimeters away from the latter microstructural "landscape", a large amount of plastic straining at high temperature, as attested by the well-polygonized new grains into recrystallized quartz. Such a microstructure may even affect the inside of the sub-magmatic microstructures (Fig. V.8c, d, e). Finally, some large grains of feldspar may be fractured, in association with narrow shear bands affecting all the mineral species of the granite, including the chloritized biotite, and characterized by fine-grained and rather well-polygonized quartz (Fig.V.8d).This microstructure is ascribed to (very) local strain-localization at rather high stress (fine recrystallized grains) and rather high-temperature (polygonized quartz grain-boundaries).

This variety of microstructures, often observed within the same thin section, makes difficult a representation of microstructural types in map view. In figure V.9, we have chosen to represent the dominant microstructural type encountered at each of the 14 studies site. An east-west zoning of microstructures is thus evidenced, from dominantly magmatic along the western contact, to overprinted in the solid-state at various intensities toward the eastern contact where the "mélange" of microstructural types is the most severe.

IV- MAGNETIC PROPERTIES

Our collection of 115 oriented specimens coming from the 26 sampling sites of Naneni (Fig. V.2) has been subjected to a detailed AMS study using the Kappabridge KLY-2 susceptometer of Agico Ltd. Other magnetic property determinations have also been performed, namely magnetic susceptibility versus temperature measurements, and remanent magnetization measurements in order to gain information akin with the magnetic carriers of the granite of Naneni. In the following, $K_1 \geq K_2 \geq K_3$ will represent the three principal susceptibility axes of the AMS ellipsoid whose raw AMS measurements are reported in Table V.6.

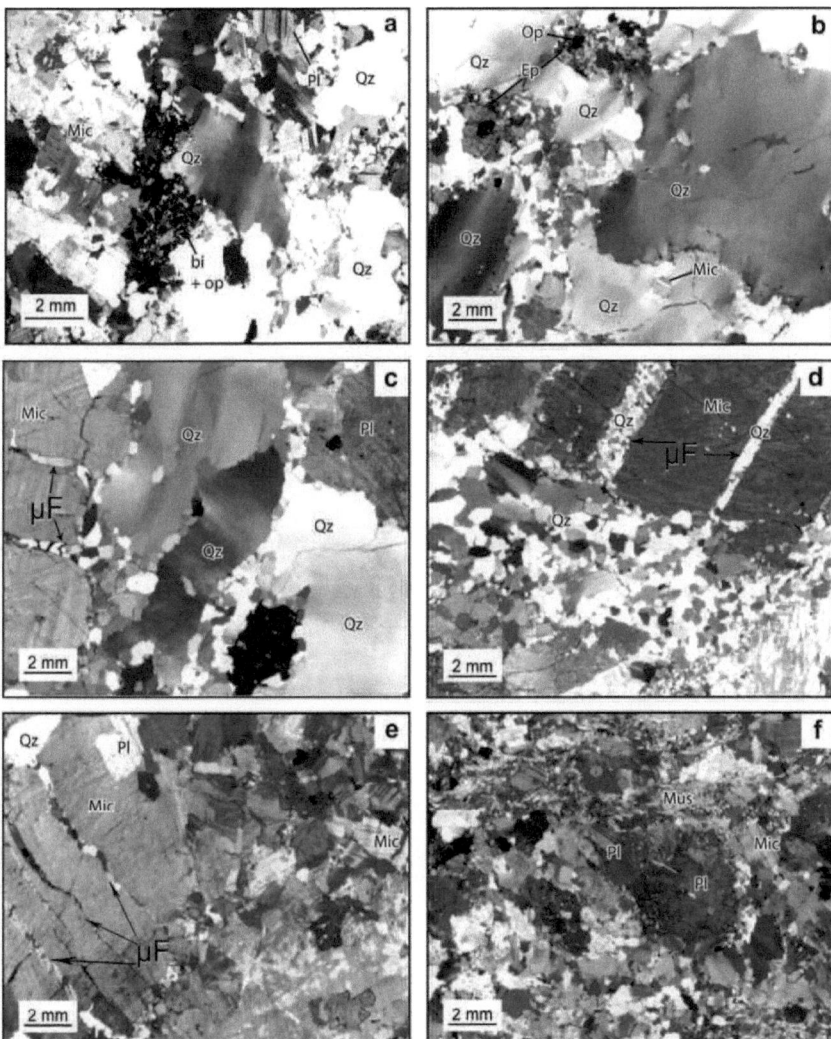

Figure V.8 : Main microstructures of Naneni granite. a : pur magmatic microstructure ; b : magmatic microstructure with quartz recristallization by places ; c, d, e : microfractures in feldspars infilling by quartz and pervasive recristallization of quartz in the matrix and the microfractures ; f : bent plagioclase and general plastic deformation in high strain condition expressed by the small sizes of the cristals and numerous myrmekites. Pl : plagioclase, Qz : quartz, bi : biotite, op : opaque mineral, Mic : microcline, Ep : epidote, µF : microfracture, Mus : muscovite.

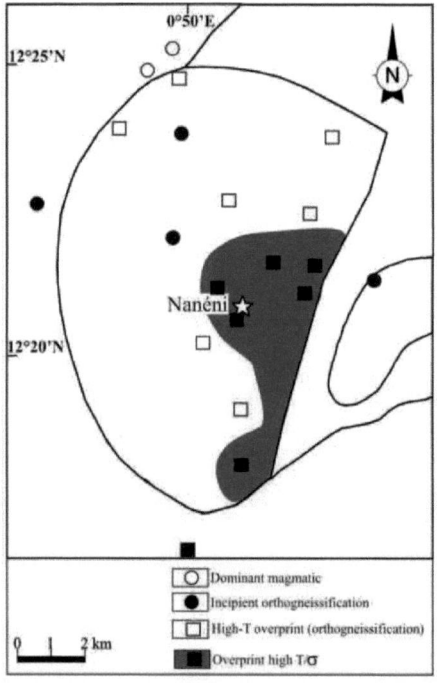

Figure 9 : Map view of the main microstructures of Naneni

IV.1. Scalar AMS data. The intensity of magnetic susceptibility in Naneni, K= $(K_1+K_2+K_3)/3$ displays a rather large range of values, from 411 to 23171 µSI. Except for the lowest values (K= 411 µSI at site NA08), these susceptibilities attest to the presence of a ferromagnetic contribution in addition to the paramagnetic contribution carried by the iron-bearing silicates (biotite, chlorite). As a matter of fact, if all the iron contained in the granite was exclusively included in the lattice of the iron-bearing silicates, the maximum paramagnetic susceptibility would be on the order of 400 µSI, by application of the Curie-Weiss law (see Rochette, 1987). Since the ferromagnetic fraction is dominated by magnetite (as will be shown hereunder), the magnetite content is responsible for the variations in magnetic susceptibility. Figure V.10a shows that the distribution of the magnetite grains in Naneni is rather random.

The anisotropy percentage, $P\% = [1-(K_1/K_3)] \times 100$, varies from 8.4 to 37.1%, with no apparent correlation with the magnetic susceptibility magnitude. Such variable and rather high values of P% are commonly observed in magnetite-bearing granites. It is common practice to calculate the shape anisotropy parameter of Jelinek (1981), T= [Log F- Log L]/[Log F+ Log L] where $F = K_2/K_3$ and $L= K_1/K_2$. T ranges from -0.70 to 0.46 (Fig. V.10b) with a majority of positive values, in between the plano-linear field (T = 0) and the planar field (T = 1). The negative values of T correspond to linear magnetic fabrics that are mainly encountered in the southern central part of the pluton. No obvious correlation is observed between T and both K and P%.

site	Location	Scalar data			AMS		NRM	pAAR			
								0-5 mT		50-100 mT	
		Km	P%	T	K1	K3		A1	A3	A1	A3
	X(N) / Y(E)	µSI			dec, inc	dec, inc	A/m	dec, inc	dec, inc	dec, inc	dec, inc
NA01*	12.3757° / 0.7912°	43459.2	18.9	-0.72	36,16	294, 35	1.19E+00				
NA02*	12.3901° / 0.7961°	11094.0	9.4	-0.08	211,24	30, 66	4.56E+00				
NA03*	12.4117° / 0.8135°	1549.7	13.2	0.76	234,6	325, 09	5.89E+00				
NA04	12.3957° / 0.8147°	6608.9	15.5	0.12	47,2	317, 15	1.19E+01				
NA05	12.3787° / 0.8120°	18880.8	29.7	-0.46	268,27	160, 31	6.74E+00				
NA06	12.3635° / 0.8142°	8872.7	22.0	0.00	63,22	287, 61	8.59E-01				
NA07	12.3228° / 0.8119°	7304.3	23.9	-0.70	134,28	328, 61	2.96E+00				
NA08	12.3661° / 0.8302°	14316.9	21.2	0.46	304,72	172, 13	2.34E+00	72, 49	172, 8	83, 2	173, 5
NA09	12.3947° / 0.8323°	11072.4	20.8	0.30	116,76	328, 14	1.30E+01	211, 67	340, 15	156, 63	341, 27
NA10*	12.4112° / 0.8224°	4522.8	12.0	0.16	33,5	302, 25	1.03E+00				
NA11	12.4096° / 0.8305°	9170.7	26.6	0.13	241,9	331, 00	8.45E+00				
NA12*	12.4173° / O.8296°	3690.9	14.1	-0.01	65,32	301, 41	1.61E+00				
NA13	12.3758° / 0.8462°	4792.1	32.5	0.10	140,72	307, 17	3.19E-01				
NA14	12.3528° / 0.8424°	11197.0	28.8	-0.38	263,73	118, 14	1.91E+00				
NA15	12.3372° / 0.8385°	410.6	10.5	-0.06	198,34	29, 55	2.51E-01	193, 50	320, 27	298, 12	53, 63
NA16	12.3206° / 0.8437°	6083.1	10.8	-0.37	0,66	121, 13	4.54E+00				
NA17*	12.2807° / 0.8338°	6828.3	16.5	0.59	23,74	268, 07	9.83E-02				
NA18	12.3050° / 0.8487°	15159.0	37.1	0.30	347,56	95, 01	2.91E+00	323, 51	110, 34	293, 66	126, 23
NA19	12.3184° / 0.8493°	9923.8	12.0	-0.48	30,57	167, 27	6.41E-01				
NA20	12.3439° / 0.8482°	23032.1	29.5	-0.18	14,57	273, 07	2.65E+01				
NA21	12.3596° / 0.8585°	12872.9	21.6	0.26	330,69	141, 21	1.94E+01				
NA22	12.3722° / 0.8666°	23171.1	36.4	-0.02	23,52	147, 23	9.00E-01				
NA23	12.3580° / 0.8700°	2099.3	8.4	0.31	10,41	134, 33	1.00E+01	20, 35	136, 32	30, 38	152, 35
NA24	12.3508° / 0.8677°	3070.9	11.6	-0.45	3,51	113, 16	9.90E-01	354, 55	90, 4	351, 42	259, 2
NA25**	12.3552° / 0.8864°	12177.7	7.7	0.13	64,23	285, 06	1.35E+01				
NA26	12.3931° / 0.8747°	21492.8	18.0	0.00	12,51	151, 31	3.68E+00				

Table V.6 : Sites Locations, AMS (scalar and directionnal), Natural remanent magnetization (NRM) and partial Anisotropy of Anhysteretic remanences (pAAR) data. X(N) = Latitude North, Y(E) = Longitude East, Km = mean magnetic susceptibility in µSI, P = anisotropy percentage, T = Shape factor, K1 = magnetic lineation (declination , inclination in degree), K3 = pole to the magnetic foliation (declination , inclination in degree), NRM = Natural Remanent Magnetization in A/m (E + 00 = ten exponent zero), A1 = Magnetic lineation (declination, inclination in degree) in the window of coercivity between 0 and 5 mT (phase slightly coercitive) or between 50 and 100 mT (phase strongly coercitive), A3 = pole to the magnetic foliation (declination, inclination in degree) in the window of coercivity between 0 and 5 mT (phase slightly coercitive) or between 50 and 100 mT (phase strongly coercitive).

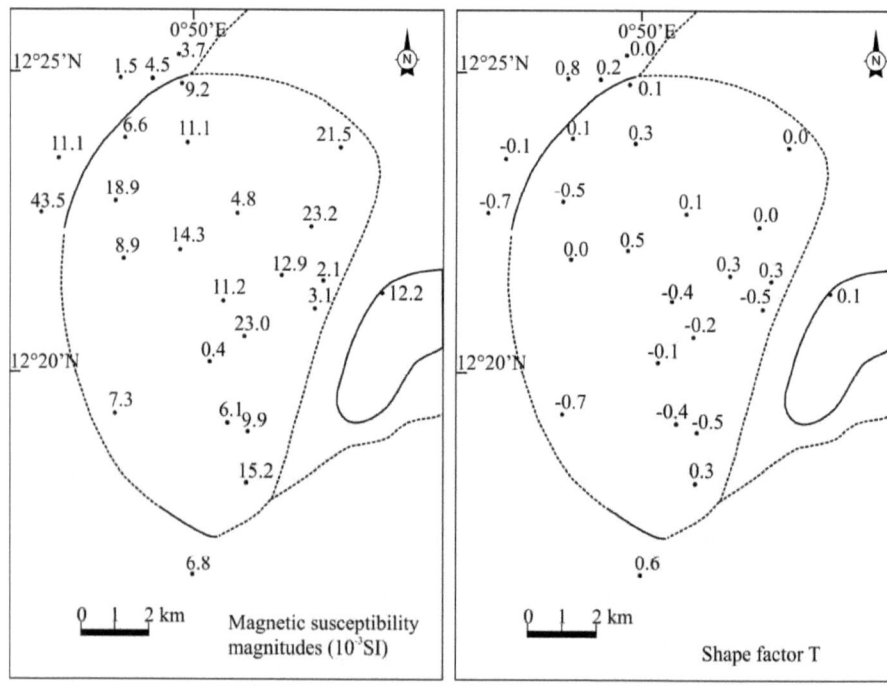

Figure V.10 : Map view of the scalar data of AMS. a : Magnetic susceptibility magnitudes (10^{-3} SI), b : shape factor (T).

IV.2. Magnetic mineralogy. Four specimens have been selected for their representativity with respect to the susceptibility magnitudes of the whole collection : NA15, NA08, NA09 and NA18. Thermo-magnetic measurements, or evolution of K with increasing T, performed with the CS2 apparatus of Agico Ltd, show that the three specimens that have high susceptibilities (NA08, NA09 and NA18) have magnetite-dominated susceptibilities. This is clear from the abrupt decrease in susceptibility at T = 560°C, the Curie temperature for magnetite (Fig. V.11). A closer look at the K vs T curves of NA08 and NA18 reveals that a slight increase in susceptibility is recorded during the cooling path at T < 560°C. This effect is due to the addition of newly formed magnetite that grew during heating, probably out of biotite as demonstrated by the experiments of Mintsa Mi N'guema et al. (2002). The latter effect is dominant for specimen NA15 which, after yielding a paramagnetic behaviour (slight decrease of K with increasing T) during heating up to about 450°C, increases in susceptibility up to the Curie temperature due to newly grown magnetite. The two- to three-fold increase in susceptibility depicted by the cooling curve of NA14 (Fig. V.11) strengthens the importance of phase change during heating.

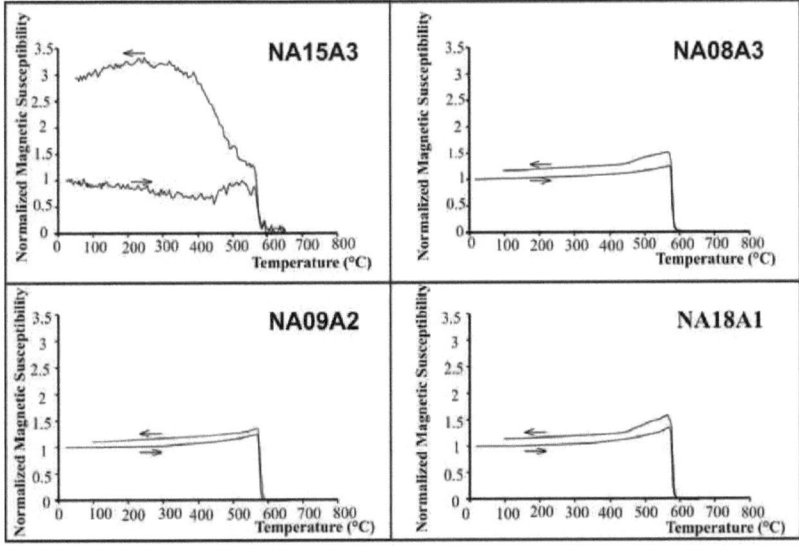

Figure V.11 : Thermomagnetic curves for four selected samples of Naneni

Demagnetization under alternating field (AF) between 0 et 100 mT is an other way to characterize the magnetic mineralogy. We applied this technique to one sample of each site, using a demagnetizer (LDA3-AMU1) and a magnetometer (JR5; Agico Ltd). Figure V.12 illustrates decrease of the natural remanent magnetization (NRM) normalize to the maximum value of each sample during AF demagnetization. It is note worthy that 50% of the natural magnetization (NRM) disappears for AF fields ranging between 4 and 18 mT. At the maximum AF field of 100 mT (our instrument), the residual magnetization was in-between a few permil for most samples and 8% for specimen NA18. The latter specimen contains a fraction of a strongly coercive mineral, attributed to hematite. Hysteresis loop measurements (Fig. V.13) confirm, for sample NA15, the presence of a weak ferromagnetic fraction in a paramagnetic matrix, and the dominance of They magnetite for specimens NA08, NA09 and NA18. Finally, a weak signal attributed to hematite is recorded by the nonnull slope of the hysteresis loop at the maximum value of the induction field (0.5 T) which is considered as sufficient to saturate magnetite. However, on these hysteresis data, do not help to distinguish specimen NA18 from the others, although carrying a substantial fraction of strong coercivity magnetization. The hysteresis loops make it possible to locate the magnetite close to the borders of the multidomain and pseudo-single domain grains of the diagram of Day et al. (1977).

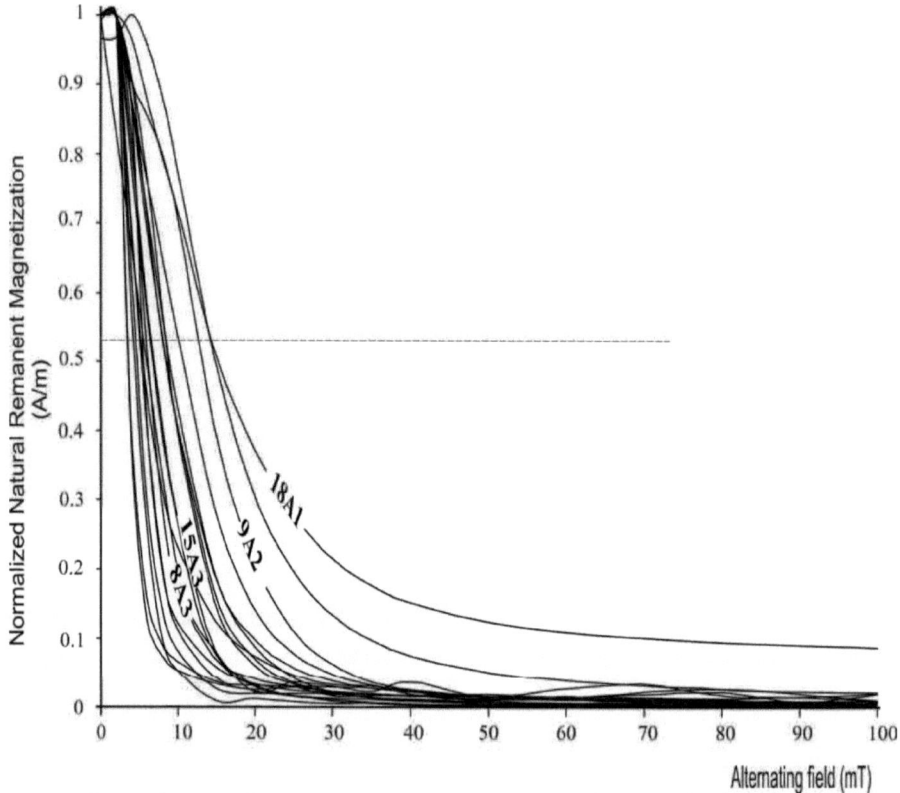

Figure V.12 : Normalized Natural Remanent Magnetization versus Alternating field (mT) of sample of each site.

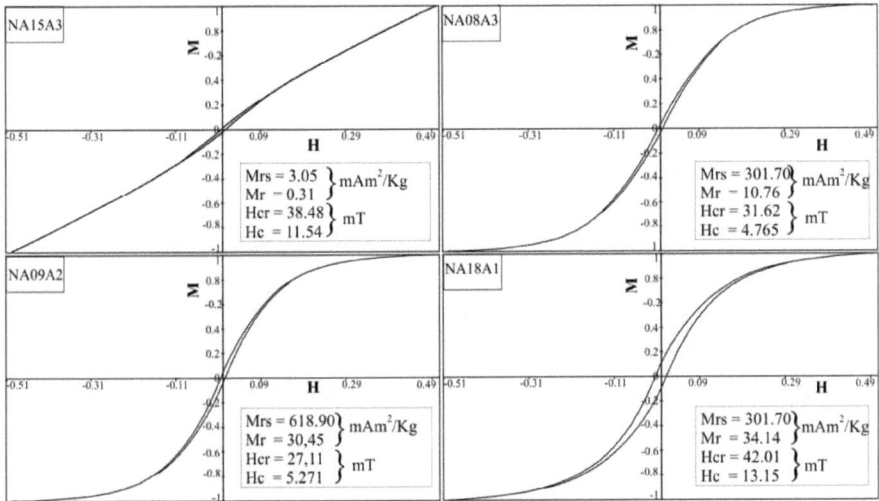

Figure V.13: Hysteresis loops for four selected samples of Naneni and hysteresis parameters : Mrs = remanent magnetization after saturation, Mr = saturation magnetization, Hc = coercivity, Hcr = coercivity of remanence.

IV.3. Magnetic fabrics. Firstly, we deal with AMS fabric like classically studied in granitoids. The magnetic lineations (Fig. V.14a) are mostly characterized by steep plunges to the north for 12 of the 19 sampling stations. The especially low plunges are observed at the the sites NA04 and NA11 (2° and 9°) located in the north-western angle of the pluton, where many enclaves of country rock are observed. In this zone, samples of the tonalitic "basement" at the vicinity of Naneni pluton provides a magnetic fabric very close to that of NA04 and NA11.

The average trend of the lineations in Naneni is around N11°, conformably to the long axis of the pluton. The foliations are everywhere steep in dips (59° to 90°) except in sites NA06, NA07 and NA15 whose dips are around 30° (Fig. V.14b). The average foliation strike and dip is N44°E 80°NW.

A lack of information (bad outcropping conditions) makes difficult a comparison between these fabrics and those of the country rocks. The weak accordance between the structures of Naneni and the tonalitic "basement" at the north can be attribute to shearing during the emplacement.

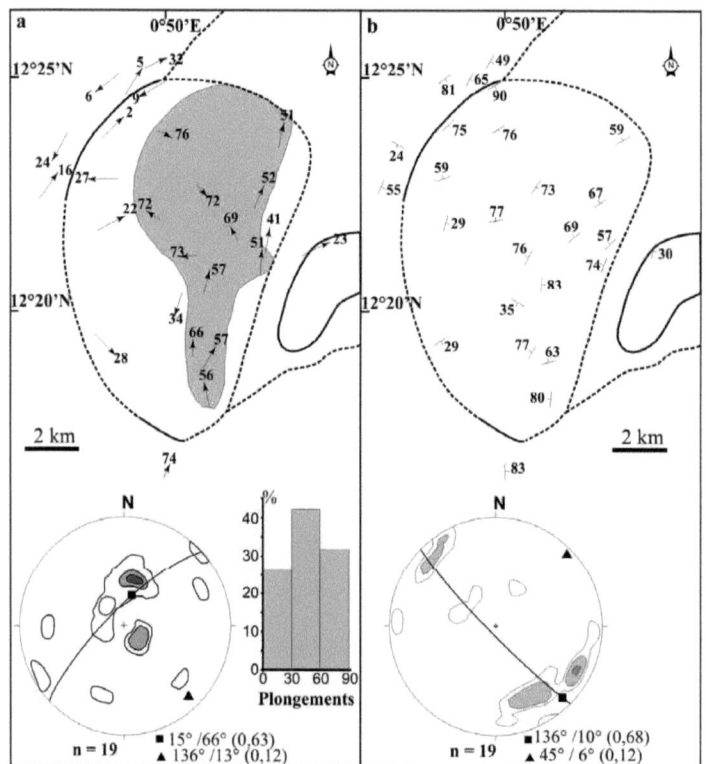

Figure V.14 : Mgnetic fabrics and orientation diagrams (equal area, lower hemisphere). a : Magnetic linéations, b : magnetic foliations.

In accordance with recent works highlighting the existence of different subfabrics characterized by different coercivities of the ferromagnetic fraction (Trindade et al. 1999, 2001), we measured the of the Anisotropy of Anhysteretic Remanence within two very different windows of the applied field : 0-5 mT (low coercitive fraction) and 50-100 mT (high coercitive fraction). This technique, called partial AAR (or pAAR), is described in Trindade et al. (2001). Six specimens were selected for these pAAR measurements (Fig. V.15). The anisotropy diagrams show that, the AMS axes are close to the vectors of partial remanence excepted for the specimen NA15, which has a very low ferromagnetic contribution, hence a large uncertainty in the pAAR measurement.

In conclusion the AMS fabric represents the magnetic fabric of all the grains, strongly suggesting that the observed microstructure derives from a single event.

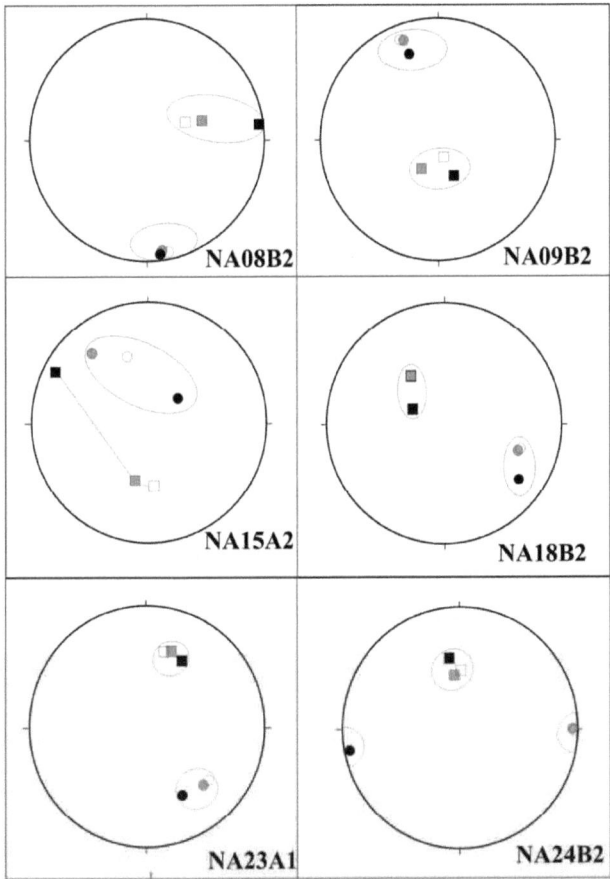

Figure V.15 : Orientation diagrams (equal area, lower hemisphere) for six selected samples. AMS axis (Kmax = open square and Kmin = open circle), pAAR 0-5 mT axis (Amax = grey square and Amin = grey circle) and pAAR 50-100 mT (Amax = dark square and Amin = dark square).

V- DISCUSSION AND CONCLUSION

Naneni pluton is a leucocratic syenogranite with A-type affinities. Its major and trace elements contents suggests that Naneni is a residual magma derived from the nearby Tenkodogo-Yamba pluton, TY (Naba et al., 2004) alignment by fractional crystallization, as modelled by mass balance calculations using major elements.

By the end of crystallization, Naneni has been modified by a hydrothermal fluid phase (likely of magmatic origin), which was responsible for the development of chlorite (after biotite) and epidote, as well as for enrichment in Y and HREE.

111

At all events, it was especially shown that, put aside the sample NA15A2 which has only a very weak ferromagnetic fraction, the studied samples have only one magnetic fabric. It is what show the diagrams almost superimposable of AMS and pAAR. In fact, the magnetic fabric of Naneni Pluton must be interpreted classically like all the fabrics of magnetite bearing granitoids studied up to now (St Blanquat et al., 1997; Grégoire et al., 1998...). The fabric of AMS coaxial with the shape fabric of magnetite like is shown by Gregoire et Al. (1995). In its turn, the shape fabric of magnetite is coaxial with the overall crystalline fabric of the rock (Archanjo et al., 1995). Lastly, the long axis of the granites crystals shape fabric faithfully reflects the direction of finished extension which affects granite at the moment of the recording of this fabric. It is thus completely reasonable to interpret the lineations of Naneni like expressing the rise to the top of the magma, solidified by crystallization.

The microstructures of Naneni are completely peculiar since, in the Eastern part of the pluton, magmatic and high temperature solid states and high strain microstructures telescope. Indeed, even if those are registered during the cooling of the Pluton, no field structural argument or microstructural argument in thin section, allow to dissociate from the magmatic episode, a second episode of deformation at high temperature solid state and a third episode at high strain, in the presence of an aqueous phase. Moreover, the fabrics are similar everywhere, in particular the lineations, and there are not magnetic subfabrics as one saw.

We conclude from it that Naneni pluton, secant in map vew on the structural framework of the area, corresponds to an injection solidified in the course of rise, of a magma penetrating between the metavolcanites and the birimian tonalitic "basement". This injection was probably carried out under strong pressure, which explains the density of primary minerals fractured. The fluids pressure, explaining the deterioration of plagioclases, biotites and even the crystallization of "small nests" of calcite. The microstructurale zonation in map shows well that the hydrothermalised rocks of Naneni are near the metavolcanites.

References

Archanjo, C.J., Launeau, P., Bouchez, J.L, 1995- Magnetic fabric vs. magnetite and biotite shape fabrics of the magnetite-bearing granite pluton of Gameleiras (Northeast Brazil). Phys. Earth Plan. Inter. 89, 63-75.

Bessoles, B., 1977. Géologie de l'Afrique. Le craton Ouest-Africain. Mémoires B.R.G.M., Paris, 88, 403 p.

Blichert-Toft, J., Rosing, M.T., Lesher, C.E., and Chauvel, C., 1995. Geochemical constraints on the origin of the Late Archaean Skjoldungen Alkaline Igneous Province, SE Greenland. J. Petrol., 36, 515-561.

Bonhomme, M., 1962. Contribution à l'étude géochronologique de la plate-forme de l'Ouest africain. Ann. Fac. Sci. Univ. Clermont-Ferrand, Géol Minéral 5, 62 p.

Borradaile, G.J., Henry, B., 1997. Tectonic applications of magnetic susceptibility and its anisotropy, Earth Sci. Rev., 42, 49-93.

Bos, P., 1967. Notice explicative de la carte géologique à 1/200000 de Fada N'gourma. Edit. B.R.G.M., Arch. D.G.M. Ouagadougou, 58 p.

Bouchez, J.L., 1997. Granite is never isotropic : an introduction to AMS studies of granitic rocks. In J.L. Bouchez, D.H.W. Hutton and W.E. stephens (eds.), Granite : from segregation of melt to emplacement fabrics, Kluwer Acad. Publ., Dordrecht, 1997, 95-112.

Bouchez, J.L., Delas, C., Gleizes, G., Nédélec, A. and Cuney, M., 1992. Submagmatic microfractures in granites. Geology, 20, 35-38.

Dawes, R.L., Evans, B.W., 1991. Mineralogy and geothermobarometry of magmatic epidote-bearing dikes, Front Range, Colorado. Geol. Soc. Am. Bull., 103, 1017-1031.

Day, R., Fuller, M.D., Schmidt, V.A., 1977. Hysteresis properties of titanomagnetites: grain size and composition dependance. Phys. Earth. Plan. Inter., 13, 260-267.

Gleizes, G., Bouchez, J.L., 1989. Le granite de Mont-Louis (zone axiale des Pyrénées) : anisotropie magnétique, structures et microstructures. C. R. Acad. Sci. Paris, 309, série II, 1075-1082.

Doumbia, S., Pouclet, A., Kouamelan, A., Peucat, J.J., Vidal, M., Delor, C., 1998 - Petrogenesis of juvenile-type Birimian (Paleoproterozoic) granitoids in central Côte-d'Ivoire, West Africa: geochemistry and geochronology. Precamb. Res., 87, (1-2), 33-63.

Gleizes, G., Leblanc, D., Santana, V., Olivier, P., Bouchez, J.L., 1998. Sigmoidal structure featuring dextral shear during emplacement of the Hercynian granite complex of Cauterets-Panticosa (Pyrenees), J. Struct. Geol., 20 (9-10), 1229-1245.

Grégoire, V., Saint-Blanquat (de), M., Nédélec, A., Bouchez, J.L., 1995. Shape anisotropy versus magnetic interactions of magnetite grains : experiments and application to AMS of granitic rocks, Geophys. Res. Lett. 24, 1819-1822.

Grégoire, V., Darrozes, J., Gaillot, P., Nédélec, A., Launeau, P., 1998. Magnetite grain shape fabric and distribution anisotropy vs rock magnetic fabric: a three-dimensional case study. J. Struct. Geol., 20 (**7**), 937–944.

Guillet P., Bouchez J.L., Wagner J.J., 1983. Anisotropy of magnetic susceptibility and magnetic structures in the Guérande granite massif (France). Tectonics, 2 (5), 419-429.

Hottin, G., Ouédraogo, O.F., 1975. Notice explicative de la carte géologique à 1/1000 000 du Burkina Faso. Edit. B.R.G.M., Arch. D.G.M. Ouagadougou, 58 p.

Hutton, D.W.M., 1988. Granite emplacement mechanisms and tectonic controls : inferences from deformation studies. Trans. Royal Soc. Edinburgh : Earth Sciences, 79, 245-255.

Jahn, B.M., Wu, F., Capdevila, R., Martineau, F., Zhao, Z.H., Wang, Y.X., 2001. Highly evolved juvenile granites with tetrad REE patterns: the Woduhe and Baerzhe granites from the Great Xing'an Mountains in NE China. Lithos, 59, 171–198.

Jelinek, V., 1981. Characterization of the magnetic fabrics of rocks, Tectonophysics, 79, 63-67.

Leake, B.E., Wooley, A.R., Arps, C.E.S., Birth, W.D., Gilbert, M.C., Grice, J.D., Hawthorne, F.C., Kato, A., Kisch, H.J., Krivovichev, V.G., Linthout, K., Laird, J., Mandarino, J., Maresch, W.V., Nickel, E.H., Rock, N.M.S., Schumacher, J.C., Smith, J.C., Stephenson, N.C.N., Ungaretti, L., Whittaher, E.J.W. and Youzhi, G., 1997. Nomenclature of amphiboles report of the subcommitee on amphiboles of the international mineralogical association commission on new minerals and mineral names. Eur. J. Mineral., 9, 623-651.

Liégeois, J.P., Claessens, W., Camara, D., Klerkx, J., 1991. Short-lived Eburnian orogeny in southern Mali. Geology, tectonics, U-Pb and Rb-Sr geochronology. Precamb. Res., 50, 111-136.

Mineyev, D.A., 1963. Geochemical differentiation of the rare earths. Geochemistry, 12, 1129-1149.

Mintsa Mi N'guema, T., Trindade, R.I.F., Bouchez, J.L., Launeau, P., 2002. Selective thermal enhancement of magnetic fabrics from the Carnmenellis granite (British Cornwall). Phys. Chem. Earth, 27, 1281-1287.

Naba, S., Lompo, M., Debat, P., Bouchez, J.L., Béziat, D., 2004. Structure and emplacement model for late-orogenic Paleoproterozoic granitoids : the Tenkodogo-Yamba elongate pluton (Eastern Burkina Faso). J. Afr. Earth Sci., 38, 41-57.

Paterson, S.R., Vernon, R.H., Tobisch, O.T., 1989. A review for the identification of magmatique and tectonic foliations in granitoids. J. Struct. Geol., 11(3), 349-363.

Pons, J., Barbey, P., Dupuis, D., Léger, J.M., 1995. Mechanism of plutons emplacement and structural evolution of a 2.1 Ga juvenile continental crust : the Birimian of southwestern Niger. Precamb. Res., 70, 281-301.

Rickwood, P.C., 1989. Boundary lines within petrologic diagrams which use oxides of major and minor elements. Lithos, 22, 247-263.

Rochette, P., 1987. Magnetic susceptibility of the rock matrix related to magnetic fabric studies. J. Struct. Geol., 9, 1015-1020.

Saint-Blanquat (de), M., Tikoff, B., 1997. Developpment of magmatic to solid-state fabrics during syntectonic emplacement of the Mono Creek granite, Sierra Nevada Batholith. In : Bouchez, J.L. et al. (eds.), Granite : from segregation of melt to emplacement fabrics, Kluwer Acad. Publ., Dordrecht, 1997, 231-252.

Shand, S.J., 1947. Eruptive rocks. T. Murby, London (revised 3rd ed.), 488 pp.

Stormer, J.C., Nicholls, J., 1978. XLFRAC: a program for the interactive testing of magmatic differentiation models. Computers and Geoscience, 4, 153-159.

Sun, S.S., Mc Donough, W.F., 1989. Chemical and isotopic systematics of oceanic basalts : implications for mantle composition and processes. In : Sanders, A.D., Norry, M.J. (eds.), Magmatism in the Ocean basins, 42. Geological Society Special Publication, 313-345.

Trindade, R.I.F., Bouchez, J.L., Bolle, O., Nédélec, A., Peschler, A., Poitrasson, F., 2001. Secondary fabrics revealed by remanence anisotropy : methodological study and examples from plutonic rocks, Geophys. J. Int., 147, 310-318.

Trindade, R.I.F., Raposo, M.I.B, Ernesto, M., Siqueira, R., 1999. Magnetic susceptibility and anhysteretic remanence anisotropies in the magnetite-bearing granite pluton of Tourão, NE Brazil, Tectonophysics, 314, 443-468.

Whalen, J.B., Curie, K.L., Chappell, B.W., 1987. A-type granites : geochemical characteristics, discrimination and petrogenesis. Contrib. Mine. Petr., 95, 407-419.

CHAPITRE VI

DISCUSSION ET CONCLUSION

Les études de géochimie et de radiochronologie entreprises par différentes équipes depuis le début des années 1990 (Abouchami et al., 1990 ; Boher et al., 1992 ; Hirdes et al., 1996 ; Doumbia et al., 1998 pour les principales) ont permis de faire la lumière sur les contextes de mise en place et les filiations entre les différentes familles de roches qui constituent la croûte juvénile Paléoprotérozoïque de l'Afrique de l'Ouest. Une question non encore élucidée est la nature des régimes tectoniques qui ont prévalu au Paléoprotérozoïque. Ces régimes tectoniques ne peuvent être compris que si l'on dispose de données structurales fiables accompagnées d'une bonne définition du contexte rhéologique. Ainsi, on peut essayer de se positionner par rapport aux deux grandes tendances d'idées qui s'opposent actuellement. La première rapproche la tectonique paléoprotérozoïque de celle, relativement bien connue, de l'Archéen où les forces de volume dominent avec montée diapirique des plutons, accommodée par la "sagduction" des roches vertes et le raccourcissement régional (Bouhallier et al., 1995 ; Chardon et al., 1998, 2002 ; Bédard et al., 2003). La seconde préconise une tectonique des plaques déjà active au Paléoprotérozoïque avec des processus de collision et de subduction.

A l'instar de tout le domaine paléoprotérozoïque d'Afrique de l'Ouest, les deux tiers du Burkina Faso sont couverts de granitoïdes d'âge paléoprotérozoïque. Deux générations de granitoïdes apparaissent clairement, séparées dans le temps par une cinquantaine de millions d'années. L'une, de type TTG et foliée, mise en place vers 2,2 Ga (les granito-gneiss des anciens: ~ 70% des granitoïdes), l'autre franchement granitique, mise en place vers 2,15 Ga et qui recoupe tous les autres terrains. Ce sont ces derniers, apparemment non structurés, que nous avons étudié pour tenter de caractériser le contexte rhéologique de leur mise en place. L'analyse structurale et microstructurale de ces granites, met en évidence des secteurs importants où les linéations magmatiques sont verticales. L'une de ces zones sera analysée en détail dans l'un des paragraphes suivants.

VI.1. Composition et origine des plutons

Les granites de Tenkodogo-Yamba et de Kouaré présentent beaucoup de similitudes pétrographiques et géochimiques. Le magma de ces intrusions s'est probablement formé à partir de la fusion partielle d'un même matériel d'origine. Par analogie avec les données isotopiques obtenues sur d'autres granites du même type en Côte d'Ivoire (Hirdes et al., 1996, Doumbia et al., 1998), le protolithe est très probablement l'encaissant TTG lui-même (Bédard et al., 2003). Le granite de Nanéni, plus évolué que les précédents comme l'indique son taux de silice nettement plus élevé, semble faire exception, mais ses caractères géochimiques restent compatibles avec l'hypothèse qu'il pourrait résulter de la cristallisation fractionnée de granites comme ceux de l'alignement. Malheureusement, ce pluton n'est pas encore daté, mais tout indique que sa mise en place est encore plus tardive que celle des granites (la datation U/Pb à la sonde ionique sur zircons est actuellement en cours au Japon).

VI.2. Données magnétiques

La particularité des granites du Burkina Faso oriental est qu'on y trouve à la fois des granites paramagnétiques (Km ≤ 500 µSI) et des ferrimagnétiques (Km > 500 µSI). La coexistence des deux types de comportement montre que la distribution de la magnétite porteuse de l'aimantation ferrimagnétique (Fig. VI.1) est hétérogène. La susceptibilité des granites de l'alignement, de Kouaré et de Nanéni va d'environ 1 µSI à plus de et 30 10^{-3} SI, soit une gamme d'environ quatre ordres de grandeur, mais on note toutefois, que les granites ferrimagnétiques sont les plus nombreux, comme le montre l'histogramme de la figure VI.2.

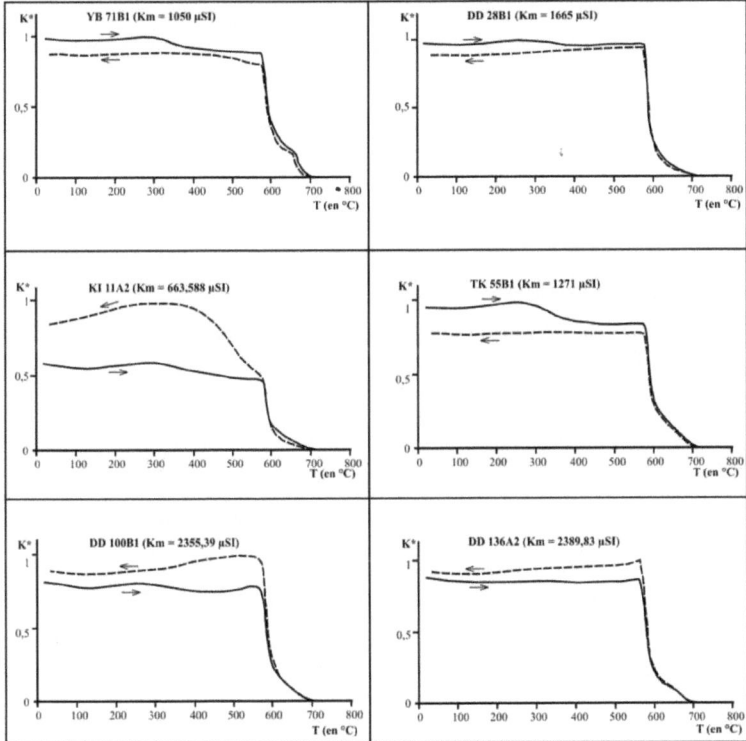

Figure VI.1 : Graphes de la susceptibilité en fonction de la température. K* est la valeur normalisée à la susceptibilité maximale de l'échantillon au cours du chauffage (courbe en trait plein) et du refroidissement (courbe en pointillés). Km est la susceptibilité moyenne de l'échantillon mesurée à température ambiante.

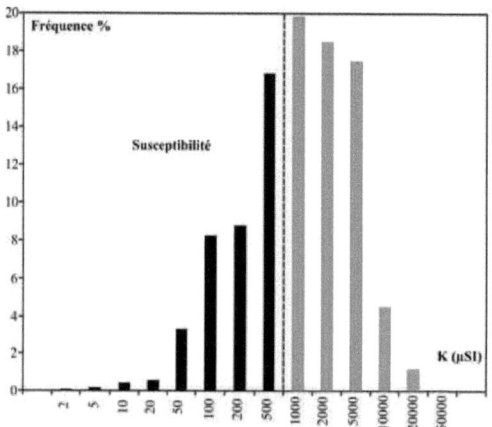

Figure VI.2 : Fréquence des valeurs de susceptibilité des granites étudiés, avec distinction entre granites paramagnétiques (sans magnétite ; en noir) et ferrimagnétiques (à magnétite ; grisé).

L'abondance très variable de la magnétite dans ces granites est également perçue à travers les valeurs de l'aimantation rémanente naturelle qui varie entre $1,5 \times 10^{-5}$ et 34,1 A/m soit sur plus de six ordres de grandeur. Les valeurs d'aimantation les plus fréquentes sont comprises entre 0,1 et 10 A/m avec un maximum à 0,5 A/m (Fig. VI.3).

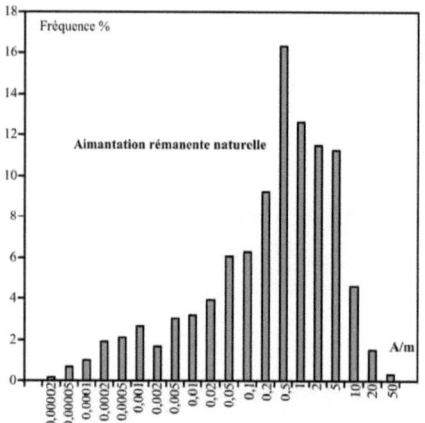

Figure V.3 : Fréquence des valeurs de l'aimantation rémanente naturelle des granites étudiés

La proportion relative des aimantations naturelles (Jr) et induite sous champ terrestre (Ji) est une donnée importante pour l'interprétation des anomalies magnétiques (Girdler and Peter, 1960) relevées par les mesures du champ magnétique total. Au Burkina Faso oriental, le champ géomagnétique a une valeur d'environ 33 µT. Le facteur de Koenigsberger, qui exprime la proportion relative des deux types d'aimantation, est supérieur à 1 dans la majorité des cas (environ 86 %) et montre que l'aimantation rémanente domine sur l'aimantation induite. Enfin, on note qu'il existe une corrélation linéaire entre la susceptibilité magnétique et l'aimantation rémanente (Fig. VI.4), traduisant le fait que, au-delà d'environ 500 µSI, la présence de magnétite accroît à la fois la susceptibilité et l'aimantation rémanente.

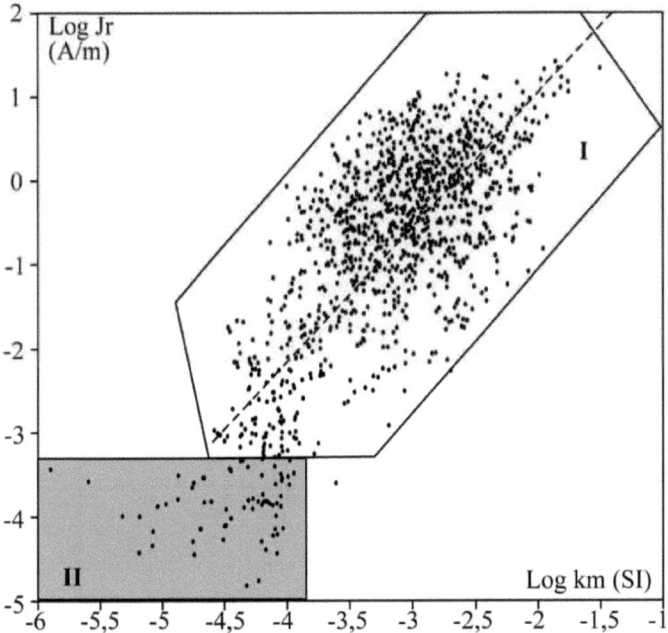

Figure VI.4 : Relation entre aimantation rémanente naturelle et susceptibilité magnétique. I : domaine des granites à magnétite ("ferrimagnétiques") ; II : domaine des granites sans magnétite ("paramagnétiques").

Les fabriques magnétiques d'ASM sont comparables pour les trois ensembles plutoniques étudiés. Dans chaque pluton on observe des foliations subverticales et dont les directions sont homogènes par secteur. Plus remarquable est le pourcentage élevé de linéations à très fort plongement : les linéations à plongement supérieur à 60° s'observent dans environ 45% de nos sites de mesure linéations pour l'alignement et pour Kouaré, et dans environ 30% des sites pour Nanéni (Fig. VI.5). Celles-ci se groupent en secteurs qui, par rapprochement avec d'autres études (Vigneresse et Bouchez, 1997), sont interprétés comme étant des zones de racine de ces plutons. Ces linéations redressées fournissent une image du granite figé lors de son ascension.

Au contraire, les linéations à plongement inférieur à 30° traduisent la direction (subhorizontale) de l'extension subie par le magma granitique au cours de sa mise en place une fois que l'ascension du magma a pris fin. Dans le cas de Nanéni, les linéations peu pentées (26 %) ont des orientations apparemment aléatoires. Dans les deux autres cas (21% dans l'alignement et 32% à Kouaré), les linéations à faible plongement ont une direction moyenne NNE-SSW très marquée que nous relions à l'existence d'un cisaillement transcurrent de l'ensemble encaissant-granite. Dans le cas de Kouaré (Vegas et al., sous presse), où nous pensons que la croûte était encore molle (voir ci-dessous), cette déformation cisaillante a été analysée comme peu localisée et sénestre selon une direction subméridienne. Dans le cas de l'alignement Tenkodogo-Yamba (Naba et al., 2004), qui se met en place dans une croûte fragile déjà refroidie, le cisaillement est analysé comme étant localisé et dextre selon une direction NE-SW.

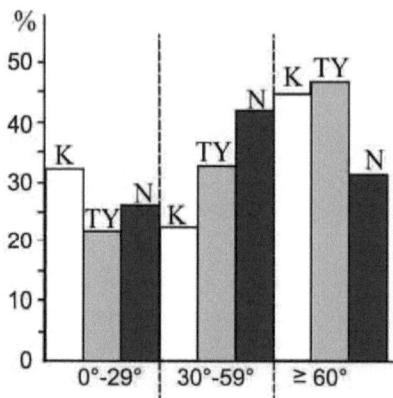

Figure VI.5 : Fréquence des valeurs de plongements de linéations dans les granites de Tenkodogo-Yamba (TY), de Kouaré (K) et de Nanéni (N).

L'existence d'une éventuelle fabrique secondaire due à la circulation hydrothermale tardi-magmatique a été évaluée à partir de 14 échantillons caractéristiques bien répartis sur l'ensemble des plutons de l'alignement et de Kouaré. Le choix des fenêtres de coercivité a été effectué à partir des spectres de désaimantation et des graphes de Zijdervel. On constate que les fabriques d'ASM et d'ARM dans les fenêtres de 4 à 8 mT et de 12 à 80 mT sont quasiment coaxiales (Fig. VI.6) ce qui montre qu'elles ont été acquises au cours d'un événement unique, celui de la mise en place des plutons.

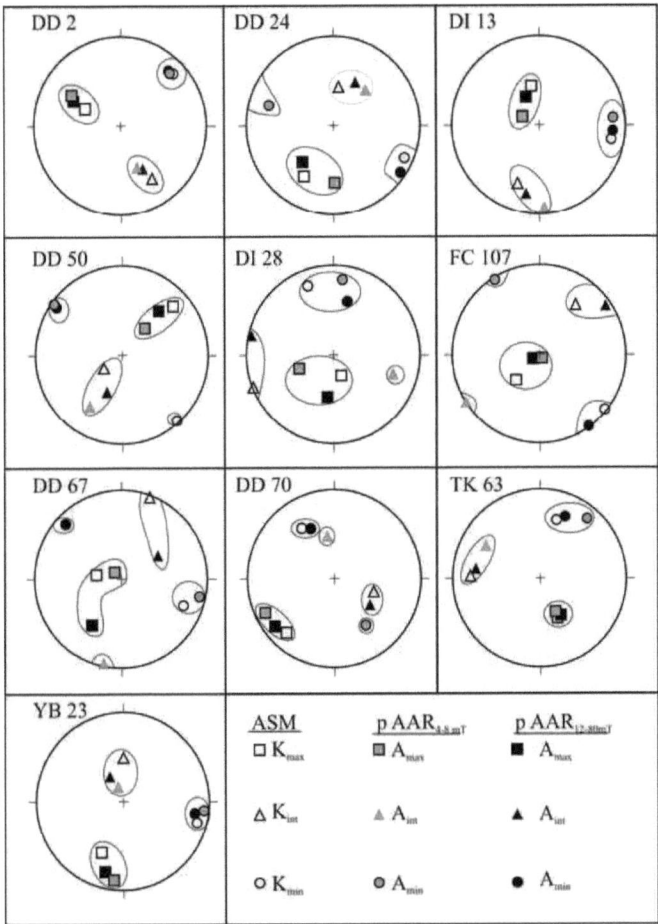

Figure VI.6 : Diagramme d'orientation (hémisphère inférieur) des axes d'ASM, de pAAR$_{4\text{-}8mT}$ et de pAAR$_{12\text{-}80mT}$. Kmax, Kint et Kmin sont les axes maximum, intermédiaire et minimum d'ASM respectivement. Amax, Aint et Amin sont les axes maximum, intermédiaire et minimum de pAAR respectivement.

VI.3. Anatomie d'une zone de racine

L'abondance et l'importance des surfaces apparemment occupées par des linéations fortement plongeantes nous posent question quant à la structure de la plomberie et quant au niveau structural atteint par le magma (et donc les conditions P, T dans l'encaissant) permettant les transferts de matière vers le haut. Il était donc important d'essayer de raffiner la cartographie d'une telle zone de racine. Pour atteindre notre objectif, la maille d'échantillonnage a été resserrée (~1 km x 1 km ou moins) autour de deux des zones à linéations fortement plongeantes (Fig. VI. 7, et annexe 3) du pluton de Diabo appartenant à l'alignement TY. Ces zones ont été choisies pour la disponibilité des affleurements et leur relative facilité d'accès. Les observations de terrain montrent que fait rarissime, dans certaines zones, la foliation sub-verticale est bien visible suivant une direction N170°E, et dans ce plan, les enclaves co-magmatiques plongent d'environ 65° vers le Sud (Fig. VI.8 ; site DI46 : X = 0,10551° E ; Y = 12,12961°N). L'examen des microstructures montre qu'elles sont acquises à l'état magmatique, comme d'ailleurs dans la plupart des cas sur l'alignement Tenkodogo-Yamba.

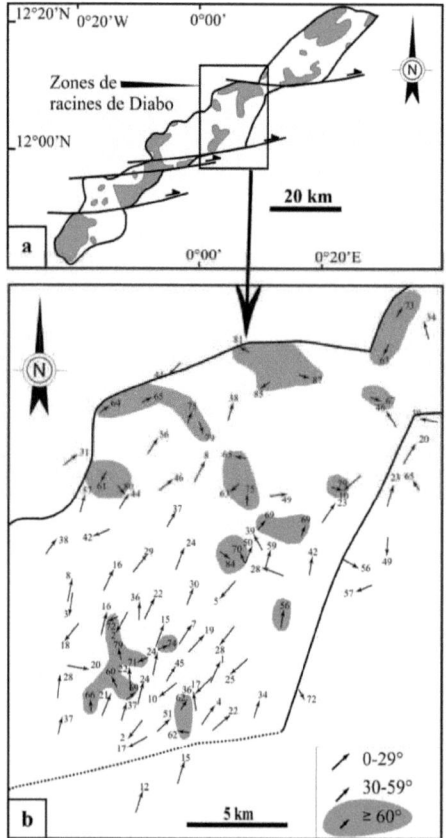

Figure VI.7 : Structure d'une zone de racine. a : situation du secteur étudié (pluton de Diabo). Les secteurs en grisé correspondent aux endroits où les linéations ont un plongement ≥ 60° ; b : Après resserrement de la grille d'échantillonnage, on constate que les zones de racine consistent en un ensemble de petites surfaces de quelques km^2.

Figure VI.8 : Enclaves co-magmatiques (riches en biotite) marquant la linéation. a : L'allongement des enclaves co-magmatiques souligne le fort plongement de la linéation vers le SW ; perpendiculairement à cette linéation, des fractures d'extension, remplies de microgranite. b : vue, vers le Nord, en section perpendiculaire à la foliation sur un affleurement voisin.

Un examen de détail de ces zones à linéations fortement plongeantes montre qu'elles ne se poursuivent pas au-delà de un à deux kilomètres de distance. Cette observation permet d'envisager qu'une zone de racine identifiée à l'aide d'un maillage kilométrique ou plus (cas des cartes structurales de ce mémoire) est en réalité constituée d'une multitude de petits tuyaux de largeur n'excédant pas 2 kilomètres de diamètre. Cette discrétisation des zones de transfert, ainsi que le court laps de temps qui sépare probablement les différentes remontées sont peut être à l'origine de l'hétérogénéité (granulométrie, couleur) des faciès de granite observés sur un même secteur (Fig. VI.9) et même de l'hétérogénéité de la susceptibilité. Le contact souvent assez franc entre deux faciès peut laisser penser qu'il existe deux épisodes indépendants de mise en place. Pourtant les mesures ASM montrent que l'orientation de la fabrique est identique dans les deux faciès, aux imprécisions des mesures près. Nos analyses chimiques ou à la microsonde montrent également que les minéraux (biotite et plagioclase) ont des compositions très voisines dans les deux cas.

C'est cette mise en place caractérisée par plusieurs petites poussées magmatiques et le comportement fragile de l'encaissant, qui justifient la présence d'enclaves anguleuses de toutes tailles (cm – hm) dans le granite à biotite.

VI.4. Contexte rhéologique de la mise en place des plutons

Les travaux de Vegas et al. (sous presse), intégrant les fabriques magnétiques, les microstructures et les observations de terrain, ont proposé que le massif sub-circulaire de Kouaré se soit mis en place dans un contexte d'interférence entre poussée diapirique, liée à l'écoulement du magma vers le haut, et tectonique transcurrente de direction subméridienne. Un mode de mise en place proche de ce modèle a déjà été proposé par Pons et al. (1995) pour la granodiorite de Téra-Ayorou au Niger. Dans notre cas, ceci dérive de la constatation que l'encaissant de Kouaré était encore un peu mou, ou qu'il a été suffisamment réchauffé, lors de la mise en place du pluton. C'est ce qu'indique la structuration commune du pluton de Kouaré avec son encaissant immédiat, c'est-à-dire sur le premier kilomètre à partir du contact.

La ductilité de la croûte autour du pluton de Kouaré est surtout visible au Sud de ce massif où Vegas et al. (sous presse) signalent une migmatisation naissante de l'encaissant tonalitique, là où il est imprégné de nombreux filons de granite. Cette migmatisation est naturellement attribuée à l'effet thermique du granite de Kouaré lui même, ainsi qu'à celui de Ouargaye situé immédiatement au Sud et considéré comme (sub-)contemporain du pluton de Kouaré. Cette ductilité de la croûte se traduit surtout par le plissement de l'encaissant, suivant une longueur d'onde pluri-kilométrique (Fig. III.3) et qui paraît indissociable de la mise en place, à la fois de ces deux plutons (Kouaré et Ouargaye) et de l'activité des zones de cisaillement subméridiennes. L'axe fortement plongeant de ce plissement, ainsi que les linéations redressées observées dans l'encaissant immédiat de Kouaré (Fig. III.4) et dans le pluton lui-même, constituent de forts arguments pour une poussée vers le haut du magma à travers sa couverture qu'il a réchauffée et qui a pu être entraînée vers le bas par compensation de masse. La ductilité de l'encaissant reste cependant localisée puisqu'on observe, en particulier au Nord et à l'Ouest du pluton, de nombreuses enclaves anguleuses de l'encaissant tonalitique. On conclut que cet encaissant tonalitique était déjà largement refroidi lorsque le pluton de Kouaré s'est mis en place. L'état rhéologique de la croûte au moment de la mise en place de Kouaré devait, en effet, être fragile à courte distance pour fournir des enclaves anguleuses dans le granite (Fig. VI.10a) et relativement souple à grande échelle pour permettre ces plis à très grand rayon de courbure (Fig. VI.10b).

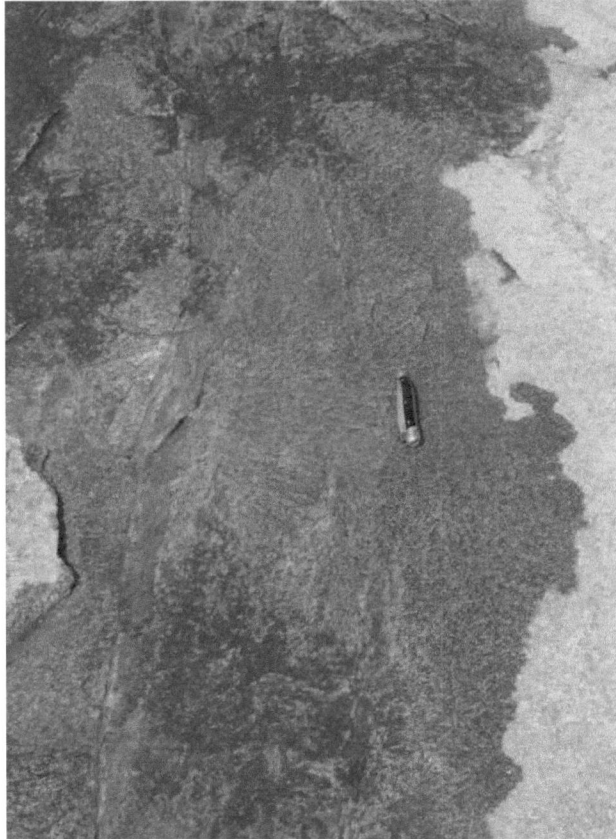

Figure VI.9 : Deux faciès du granite à biotite dans le pluton de Diabo. Le faciès rose et à grain fin recoupe le faciès gris et un peu plus grossier. Les deux faciès ont, cependant, la même fabrique d'ASM.

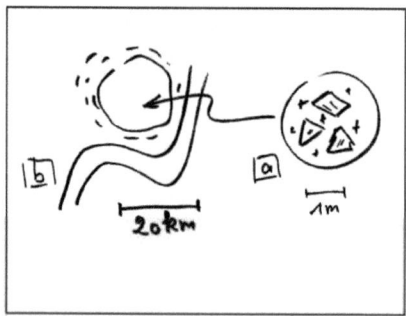

Figure VI.10 : Etat rhéologique de la croûte lors de la mise en place du pluton de Kouaré. a : à "courte distance", l'encaissant de Kouaré se retrouve en enclaves anguleuses dans le pluton. b : à grande échelle, le plissement de longueur d'onde plurikilométrique de Kouaré indique que la croûte connaît encore une certaine souplesse.

Quant au comportement rhéologique de la croûte au moment de la mise en place des plutons de l'alignement Tenkodogo-Yamba, le caractère sécant des foliations de l'encaissant, à la fois sur le contact granite-encaissant et à fortiori les structures internes du granite, prouve que cet encaissant était refroidi lors de la mise en place des granites. L'observation, à plusieurs endroits, de morceaux anguleux de xénolites d'encaissant dans le granite (Fig. VI.11) prouve que cet encaissant était effectivement cassant.

Naba et al. (2004) ont proposé que les granites de l'alignement se soient mis en place dans des fentes de tension de l'encaissant TTG, au cours d'un mouvement décrochant de sens dextre et de direction NE-SW, parallèle à l'alignement TY. Le sens dextre de décrochement est justifié par l'orientation NNE-SSW des foliations subhorizontales dans l'alignement. Ces fentes, d'abord isolées et situées au droit des zones d'alimentation, deviennent ensuite coalescentes en même temps que le cisaillement évolue.

Enfin, le pluton isolé de Nanéni s'est également mis en place dans un encaissant fragile. Ses xénolites anguleux d'encaissant l'attestent également. Ses microstructures, où déformation magmatique et déformation à l'état solide co-existent, et ses linéations en majorité (63 %) subverticales (plongement supérieur à 45°) groupées en un domaine allongé selon l'axe N-S du pluton, suggèrent que le magma de Nanéni s'est injecté sous forte pression et s'est insinué dans une fente ménagée entre le socle TTG et les roches métavolcaniques de l'encaissant oriental. Ce magma se serait déformé tout au long de sa cristallisation, passant rapidement par tous les stades microstructuraux. Ceci suppose que le magma s'est refroidi très rapidement. Sa mise en place est vraisemblablement postérieure à celle des plutons précédents. Nous attendons confirmation de cette conclusion par la mesure (en cours) de son âge.

Figure VI.11 : Les témoins de la mise en place des granites à biotite dans un encaissant fragile. a : l'encaissant trondhjémitique est recoupé par un filon basique, puis l'ensemble recoupé par le granite de Tenkodogo ; b : l'encaissant de tonalite recoupé par des filons du granite de Tenkodogo ; c : enclaves anguleuses de la trondhjémite dans le granite de Tenkodogo.

En conclusion, le socle paléoprotérozoïque du Burkina Faso est passé en une cinquantaine de millions d'années, de la fusion partielle généralisée lors de la mise en place des TTG (>700°C) à une température où les roches se comportent de façon parfaitement cassante (< 400°C), ce qui fait une décroissance thermique majeure d'au moins 6° par million d'années. Cette valeur n'est qu'une moyenne sans toutefois oublier que le niveau de mise en place des TTG n'est pas le même que celui des granites à biotite. Mais nous ne disposons pas de données suffisamment précises sur le niveau de mise en place des granites à biotite pour trancher définitivement ce problème.

VI.5. Rôle des cisaillements

Nul doute que la déformation cisaillante est associée à la mise en place des plutons, en particulier pour l'ouverture de fentes de tension (alignement TY; Naba et al., 2004) ou de volumes dilatants plus importants encore, comme le soutiennent Vegas et al. (sous presse) pour la mise en place de Kouaré. Les linéaments NNE-SSW (autour de Kouaré) à NE-SW (autour de l'alignement), bien visibles sur la carte aéromagnétique du Burkina Faso oriental (Hein, 1998 ; Fig. III.3), se poursuivent sur des centaines de kilomètres. Dans le cas de Kouaré, Vegas et al. (sous presse) pensent que les grands plis de l'encaissant à très grand rayon de courbure, bien marqués sur la carte aéromagnétique, sont attribuables à un rebroussement de "sens sénestre" apparent d'une fraction importante de la croûte. Ce type de déformation de la croûte avec un plissement à grand rayon de courbure et, apparemment, avec des axes de plis verticaux, suggère que cette croûte était beaucoup plus mince qu'actuellement.

Dans le cas de l'alignement Tenkodogo-Yamba, Naba et al. (2004) argumentent un sens dextre pour le fonctionnement du cisaillement contemporain de sa mise en place. Nous avons réconcilié cette apparente contradiction entre un sens dextre et un sens senestre, en considérant que les zones de cisaillement NNE, les plus précoces, ont fonctionné de façon sénestre et avec une forte composante verticale (mise en place de Kouaré), avant d'être reprises en dextre avec une forte composante horizontale (mise en place de l'alignement). Cette chronologie a déjà été suggérée par Milési et al. (1992) et est confirmée par les âges à 2128 ± 6 Ma et à 2117 ± 6 Ma de Kouaré et de l'alignement Tenkodogo-Yamba, respectivement. Des travaux de détail en relation avec l'imagerie aéromagnétique sont devenus indispensables pour mieux cerner les chronologies relatives dans tout le Burkina Faso oriental.

VI.6 Conclusion générale

L'approche ici utilisée est celle de l'étude des propriétés magnétiques des granitoïdes. Celles-ci contraignent l'interprétation des données du magnétisme aéroporté disponibles sur la région. Les fabriques magnétiques nous permettent, à travers le mode de mise en place que l'on peut en déduire, de proposer une chronologie relative des granites de seconde génération, qui concorde bien avec les âges absolus disponibles. Au plan rhéologique, nous montrons que les trois plutons étudiés, à pétrographie et géochimie voisines, se sont mis en place dans des conditions rhéologiques voisines. Ainsi, le socle granodioritique de type TTG, daté vers 2200 Ma était-il déjà largement refroidi lorsque les premiers magmas granitiques de seconde génération, datés vers 2130 Ma, se sont mis en place. Ceci fournit des contraintes sur la structure de la croûte du craton ouest-africain au Paléoprotérozoïque.

Bibliographie

A

Abouchami, W., Boher, M., Michard, A., Albarède, F., 1990. A major 2.1 Ga old event of mafic magmatism in West Africa : an early stage of crustal accretion. J. Geophys. Res., 95, 17607-17629.

Ama-Salah, I., Liégeois, J.P., Pouclet, A., 1996. Evolution d'un arc insulaire océanique birimien précoce au Liptako nigérien Sirba: géologie, géochronologie et géochimie. J. Afr. Earth Sci., 22, 235-254.

Améglio, L., Vigneresse, J.L., Bouchez, J.L., 1997. Granite pluton geometry and emplacement mode inferred from combined fabric and gravity data. In J.L. Bouchez, D.H.W. Hutton and W.E. stephens (eds.), Granite : From Segregation of Melt to Emplacement Fabrics. Kluwer Acad. Publ., Dordrecht, 1997, 199–214.

Archanjo, C.J., Launeau, P., Bouchez, J.L., 1995. Magnetic fabric versus magnetite and biotite shape fabrics of the magnetite-bearing granite pluton of Gameleiras Northeast Brazil. Phys. Earth Plan. Inter. 89, 63-75.

Arnould, A., 1961. Etude géologique des migmatites et des granites précambriens du Nord-Est de la Côte d'Ivoire et de la Haute-Volta méridionale. Rapp. Dir. Géol. Prosp. Min., Abidjan, B.R.G.M., Mém. 3, 175 p.

Arzi, A., 1978. Critical phenomena in the rheology of partially melted rocks. Tectonophysics, 44, 173-184.

B

Bard, J.P., 1974. Remarques à propos de l'évolution géotectonique du craton ouest Africain en Côte d'Ivoire. C. R. Acad. Sci. Paris, 278, 2405-2408.

Barker, F., 1979. Trondhjemites, dacites and related rocks. In Developments in Petrology. Elsevier, New York, 6, 659 p.

Bassot, J. P., 1966. Etude géologique du Sénégal oriental et de ses confins Guinéo-Maliens. Mém. B.R.G.M., 40, 332 pp.

Bédard, J.H., Brouillette, P., Madoreb, L., Berclaz, A., 2003. Archaean cratonization and deformation in the northern Superior Province, Canada: an evaluation of plate tectonic versus vertical tectonic models. Precamb. Res. 127, 61-87.

Benn, K., Rochette P., Bouchez, J.L., Hattori, K., 1993. Magnetic susceptibility, magnetic mineralogy and magnetic fabrics in a late Archean granitoid-gneiss belt. Precamb. Res., 63, 59-81.

Benn, K., Paterson, S.R., Lund, S.P., Pignotta, G.S., Kruse, S., 2001. Magmatic fabrics in batholiths as markers of regional strains and plate kinematics: example of the Cretaceous Mt. Stuart batholith. Phys. Chem. Earth, 26, 343–354.

Berton, Y., 1964. Prospection aéroportée du périmètre de Fada N'Gourma : reconnaissance au sol. Edit. B.R.G.M., Arch. D.G.M. Ouagadougou, 114 p.

Bessoles, B., 1977. Géologie de l'Afrique : le craton Ouest Africain, Mém. B.R.G.M., Orléans, 88, 403 p.

Beziat, D., Bourges, F., Debat, P., Lompo, M., Martin, F., Tollon, F., 2000. A Paleoproterozoic ultramafic-mafic assemblage and asociated volcanic rocks of the Boromo greenstone belt : fractionates originating from island-arc volcanic activity in the West African craton. Precamb. Res., 101, 25-47.

Bleeker, W., 2003. The late Archean record : a puzzle in ca. 35 pieces Lithos,71, 99-134.

Blenkinsop, T., Schmidt Mumm, A., Kumi, R., Sangmor, S., 1994. Structural geology of the Ashanti Gold Mine. Geologisches Jahrbuch, Reihe D, Heft 100, 131-153.

Blichert-Toft, J., Rosing, M.T., Lesher, C.E., and Chauvel, C., 1995. Geochemical constraints on the origin of the Late Archaean Skjoldungen Alkaline Igneous Province, SE Greenland. J. Petrol., 36, 5 1 5 -561.

Blumenfeld, P., Mainprice, D., Bouchez, J.L., 1986 C-slip in quartz from subsolidus deformed granite. Tectonophysics 127, 97-115.

Boher, M., Abouchami, W., Michard, A., Albarède, F., Arndt, N.T., 1992. Crustal growth in West Africa at 2.1 Ga. J. Geophys. Res. 97, 345-369.

Bonhomme, M., 1962. Contribution à l'étude géochronologique de la plate-forme de l'Ouest africain. Ann. Fac. Sci. Univ. Clermont-Ferrand, Géol. Minéral 5, 62 p.

Borradaile, G.J., Henry, B., 1997. Tectonic applications of magnetic susceptibility and its anisotropy. Earth Sci. Rev., 42, 49-93.

Bos, P., 1967. Notice explicative de carte géologique à 1/200 000 de Fada N'Gourma. Edit. B.R.G.M., Arch. D.G.M. Ouagadougou, 58 p.

Bouchez, J.L., Delas, C., Gleizes, G., Nédélec, A. and Cuney, M., 1992. Submagmatic microfractures in granites. Geology, 20, 35-38.

Bouchez, J.L., Gleizes, G., Djouadi, T. and Rochette, P., 1990. Microstructure and magnetic susceptibility applied to emplacement kinematics of granites : the examples of the Foix pluton (French Pyrenees). Tectonophysics, 184 : 157-171.

Bouchez, J.L., 1997. Granite is never isotropic : an introduction to AMS studies of granitic rocks. In J.L. Bouchez, D.H.W. Hutton and W.E. stephens (eds.), Granite : from segregation of melt to emplacement fabrics, Kluwer Acad. Publ., Dordrecht, 1997, 95-112.

Bouchez, J.L., 2000. Anisotropie de susceptibilité magnétique et fabrique des granites. C. R. Acad. Sci. Paris, Earth Plan. Sci. 330, 1-14.

Bouhallier, H., Chardon, D., Choukroune, P., 1995. Strain patterns in Archaean dome-and-basin structures: The Dharwar craton (Kamataka, South India). Earth Plan. Sci. Lett., 135, 57-75.

Butler, R.F., 1992. Paleomagnetism: magnetic domains to geologic terranes. Blackwell Scientific Publications, USA, 319 pp.

C

Caby, R., Delor, C., Agoh, O., 2000. Lithologie, structure et métamorphisme des formations birimiennes dans la région d'Odienné (Côte d'Ivoire) : rôle majeur du diapirisme des plutons et des décrochements en bordure du craton de Man. J. Afr. Earth Sci., 30, 351-374.

Camil, J., 1984. Pétrographie, chronologie des ensembles granulitiques archéens et formations associées de la région de Man (Côte d'Ivoire). Implications pour l'histoire géologique du craton Ouest africain. Thèse d'État, Univ. Abidjan, 306 p.

Carreras, J., Druguet, E., Griera, A., 2005. Shear zone-related folds. J. Struct. Geol., 27, 1229-1251.

Castaing, C., Billa, M., Milési, J.P., Thiéblemont, D., Le Métour, J., Egal, E., Donzeau, M. (BRGM) (coordonnateurs), Guerrot, C., Cocherie, A., Chèvremont, P., Tegyey, M., Itard, Y. (BRGM), Zida, B., Ouédraogo, I., Koté, S., Kaboré, B.E., Ouédraogo, C. (BUMIGEB), Ki, J.C., Zunino, C. (ANTEA), 2003. Notice explicative de la carte géologique et minière du Burkina Faso à 1/1 000 000. Edit. B.R.G.M., Orléans, France, p.147.

Chardon, D., Choukroune, P., Jayananda, M., 1998. Sinking of the Dharwar Basin (South India): implications for Archaean tectonics. Precamb. Res., 91, 15-39.

Chardon D., Peucat, J.J., Jayananda, M., Choukroune, P., Fanning, C.M., 2002. Archean granite-greenstone tectonics at Kolar South India: Interplay of diapirism and bulk inhomogeneous contraction during juvenile magmatic accretion. Tectonics 21/3, 1-16.

Cheilletz, A., Barbey, P., Lama, C., Pons, J., Zimmermann, J. L., Dautel, D., 1994. Age de refroidissement de la croûte juvénile birimienne d'Afrique de l'Ouest, données U-Pb, Rb-Sr et K-Ar sur les formations à 2,1 Ga du SW-Niger, C. R. Acad. Sci. Paris, 319, série II, 435-442.

Condie, K.C., 2001. Continental growth during formation of Rodinia at 1.35-0.9 Ga. Gond. Res., 4, 5-16.

Condie, K.C., 1998. Episodic continental growth and supercontinents: a mantle avalanche connection? Earth Plan. Sci. Lett., 163, 97-108.

D

Davis, D.W., Hirdes, W., Schaltegger, U., Nunoo, E.A., 1994. U/Pb constraints on deposition and provenance of Birimian and gold-bearing Tarkwaian sediments in Ghana, West Africa. Precamb. Res.67, 89-107.

Dawes, R.L., Evans, B.W., 1991. Mineralogy and geothermobarometry of magmatic epidote-bearing dikes, Front Range, Colorado. Geol. Soc. Am. Bull., 103, 1017-1031.

Day, R., Fuller, M.D., Schmidt, V.A., 1977. Hysteresis properties of titanomagnetites : grain size and composition dependance. Phys. Earth Plan. Inter. 13, 260-267.

Debat, P., Nikiéma, S., Mercier, A., Lompo, M., Béziat, D., Bourges, F., Roddaz, M., Salvi, S., Tollon, F., Wenmenga, U., 2003. A new metamorphic constraint for the Eburnean orogeny from Paleoproterozoic formations of the Man shield Aribinda and Tampelga countries, Burkina Faso. Precamb. Res. 123, 47-65.

Debon, F., Lefort, P., 1988. A cationic classification of common plutonic rocks and their magmatic associations : principles, method, applications. Bull. Mine., 111: 493-510.

Delfour, J., Jeambrun, M., 1970. Notice explicative de la carte géologique au 1/200000 de l'Oudalan. Edit. B.R.G.M., Arch. D.G.M. Ouagadougou, 56 p.

Dioh, E., Béziat, D., Debat, P., Grégoire, M., Ngom, P.M., 2006 Diversity of the Palaeoproterozoic granitoids of the Kédougou inlier (eastern Sénégal): Petrographical and geochemical constraints. J. Afr. Earth Sci. 44, 351-371.

Djouadi, M.T., Bouchez, J.L., 1994. Structure étrange du granite du Tesnou (Hoggar, Algérie). C. R. Acad. Sci., Paris, 315, série II, 1231–1238.

Doumbia, S., Pouclet, A., Kouamelan, A., Peucat, J.J., Vidal, M., Delor, C., 1998. Petrogenesis of juvenile-type Birimian Paleoproterozoic granitoids in central Côte-d'Ivoire, West Africa: geochemistry and geochronology. Precamb. Res., 87, (1-2), 33-63.

Ducellier, J., 1963. Contribution à l'étude des formations cristallines et métamorphiques du centre et du Nord de la Haute-Volta. Mém. B.R.G.M., Paris, 10, 320 p.

E

Egal, E., Castaing, C., Chèvremont, P., Donzeau, M., Guerrot, C., Koté, S., Ouédraogo, I., Kagambèga, N., Le Métour, J., Tegyey, M., Thiéblemont, D., 2004. Geological and structural framework of the Paleoproterozoic basement in Burkina Faso : mapping and geochronological constraints. 20th Colloq. Afric. Geol., Orleans, Abstracts, 2, 181-182.

Egal, E., Thiéblemont, D., Lahondère, D., Guerrot, C., Costea, C. A., Iliescu, D., Delor, C., Goujou, J.C., Lafon, J.M., Tegyey, M., Diaby, S., Kolié, P. 2002. Late Eburnean granitization and tectonics along the western and northwestern margin of the Archean Kénéma–Man domain (Guinea, West African Craton). Precamb. Res., 117, (1-2), 57-84.

Einsenlohr, B.N., Hirdes, W., 1992. The structural development of the early proterozoïc Birimian and Tarkwaian rocks of southwest Ghana. West Africa. J. Afr. Earth Sci., 14 (3), 313-325.

F

Feybesse, J.L., Milési, J.P., Ouédraogo, M.F., Prost, A., 1990. La « ceinture » protérozoïque inférieure de Boromo-Goren Burkina Faso: un exemple d'interférence entre deux phases transcurrentes éburnéennes. C. R. Acad. Sci. Paris, 310, 1353–1360.

Feybesse, J.L., Milési, J.P., 1994. The Archean/Proterozoic contact zone in West Africa : a mountain belt of decollement thrusting and folding on a continental margin related to 2.1 Ga convergence of Archean cratons? Precamb. Res. 69, 199-227.

Feybesse, J.L., Billa, M., Guerrot, C., Duguey, E., Lescuyer, J.L., Milesi, J.P., Bouchot, V., 2006. The paleoproterozoic Ghanaian province : Geodynamic model and ore controls, including regional stress modelling. Precamb. Res. 149, (3-4), 149-196.

G

Gaillot, P., Saint-Blanquat (de), M., Bouchez, J.L., 2006. Effects of magnetic interactions in anisotropy of magnetic susceptibility: models, experiments and implications for igneous rock fabrics quantification. Tectonophysics, 418, 3-19.

Gasquet, D., Barbey, P., Adou, M., Paquette, J.L., 2003. Structure, Sr–Nd isotope geochemistry and zircon U–Pb geochronology of the granitoids of the Dabakala area Côte d'Ivoire: evidence for a 2.3 Ga crustal growth event in the Palaeoproterozoic of West Africa? Precamb. Res. 127, 329–354.

Girdler, R.W., Peter, G., 1960. An example of the importance of natural remanent magnetization in the interpretation of magnetic anomalies. Geophys. Prospect., 20, 375-384.

Gleizes, G., Bouchez, J.L., 1989. Le granite de Mont-Louis zone axiale des Pyrénées : anisotropie magnétique, structures et microstructures. C. R. Acad. Sci. Paris, 309, série II, 1075-1082.

Gleizes, G., Nédélec, A., Bouchez, J.L., Autran, A., Rochette, P., 1993. Magnetic susceptibility of the Mont-Louis-Andorra ilmenite-type granite (Pyrenees): a new tool for the petrographic characterization and the regional mapping of zoned granite plutons. J. Geophys. Res. 98, 4317-4331.

Gleizes, G., Leblanc, D., Santana, V., Olivier, P., Bouchez, J.L., 1998. Sigmoidal structures featuring dextral shear during emplacement of the Hercynian granite complex of Cauterets Panticosa (Pyrenees). J. Struct. Geol., 20 (9-10), 1229-1245.

Grégoire, V., Darrozes, J., Gaillot, P., Nédélec, A., Launeau, P., 1998. Magnetite grain shape fabric and distribution anisotropy vs rock magnetic fabric: a three-dimensional case study. J. Struct. Geol., 20 (**7**), 937–944.

Guillet, P., Bouchez, J.L., Wagner, J.J., 1983. Anisotropy of magnetic susceptibility and magnetic structures in the Guérande granite massif France. Tectonics, 2 (5), 419-429.

Guillet, P., Bouchez, J.L., Vigneresse, J.L., 1985. Le complexe granitique de Plouaret : mise en évidence structurale et gravimétrique de diapirs emboîtés. Bull. Soc. Géol. France 8, 503-513.

H

Hargraves, R.B., Johnson, D., Chan, C.Y., 1991. Distribution anisotropy: the cause of AMS in igneous rocks ?. Geophys. Res. Lett., 18, 2193-2196.

Harlov, D. E., Wirth, R., 2000. K-feldspar–quartz and K-feldspar–plagioclase phase boundary interactions in garnet–orthopyroxene gneisses from the Val Strona di Omegna, Ivrea-Verbano Zone, northern Italy. Contrib. Mine. Petr., 140, 148–162.

Hein, K.A.A., 1998. Structural and geological interpretation of aeromagnetic data of Eastern Burkina Faso: Explanatory Notes. Company Report No. QB98\14i, Sanmatenga Joint Venture Partners, p18.

Hirbec, Y., 1992. La structure Birimienne du Liptako nigérien : un exemple d'interaction entre déformation régionale et mise en place de granitoïdes. Pangea, 17/18, 48-55.

Hirdes, W., Davis, D.W., Eisenlohr, B.N., 1992. Reassessment of Proterozoic granitoid ages in Ghana on the basis of U/Pb zircon and monazite dating. Precamb. Res., 56, 89-96.

Hirdes, W., Davis, D.W., Lüdtke, G., Konan, G., 1996. Two generations of Birimian Paleoproterozoic volcanic belts in northeastern Côte d'Ivoire West Africa: consequences for the Birimian controversy. Precamb. Res. 80, 173-191.

Hirdes, W., Davis, D.W., 2002. U–Pb Geochronology of Paleoproterozoic Rocks in the Southern Part of the Kedougou-Kéniéba Inlier, Senegal, West Africa: Evidence for Diachronous Accretional Development of the Eburnean Province. Precamb. Res. 118, (1-2), 83-99.

Hoffman, P.F., 1991. Did the breakout of Laurentia turn Gondwanaland inside-out? Science 252, 1409-1412.

Hottin, G., Ouédraogo, O.F., 1975. Notice explicative de la carte géologique à 1/1.000.000 du Burkina Faso. Edit. B.R.G.M., Arch. D.G.M. Ouagadougou, 58 p.

Hrouda, F., 1982. Magnetic anisotropy of rocks and its application in geology and geophysics. Geophys. Surv. 5, 37-82.

Hutton, D.W.M., 1988 – Granite emplacement mechanisms and tectonic controls : inferences from deformation studies. Trans. Royal Soc. Edinburgh : Earth Sciences 79, 245-255.

J

Jahn, B.M., Wu, F., Capdevila, R., Martineau, F., Zhao, Z.H., Wang, Y.X., 2001. Highly evolved juvenile granites with tetrad REE patterns: the Woduhe and Baerzhe granites from the Great Xing'an Mountains in NE China. Lithos, 59, 171-198.

Jelínek, V., 1978. Statistical processing of anisotropy of magnetic susceptibility measured on groups of specimens, Studia Geoph. Geod., 142, 50-62.

Jelínek, V., 1981. Characterization of the magnetic fabric of rocks. Tectonophysics, 79, 63-67.

Johnson, S.E., Vernon, R.H., Upton, P., 2004. Foliation development and progressive strain-rate partitioning in the crystallizing carapace of a tonalite pluton: microstructural evidence and numerical modeling. J. Struct. Geol., 26, 1845-1865.

Jover, O., Rochette, P., Lorand, J.P., Maeder, M., Bouchez, J.L., 1989. Magnetic mineralogy of some granites from the French Massif Central : Origin of their low field susceptibility. Phys. Earth Plan. Inter., 55, 79-92.

Junner, N.R., 1940. The Geology of the Gold Coast and Western Togoland with revised geological map (1000000). Gold Coast geol. Surv. Bull., 11, 40 p.

K

Kagambèga, N., 2005. Typologie des granitoïdes Paléoprotérozoïque (Birimien) du Burkina Faso - Afrique de l'Ouest- Approche pétrologique dans la région de Pô. Thèse, Univ. Cheikh Anta Diop, Dakar, 156 p.

Kitson, A.E., 1918. Annual Report, Gold Coast Geol. Surv.,1916/17, Accra.

Kouamelan, A.N., Delor, C., Peucat, J.J., 1997. Geochronological evidence for reworking of Archean terrains during the Early Proterozoic (2.1 Ga) in the western Côte d'Ivoire (Man Rise-West African Craton). Precamb. Res., 86, (3-4), 177-199.

Kruhl, J.H., 1996. Prism- and basal-plane parallel subgrain boundaries in quartz: a microstructural geothermobarometer. J Metam. Geol., 14, 581-589.

L

Launeau, P., Cruden, A.R., 1998. Magmatic fabric acquisition mechanism in a syenite : results of a combined anisotropy of magnetic susceptibility and image analysis study. J. Geophys. Res., 103, 5067-5089.

Leake, M., 1992. The petrogenesis and structural evolution of the early Proterozoic Fétékro greenstone belt, Dabakala region, NE Côte d'Ivoire. Unpubl. Ph. D. thesis, Univ. Portsmouth, 290 pp.

Leake, B.E., Wooley, A.R., Arps, C.E.S., Birth, W.D., Gilbert, M.C., Grice, J.D., Hawthorne, F.C., Kato, A., Kisch, H.J., Krivovichev, V.G., Linthout, K., Laird, J., Mandarino, J., Maresch, W.V., Nickel, E.H., Rock, N.M.S., Schumacher, J.C., Smith, J.C., Stephenson, N.C.N., Ungaretti, L., Whittaher, E.J.W., Youzhi, G., 1997. Nomenclature of amphiboles report of the subcommitee on amphiboles of the international mineralogical association commission on new minerals and mineral names. Eur. J. Mineral., 9, 623-651.

Ledru, P., Pons, J., Milési, J.P., Tegyey, M., 1994. Markers of the last stages of the Palaeoproterozoic collision : evidence for a 2 Ga continent involving circum-south Atlantic provinces. Precamb. Res. 69, 169-191.

Legrand, J.M., 1968. Levé géologique du quart Sud-Est du degré carré de Pama. Rapp. D.G.M. Ouagadougou, 120 p.

Lemoine, S., 1988. Evolution géologique de la région de Dabakala (NE de la Côte d'Ivoire) au Protérozoïque inférieur. Possibilités d'extension au reste de la Côte d'Ivoire et au Burkina Faso. Thèse d'état, Univ. Clermont-Ferrand, France, 389 p.

Lemoine, S., Tempier, P., Bassot, J.P., Caen-Vachette, M., Vialette, Y., Touré, S., Wenmenga, U., 1990. The Burkinian orogenic cycle, precursor of the Eburnian orogeny in West Africa. Geol. Journ., 25 (2), 171-188.

Leube, A., Hirdes, W., Mauer, R., Kesse, G., 1990. The early Proterozoic birimian supergroup of Ghana and some aspect of its associated gold mineralisation. Precamb. Res., 46, 139-165.

Levin, P., 1985. Les roches vertes du Birimien dans le Nord Est de la Haute-Volta. Hannover Bundesanstalt Für Geowissenschaften und Rohstoff, 188 p.

Liégeois, J.P., Claessens, W., Camara, D., Klerkx, J., 1991. Short-lived Eburnian orogeny in southern Mali. Geology, tectonics, U-Pb and Rb-Sr geochronology. Precamb. Res., 50, 111-136.

Lompo, M., Bourges, F., Debat, P., Lespinasse, P., Bouchez, J.L., 1995. Mise en place d'un pluton granitique dans la croûte birimienne fragile : fabrique magnétique du massif de Tenkodogo (Burkina Faso). C. R. Acad. Sci. Paris, 320, série II, 1211-1218.

M

Machens, E., 1964. Rapport de fin de mission (1958-1964) et inventaire d'indices de minéralisation. Rapp. Inéd. B.R.G.M., Arch. D.G.M. Niamey, 328 p.

Machens, E., 1967. Notice explicative de la carte géologique du Niger occidental, à 1/200 000. Edit. B.R.G.M., Arch. D.G.M. Niamey, 36 p.

McElhinny, M.W., McFadden, P.L., 2000. Paleomagnetism : continents and oceans. Acad. Press, Int. Geophys. Series, vol. 73, Califormia, 386 pp.

Menegon, L., Pennacchioni, G., Stünitz, H., 2006. Nucleation and growth of myrmekite during ductile shear deformation in metagranites. J. metam. Geol., 24, 553-568.

Milési, J.P., Ledru, P., Feybesse, J.L, Dommanget, A., Marcoux, E., 1992. Early Proterozoic ore deposits and tectonics of the Birimian orogenic belt, West Africa. Precamb. Res. 58, 305-344.

Mineyev, D.A., 1963. Geochemical differentiation of the rare earths. Geochemistry, 12, 1129-1149.

Mintsa Mi N'guema, T., Trindade, R.I.F., Bouchez, J.L., Launeau, P., 2002. Selective thermal enhancement of magnetic fabrics from the Carnmenellis granite British Cornwall. Phys. Chem. Earth, 27, 1281-1287.

N

Naba, S., 1999. Structure et mode de mise en place de plutons granitiques emboîtés: exemple de l'alignement plutonique paléoprotérozoïque de Tenkodogo–Yamba dans l'Est du Burkina Faso (Afrique de l'Ouest). Unpublished thesis Univ. Dakar, 236 p.

Naba, S., Lompo, M., Debat, P., Bouchez, J.L., Béziat, D., 2004. Structure and emplacement model for late-orogenic Paleoproterozoic granitoids: the Tenkodogo-Yamba elongate pluton Eastern Burkina Faso. J. Afr. Earth Sci. 38, 41-57.

O

Oberthür, T., Vetter, U., Davis, D.W., Amanor, J.A., 1998. Age constraints on gold mineralization and Paleoproterozoic crustal evolution in the Ashanti belt of southern Ghana. Precamb. Res., 89, 129–143.

Ouédraogo, O.F., 1970. Essai de synthèse des travaux géologiques effectués sur le degré carré de Pama. Rapport D.G.M. Ouagadougou, 30 p.

P

Papon, A., 1973. Géologie et minéralisation du Sud-Ouest de la Côte d'Ivoire (Synthèse des travaux de l'opération SASCA 1962-1968). Mém. B.R.G.M., Orléans, France, n° 80, 286 p.

Passchier, C.W., Trouw, R.A.J., 1996. Microtectonics. Springer, Berlin Heidelberg New York, pp 1-304, ISBN: 3-540-58713-6.

Passchier, C.W., Williams, P.R., 1996. Conflicting shear sense indicators in shear zones; the problem of non-ideal sections. J. Struct. Geol. 18, 1281-1284.

Paterson, G., Watson Ltd., 1985. Interprétation du levé magnétique et du levé radiométrique de rayons gamma. Région du Liptako-Gourma, Afrique occidentale, deux volumes. Rapport ACDI.

Paterson, S.R., Vernon, R.H., Tobisch, O.T., 1989. A review for the identification of magmatique and tectonic foliations in granitoids. J. Struct. Geol., 113, 349-363.

Petfort, N., Keer, R.C., Lister, J.R., 1993. Dike transport of granitoid magmas. Geology 21, 845-848.

Pohl, D., Carlson, C., 1993. A plate tectonic re-interpretation of the 2.2.-2.0 Ga. Birimian province, Tarkwaian System and metallogenesis in West Africa. In: J.W. Peters, G.O. Kesse and P.C. Acquah (Editors), Regional Trends in African Geology. Geol. Soc. Africa, Accra, 378-381.

Pons, J., Debat, P., Oudin, C., Valero, J., 1991. Emplacement and evolution of a synkinematic pluton (Saraya granite, Senegal, W. Africa). Bull. Soc. Géol. Fr., 162, 1075–1082.

Pons, J., Oudin, C., Valero, J., 1992. Kinematics of large syn-orogenic intrusions: example of the Lower Proterozoic Saraya Batholith (Eastern Senegal). Geol. Rundsch., 81/2, 473-486.

Pons, J., Barbey, P., Dupuis, D., Léger, J.M., 1995. Mechanisms of pluton emplacement and structural evolution of a 2.1 Ga juvenile continental crust : the Birimian of southwestern Niger. Precamb. Res. 70, 281-301.

Pouclet, A., Vidal, M., Delor, C., Simeon,Y., Alric, G., 1996. Le volcanisme birimien du Nord-Est de la Côte-d'Ivoire : mise en évidence de deux phases volcano-tectoniques distinctes dans l'évolution géodynamique du Paléoprotérozoïque. Bull. Soc. Géol. Fr., 167, 4 : 529-541.

Powell, C.M., 1993. Assembly of Gondwanaland—open forum. In : Findlay, R.H., Unrug, R., Banks, M.R., Veevers, J.J. (eds.), Gondwana 8 : Assembly, Evolution and Dispersal. Balkema, Rotterdam, 219–237.

R

Raguin, M., 1969. Rapport de fin de campagne des travaux géologiques effectués sur le degré carré de Pama. Rapport D.G.M., Ouagadougou, 132 p.

Rickwood, P.C., 1989. Boundary lines within petrologic diagrams which use oxides of major and minor elements. Lithos, 22, 247-263.

Rochette, P., 1987. Magnetic susceptibility of the rock matrix related to magnetic fabric studies. J. Struct. Geol., 9, 1015-1020.

Rochette, P., Jackson, M., Aubourg, C., 1992. Rock magnetism and the interpretation of anisotropy of magnetic susceptibility. Rev. Geophys., 30, 209-226.

Roques, M., 1948. Le précambrien de l'Afrique occidental française. Bull. Soc. Géol. Fr., 18 (7-8), 589-628.

Rosenberg, C.L., Riller, U., 2000. Partial melt topology in statistically and dynamically recrystallized granite. Geology, 28, 7-10.

Rosenberg, C.L., 2001. Deformation of partially-molten granite: a review and comparison of experimental and natural case studies. Intern. J. Earth Sci., 90, 60-76.

S

Saint-Blanquat (de), M., Tikoff, B., 1997. Developpment of magmatic to solid-state fabrics during syntectonic emplacement of the Mono Creek granite, Sierra Nevada Batholith. In J.L. Bouchez, D.H.W. Hutton and W.E. stephens (eds.), Granite : From Segregation of Melt to Emplacement Fabrics. Kluwer Acad. Publ., Dordrecht, 1997, 231-252.

Schmidt, M.W., 1992. Amphibole composition in tonalite as a function of pressure ; an experimental calibration of the Al-in-hornblende barometer. Contrib. Mine. Petr., 110, 304-310.

Shand, S.J., 1947. Eruptive Rocks. T. Murby, London revised 3rd edn, 488 pp.

Sial, A.N., Toselli, A.J., Saavedra, J., Parada, M.A., Ferreira, V.P., 1999. Emplacement, petrological and magnetic susceptibility characteristics of diverse magmatic epidote-bearing granitoid rocks in Brasil, Argentina and Chile. Lithos, 46, 367-392.

Soumaila, A., Henry, P., Rossy, M., 2004. Contexte de mise en place des roches basiques de la ceinture de roches vertes birimienne de Diagorou-Darbani (Liptako, Niger, Afrique de l'Ouest) : plateau océanique ou environnement d'arc/bassin arrière-arc océanique. C. R. Acad. Géosci., 336 (13), 1211-1218.

Stormer, J.C., Nicholls, J., 1978. XLFRAC: a program for the interactive testing of magmatic differentiation models. Computers and Geoscience, 4, 153-159.

Sun, S.S., Mc Donough, W.F., 1989. Chemical and isotopic systematics of oceanic basalts : implications for mantle composition and processes. In : Sanders, A.D., Norry, M.J. (eds), Magmatism in the Ocean basins, 42. Geological Society Special Publication, 313-345.

Sylvester, P.J., Attoh, K., 1992. Lithostratigraphy and composition of 2.1 Ga greenstone belts of the West African Craton and their bearing on crustal evolution and the Archean-Proterozoic boundary. J. Geol. 100, 377-393.

T

Tagini, B., 1971. Esquisse structurale de la Côte d'Ivoire. Essai de géotectonique régionale. Thèse Univ. Lausanne, 302 p.

Taylor, P.N., Moorbath, S., Leube, A., Hirdes, W., 1992. Early Proterozoic crustal evolution in the Birimian of Ghana : constraints from geochronology and isotope geology. Precamb. Res., 56, 97-111.

Thiéblemont, D., Goujou, J.C., Egal, E., Cocherie, A., Delor, C., Lafon, J.M., Fanning, C.M., 2004. Archean evolution of the Leo Rise and its Eburnean reworking. J. Afr. Earth Sci. 39 (3-5), 97-104.

Trindade, R.I.F., Bouchez, J.L., Bolle, O., Nédélec, A., Peschler, A., Poitrasson, F., 2001. Secondary fabrics revealed by remanence anisotropy : methodological study and examples from plutonic rocks, geophys. J. Int., 147, 310-318.

Trindade, R.I.F., Raposo, M.I.B, Ernesto, M., Siqueira, R., 1999. Magnetic susceptibility and anhysteretic remanence anisotropies in the magnetite-bearing granite pluton of Tourao, NE Brazil, Tectonophysics, 314, 443-468.

Trinquard, R., 1969. Synthèse des travaux géologiques et de prospection effectués sur le degré carré de Tenkodogo. Rapp. Inéd. B.R.G.M., Arch. D.G.M., Ouagadougou, 236 p.

Trinquard, R., 1971. Notice explicative de la carte géologique au 1/200 000 de Tenkodogo. Edit. B.R.G.M., Arch. D.G.M., Ouagadougou, 37 p.

V

Van der Mollen, I., Paterson, M.S., 1979. Experimental deformation of partially-melted granite. Contrib. Mine. petr. 70 (3), 299-318.

Vegas, N., Naba, S., Bouchez, J.L., Jessell, M., 2007. Structure and emplacement of granite plutons in the Paleoproterozoic crust of Eastern Burkina Faso : rheological implications. Intern. J. Earth Sci., (sous presse).

Vernon, R.H., 1991. Questions about myrmekite in deformed rocks. J. Struct. Geol. 13, 979-985.

Vernon, R.H., 2000. Review of microstructural evidence of magmatic and solid-state flow. Electronic Geosciences 5:2.

Vernon, R.H., 2004. A practical guide to rock microstructure. Ed. Cambridge University Press, 594 p., ISBN 052181443 X.

Vidal, M., Alric, G., 1994. The Paleoproterozoic (Birimian) of Haute Comoé in the West African Craton, Ivory Coast: a transtensional back arc basin. Precamb. Res., 65, 207-229.

Vidal, M., Delor, C., Pouclet, A., Siméon, Y., Alric, G., 1996. Evolution géodynamique de l'Afrique de l'Ouest entre 2,2 et 2 Ga : le style "Archéen" des ceintures vertes et des ensembles sédimentaires birimiens du Nord-Est de la Côte-d'Ivoire. Bull. Soc. Géol. Fr., 167, 307-319.

Vigneresse, J.L., 1995. Control of granite emplacement by regional deformation. Tectonophysics, 249, 173-186.

Vigneresse, J.L., Bouchez, J.L., 1997. Successive granitic magma batches during pluton emplacement: the case of Cabeza de Araya Spain. J. Petrol. 38, 1767-1776.

Vigneresse, J.L., Tikoff, B., Améglio, L., 1999. Modification of the regional stress field by magma intrusion and formation of tabular granitic plutons. Tectonophysics, 302, 203-224.

Vyain, R., 1967. Notice explicative de la carte géologique au 1/200 000 de Diapaga-Kirtachi Edit. B.R.G.M., Arch. D.G.M. Ouagadougou, 39 p.

W

Watkins, N.D., 1961. The relative contributions of remanent and induced magnetism to the observed magnetic field in northeastern Alberta. Geophys. Prospect., 9, 421-426.

Whalen, J.B., Curie, K.L., Chappell, B.W., 1987. A-type granites : geochemical characteristics, discrimination and petrogenesis. Contrib. Mine. Petr., 95, 407-419.

Z

Zhao, G., Cawood, P.A., Wilde, S.A., Sun, M., 2002. Review of global 2.1-1.8 Ga collisional orogens and accreted cratons: a pre-Rodinia supercontinent ?, Earth Sci. Rev., 59, 125-162.

ANNEXES

ANNEXES I : Données d'analyses chimiques des minéraux et de roche totale

Tableau I : Analyse des amphiboles et formules structurales basées sur 23 oxygènes + 2OH

Echantillon	DD63 (tonalite)									
Amphibole	Am1 bord	Am2 bord	Am3 bord	Am4 bord	Am5 bord	Am6 bord	Am7 bord	Am8 bord	Am9 bord	Am10 bord
SiO2	42,9	42,86	42,26	42,22	42,65	42,68	42,32	44,1	43,35	43,23
TiO2	0,62	0,7	0,97	0,75	1,18	0,98	0,67	0,66	0,7	0,87
Al2O3	10,99	11,06	11,08	11,19	10,98	10,76	11,75	10,7	10,39	10,6
Cr2O3	0,02	0	0	0	0,06	0,07	0	0	0	0
Fe2O3(c)	6,21	4,53	4,33	4,56	4,1	5,54	5,03	5,23	3,98	5
FeO(c)	13,66	14,52	15,29	15,14	15,31	14,22	14,2	13,46	14,24	14,6
MnO	0,38	0,3	0,18	0,27	0,26	0,38	0,4	0,44	0,38	0,39
MgO	9,03	8,92	8,77	8,68	8,64	9	8,51	9,54	9,31	9,24
CaO	11,59	11,6	11,77	12	11,57	11,61	11,44	11,48	11,59	11,84
Na2O	1,22	1,27	1,36	1,18	1,33	1,3	1,26	1,28	1,23	1,36
K2O	0,92	0,82	0,92	0,79	0,87	0,85	0,87	0,81	0,77	0,77
NiO	0,07	0	0,06	0,04	0,06	0	0,02	0	0,05	0
F	0,2	0,48	0	0,27	0,18	0	0,09	0,21	0	0
Cl	0,01	0,05	0,05	0	0,01	0,02	0	0,05	0,02	0,01
H2O(c)	1,89	1,73	1,96	1,84	1,88	1,98	1,93	1,9	1,96	1,99
O=F	0,09	0,2	0	0,11	0,08	0	0,04	0,09	0	0
O=Cl	0	0,01	0,01	0	0	0	0	0,01	0	0
Total Oxydes	99,63	98,64	98,98	98,82	99	99,39	98,45	99,75	97,96	99,88
Si	6,464	6,514	6,436	6,436	6,48	6,455	6,444	6,59	6,61	6,501
Ti	0,07	0,08	0,111	0,086	0,135	0,112	0,077	0,074	0,08	0,098
Al/Al IV	1,536	1,486	1,564	1,564	1,52	1,545	1,556	1,41	1,39	1,499
Al VI	0,415	0,496	0,425	0,447	0,446	0,373	0,553	0,474	0,476	0,38
Cr	0,003	0	0	0	0,008	0,009	0	0	0	0
Fe3+	0,704	0,518	0,496	0,523	0,469	0,631	0,577	0,588	0,457	0,566
Fe2+	1,722	1,845	1,947	1,931	1,945	1,798	1,808	1,683	1,815	1,836
Mn2+	0,048	0,039	0,023	0,035	0,034	0,049	0,052	0,056	0,049	0,049
Mg	2,029	2,021	1,991	1,973	1,956	2,029	1,931	2,125	2,117	2,07
Ca (B)	1,871	1,889	1,92	1,96	1,883	1,881	1,866	1,838	1,893	1,907
Na	0,355	0,373	0,403	0,349	0,392	0,382	0,371	0,37	0,363	0,396
Na$_B$	0,129	0,111	0,080	0,040	0,117	0,119	0,134	0,162	0,107	0,093
Na$_A$	0,226	0,262	0,323	0,309	0,275	0,263	0,237	0,208	0,256	0,303
K (A)	0,177	0,159	0,178	0,153	0,168	0,164	0,169	0,154	0,149	0,147
Ni	0,009	0	0,007	0,005	0,007	0	0,003	0	0,006	0
F	0,097	0,229	0	0,131	0,087	0	0,044	0,097	0	0
Cl	0,001	0,014	0,012	0	0,002	0,005	0,001	0,013	0,005	0,001
OH	1,901	1,758	1,988	1,869	1,91	1,995	1,955	1,89	1,995	1,998
Total Cations	17,403	17,421	17,501	17,462	17,444	17,428	17,406	17,362	17,405	17,45
XMg	0,54	0,52	0,51	0,51	0,50	0,53	0,52	0,56	0,54	0,53
P(en kbar ± 0,6)	6,3	6,4	6,5	6,6	6,3	6,1	7,0	6,0	5,9	5,9

NB : La Pression (P) a été calculée en utilisant la formule de Schmidt (1992)

Tableau I (suite)

Echantillon	DD63 (suite)			DD100 (tonalite)			EE4 (Tron.)		FC73 (tonalite)		
Amphibole	Am11 bord	Am12 bord	Am13 bord	Am1 coeur	Am2 coeur	Am3 coeur	Am1 coeur	Am2 coeur	Am1 bord	Am2 bord	Am3 bord
SiO_2	42,73	43,09	43,2	46,64	45,03	47,7	41,37	42,03	44,09	42,48	42,44
TiO_2	0,48	0,96	1,3	0,32	0,81	0,44	0,94	1,11	0,33	0,79	0,88
Al_2O_3	11,01	10,85	10,91	8,53	9,81	7,51	10,41	9,97	9,33	10,58	10,37
Cr_2O_3	0,09	0	0,03	-	-	-	-	-	0	0,04	0,01
$Fe_2O_3(c)$	5,66	3,23	5,53	-	-	-	-	-	5,38	5,6	5,21
$FeO(c)$	14,13	14,56	13,32	15,5	16,37	14,3	19,82	20,31	14,18	15,03	14,71
MnO	0,41	0,37	0,38	0,43	0,43	0,29	0,58	0,53	0,35	0,31	0,33
MgO	8,69	9,56	9,53	12,19	11,2	13,1	8,46	8,95	9,83	8,9	9,25
CaO	11,58	12,02	11,58	11,56	11,6	12,3	11,33	11,41	12,07	11,88	11,84
Na_2O	1,13	1,19	1,21	1,21	1,32	1,14	1,47	1,55	1,05	1,15	1,27
K_2O	0,84	0,85	0,89	0,54	0,69	0,35	1,21	1,19	0,79	1,28	1,29
NiO	0	0,06	0,03	-	-	-	-	-	0	0,06	0,08
F	0,05	0,16	0,43	-	-	-	-	-	0,23	0	0,36
Cl	0,01	0,05	0,02	-	-	-	-	-	0	0,03	0
$H_2O(c)$	1,95	1,89	1,79	-	-	-	-	-	1,88	1,97	1,8
O=F	0,02	0,07	0,18	-	-	-	-	-	0,1	0	0,15
O=Cl	0	0,01	0	-	-	-	-	-	0	0,01	0
Total Oxydes	98,73	98,76	99,96	96,91	97,25-	97,21-	100,89	99,91	99,42	100,11	99,68
Si	6,495	6,529	6,463	7,26	7,04	7,36	6,77	6,79	6,649	6,426	6,44
Ti	0,055	0,11	0,147	0,04	0,09	0,05	0,12	0,13	0,038	0,09	0,1
Al/Al IV	1,505	1,471	1,537	0,74	0,96	0,64	1,23	1,21	1,351	1,574	1,56
Al VI	0,468	0,465	0,385	0,82	0,85	0,72	0,78	0,69	0,307	0,313	0,293
Cr	0,011	0	0,004	-	-	-	-	-	0	0,005	0,001
Fe^{3+}	0,648	0,368	0,622	-	-	-	-	-	0,611	0,637	0,595
Fe^{2+}	1,797	1,844	1,667	2,02	2,14	1,84	2,71	2,74	1,789	1,902	1,867
Mn^{2+}	0,053	0,047	0,048	0,06	0,06	0,04	0,08	0,07	0,045	0,04	0,042
Mg	1,97	2,158	2,124	2,83	2,61	3,02	2,06	2,15	2,21	2,006	2,093
Ca (B)	1,887	1,952	1,856	1,93	1,94	2,03	1,99	1,97	1,95	1,926	1,924
Na	0,333	0,35	0,351	0,37	0,4	0,34	0,47	0,48	0,306	0,339	0,374
Na_B	0,113	0,048	0,144	0,070	0,060	-0,030	0,010	0,030	0,050	0,074	0,076
Na_A	0,220	0,302	0,207	0,300	0,340	0,370	0,460	0,450	0,256	0,265	0,298
K (A)	0,162	0,165	0,17	0,11	0,14	0,07	0,25	0,24	0,152	0,248	0,249
Ni	0	0,007	0,004	-	-	-	-	-	0	0,007	0,01
F	0,022	0,077	0,205	-	-	-	-	-	0,108	0	0,174
Cl	0,002	0,012	0,004	-	-	-	-	-	0	0,009	0
OH	1,977	1,911	1,79	-	-	-	-	-	1,892	1,991	1,826
Total Cations	17,382	17,467	17,377	-	-	-	-	-	17,408	17,512	17,548
XMg	0,52	0,54	0,56	0,58	0,55	0,62	0,43	0,44	0,55	0,51	0,53
P(en kbar ± 0,6)	6,4	6,2	6,1						4,9	6,0	5,8

NB : La Pression (P) a été calculée en utilisant la formule de Schmidt (1992)

Tableau I (suite)

Echantillon	FC73 (Suite)										KO-B4 (leucosome tonalitique)		
Amphibole	Am4 bord	Am5 bord	Am6 bord	Am7 bord	Am8 bord	Am9 bord	Am10 bord	Am11 bord	Am12 bord	Am13 bord	Am1 bord	Am2 bord	Am3 bord
SiO2	42,73	42,24	41,92	42,4	42,8	42,83	42,24	42,61	43,09	43	45,25	45,17	44,48
TiO2	0,82	1,05	0,83	1,24	0,79	0,82	0,81	0,95	0,67	0,7	0,56	1,14	1,51
Al2O3	10,22	11,17	10,93	10,36	10,39	10,35	10,33	10,29	10,16	10,5	9,24	9,41	9,92
Cr2O3	0,05	0,01	0	0	0	0	0,05	0,05	0,14	0,03	0	0,1	0,06
Fe2O3(c)	3,88	3,38	4,63	3,82	4,13	2,93	4,83	4,62	3,86	3,71	4,8	5,32	3,2
FeO(c)	15,2	16,29	15,02	14,73	15,65	16,2	14,73	15,15	15,75	15,47	12,05	11,78	13,99
MnO	0,23	0,35	0,18	0,47	0,42	0,43	0,24	0,34	0,36	0,19	0,34	0,53	0,42
MgO	9,22	8,88	9,15	9,38	9,05	9,08	9,26	9,51	9,05	9,3	11,36	11,47	10,61
CaO	11,76	11,99	12	11,64	12,06	12,14	11,91	12,07	11,71	11,83	12,1	12	12,1
Na2O	1,16	1,52	1,2	1,31	1,09	1,27	1,2	1,48	1,5	1,42	0,94	1,23	1,16
K2O	1,31	1,34	1,38	1,38	1,33	1,21	1,14	1,24	1,13	1,13	0,82	0,78	1
NiO	0,06	0	0,07	0,04	0	0,07	0,02	0,1	0	0	0,05	0	0
F	0,27	0	0,11	0,07	0,05	0,02	0	0,3	0	0,3	0	0,09	0,09
Cl	0,01	0	0	0,03	0	0,01	0,01	0,04	0,01	0	0	0,01	0
H2O(c)	1,83	1,98	1,91	1,92	1,95	1,95	1,96	1,84	1,97	1,84	2,02	2	1,98
O=F	0,11	0	0,05	0,03	0,02	0,01	0	0,12	0	0,12	0	0,04	0,04
O=Cl	0	0	0	0,01	0	0	0	0,01	0	0	0	0	0
Total Oxydes	98,63	100,19	99,28	98,76	99,69	99,31	98,73	100,44	99,4	99,29	99,52	100,99	100,48
Si	6,533	6,394	6,388	6,473	6,495	6,523	6,457	6,427	6,547	6,525	6,722	6,627	6,598
Ti	0,094	0,119	0,095	0,143	0,09	0,093	0,093	0,108	0,077	0,08	0,063	0,126	0,168
Al/Al IV	1,467	1,606	1,612	1,527	1,505	1,477	1,543	1,573	1,453	1,475	1,278	1,373	1,402
Al VI	0,373	0,386	0,351	0,338	0,352	0,381	0,318	0,256	0,367	0,402	0,34	0,254	0,333
Cr	0,006	0,001	0	0	0	0	0,006	0,006	0,017	0,004	0	0,012	0,008
Fe3+	0,447	0,384	0,531	0,439	0,472	0,336	0,556	0,524	0,441	0,424	0,536	0,588	0,357
Fe2+	1,943	2,063	1,914	1,88	1,986	2,064	1,884	1,911	2,002	1,963	1,498	1,445	1,736
Mn2+	0,029	0,044	0,023	0,061	0,053	0,056	0,032	0,044	0,046	0,024	0,043	0,066	0,053
Mg	2,1	2,003	2,077	2,135	2,046	2,062	2,109	2,139	2,05	2,102	2,515	2,509	2,346
Ca (B)	1,927	1,945	1,958	1,904	1,961	1,981	1,95	1,951	1,907	1,924	1,925	1,886	1,923
Na	0,344	0,447	0,354	0,388	0,322	0,376	0,355	0,432	0,441	0,419	0,271	0,349	0,333
Na$_B$	0,073	0,055	0,042	0,096	0,039	0,019	0,050	0,049	0,093	0,076	0,075	0,114	0,077
Na$_A$	0,271	0,392	0,312	0,292	0,283	0,357	0,305	0,383	0,348	0,343	0,196	0,235	0,256
K (A)	0,255	0,259	0,268	0,268	0,258	0,235	0,223	0,238	0,219	0,218	0,155	0,146	0,19
Ni	0,007	0	0,008	0,005	0	0,009	0,003	0,012	0	0	0,006	0	0
F	0,132	0	0,055	0,033	0,022	0,011	0	0,141	0	0,142	0	0,043	0,044
Cl	0,002	0	0	0	0	0,003	0,002	0,01	0,002	0	0	0,002	0
OH	1,866	2	1,945	1,958	1,978	1,986	1,998	1,85	1,998	1,858	2	1,955	1,956
Total Cations	17,53	17,651	17,581	17,561	17,54	17,593	17,528	17,621	17,567	17,561	17,351	17,38	17,446
XMg	0,52	0,49	0,52	0,53	0,51	0,50	0,53	0,53	0,51	0,52	0,63	0,63	0,58
P(en kbar ± 0,6)	5,7	6,5	6,3	5,9	5,8	5,8	5,8	5,7	5,7	5,9	4,7	4,7	5,2

NB : La Pression (P) a été calculée en utilisant la formule de Schmidt (1992)

Tableau I (suite)

Echantillon									KO-B4	(Suite)		
Amphibole	Am4 bord	Am5 coeur	Am6 coeur	Am7 bord	Am8 coeur	Am9 coeur	Am10 coeur	Am11 bord	Am12 bord	Am13 coeur	Am14 coeur	Am15 bord
SiO2	46,2	44,46	45,56	45,41	46,18	46,38	45,1	45,21	44,68	44,57	44,98	44,52
TiO2	1,35	0,74	0,46	0,95	0,16	0,32	0,66	1,32	0,92	1,01	0,51	1,27
Al2O3	9,16	10,2	8,41	8,97	8,28	8,61	9,88	9,41	9,53	9,15	9,67	9,58
Cr2O3	0	0,06	0,11	0,06	0	0	0	0	0,1	0,05	0	0
Fe2O3(c)	4,99	4,54	4,63	4,68	4,49	4,37	5,69	4,7	3,62	4,99	3,52	6,1
FeO(c)	11,96	13,27	12,14	12,45	11,41	12,35	11,5	12,24	13,29	11,34	13,81	11,34
MnO	0,3	0,33	0,19	0,42	0,32	0,38	0,51	0,32	0,36	0,47	0,13	0,43
MgO	11,25	10,64	11,5	11,32	11,98	11,43	11	11,03	10,71	11,35	10,6	10,98
CaO	11,6	12,18	11,95	12,25	12,07	12,04	11,8	11,64	11,86	11,63	12,17	11,56
Na2O	0,98	1,16	1,06	0,93	0,93	0,93	1,04	1,06	1,19	1,16	0,99	1,12
K2O	0,73	0,94	0,52	0,64	0,47	0,57	0,78	0,8	0,87	0,85	0,69	0,79
NiO	0,06	0,08	0,01	0,02	0	0	0	0	0,06	0,08	0,01	0,06
F	0,53	0,14	0,23	0	0,37	0,28	0,12	0,09	0,18	0,14	0,09	0,48
Cl	0,03	0,01	0	0	0	0,01	0	0	0	0,01	0	0
H2O(c)	1,79	1,96	1,89	2,03	1,83	1,89	1,98	1,98	1,92	1,93	1,96	1,79
O=F	0,22	0,06	0,1	0	0,16	0,12	0,05	0,04	0,08	0,06	0,04	0,2
O=Cl	0,01	0	0	0	0	0	0	0	0	0	0	0
Total Oxydes	100,69	100,66	98,58	100,13	98,35	99,43	100	99,77	99,22	98,67	99,1	99,82
Si	6,762	6,582	6,819	6,714	6,892	6,872	6,66	6,696	6,688	6,678	6,73	6,606
Ti	0,148	0,083	0,052	0,105	0,017	0,036	0,07	0,147	0,104	0,114	0,057	0,141
Al/Al IV	1,238	1,418	1,181	1,286	1,108	1,128	1,34	1,304	1,312	1,322	1,27	1,394
Al VI	0,341	0,363	0,302	0,278	0,349	0,376	0,38	0,338	0,37	0,294	0,436	0,281
Cr	0	0,007	0,013	0,007	0	0	0	0	0,011	0,006	0	0
Fe3+	0,549	0,506	0,522	0,521	0,504	0,487	0,63	0,524	0,408	0,562	0,397	0,681
Fe2+	1,464	1,643	1,52	1,54	1,424	1,53	1,42	1,516	1,664	1,422	1,728	1,407
Mn2+	0,037	0,041	0,025	0,053	0,041	0,047	0,06	0,04	0,045	0,059	0,017	0,054
Mg	2,454	2,348	2,566	2,494	2,665	2,525	2,43	2,435	2,39	2,534	2,364	2,429
Ca (B)	1,819	1,933	1,916	1,941	1,93	1,91	1,87	1,847	1,902	1,867	1,951	1,838
Na	0,279	0,334	0,309	0,267	0,27	0,266	0,3	0,303	0,344	0,338	0,288	0,323
NaB	0,181	0,067	0,084	0,059	0,070	0,090	0,130	0,153	0,098	0,133	0,049	0,162
NaA	0,098	0,267	0,225	0,208	0,200	0,176	0,170	0,150	0,246	0,205	0,239	0,161
K (A)	0,136	0,178	0,1	0,121	0,09	0,108	0,15	0,151	0,166	0,162	0,132	0,15
Ni	0,007	0,01	0,001	0,003	0	0	0	0	0,007	0,01	0,001	0,007
F	0,245	0,064	0,109	0	0,174	0,129	0,05	0,043	0,087	0,066	0,043	0,226
Cl	0,007	0,003	0	0	0	0,001	0	0,001	0	0,004	0	0
OH	1,749	1,933	1,891	2	1,826	1,869	1,95	1,956	1,913	1,93	1,957	1,774
Total Cations	17,233	17,444	17,325	17,329	17,29	17,284	17,3	17,301	17,412	17,366	17,371	17,31
XMg	0,63	0,59	0,63	0,62	0,65	0,62	0,63	0,62	0,59	0,64	0,59	0,63
P(en kbar ± 0,6)	4,5			4,4				4,8	5,0			5,0

NB : La Pression (P) a été calculée en utilisant la formule de Schmidt (1992)

Tableau I (suite)

Echantillon	KO-B4			(Suite)		NA19B	(Tonalite)					
Amphibole	Am16 coeur	Am17 coeur	Am18 coeur	Am19 actinote	Am20 actinote	Am1 coeur	Am2 coeur	Am3 coeur	Am4 coeur	Am5 coeur	Am6 coeur	Am7 coeur
SiO2	46,79	45,48	44,14	53,4	52,73	47,68	44,16	46,92	47,21	46,57	45,84	47,14
TiO2	0,25	0,36	1,3	0,08	0,08	1,3	0,93	1,37	1,49	1,34	1,13	1,13
Al2O3	7,77	9,14	9,93	4,56	3,49	5,78	8,72	6,43	6,2	6,34	6,96	6,46
Cr2O3	0,1	0,01	0	0,01	0	0,06	0	0,02	0,04	0,05	0	0
Fe2O3(c)	5,23	4,34	5,13	0	0,51	3,28	4,03	4,81	6,27	4,17	4,33	4,14
FeO(c)	11,61	12,57	12,77	12,87	10,35	12,37	14,61	11,88	11,13	12,07	12,36	12,86
MnO	0,32	0,44	0,55	0,3	0,33	0,44	0,35	0,46	0,41	0,55	0,48	0,38
MgO	12,14	11,46	10,34	13,51	15,57	12,65	10,08	12,63	12,36	11,9	11,85	12,11
CaO	12,23	12,54	11,62	11,73	12,52	11,92	11,85	12,11	11,51	11,34	11,86	12,03
Na2O	0,88	1	1,22	0,51	0,28	0,99	1,26	1,07	1,07	1,17	1,08	1
K2O	0,55	0,53	0,91	1,17	0,11	0,47	0,86	0,6	0,52	0,59	0,66	0,6
NiO	0	0	0	0	0	0	0,1	0,04	0	0,01	0,02	0,03
F	0	0,12	0	0	0,05	0,12	0,34	0,16	0,14	0	0,21	0
Cl	0	0	0,04	0	0	0	0	0,03	0,01	0,07	0,04	0,03
H2O(c)	2,03	1,97	2	2,08	2,04	1,96	1,82	1,95	1,97	1,98	1,89	2,02
O=F	0	0,05	0	0	0,02	0,05	0,14	0,07	0,06	0	0,09	0
O=Cl	0	0	0,01	0	0	0	0	0,01	0	0,02	0,01	0,01
Total Oxydes	99,89	99,89	99,94	99,22	98,04	98,97	98,98	100,41	100,27	98,13	98,6	99,92
Si	6,895	6,737	6,577	7,709	7,665	7,079	6,692	6,905	6,937	6,997	6,883	6,974
Ti	0,027	0,04	0,145	0,009	0,008	0,146	0,106	0,152	0,165	0,152	0,128	0,125
Al/Al IV	1,105	1,263	1,423	0,291	0,335	0,921	1,308	1,095	1,063	1,003	1,117	1,026
Al VI	0,244	0,333	0,322	0,484	0,264	0,091	0,249	0,019	0,01	0,118	0,115	0,101
Cr	0,012	0,001	0	0,001	0	0,007	0	0,002	0,005	0,006	0	0
Fe3+	0,58	0,484	0,575	0	0,055	0,366	0,46	0,532	0,694	0,472	0,49	0,461
Fe2+	1,43	1,557	1,591	1,554	1,259	1,536	1,851	1,462	1,368	1,516	1,552	1,591
Mn2+	0,039	0,055	0,07	0,036	0,041	0,056	0,045	0,058	0,052	0,07	0,061	0,048
Mg	2,667	2,531	2,297	2,908	3,373	2,799	2,276	2,77	2,708	2,664	2,652	2,671
Ca (B)	1,93	1,99	1,855	1,815	1,95	1,896	1,924	1,91	1,812	1,825	1,908	1,906
Na	0,25	0,286	0,354	0,142	0,078	0,286	0,371	0,306	0,304	0,341	0,315	0,287
NaB	0,070	0,010	0,145	0,185	0,050	0,104	0,076	0,090	0,188	0,175	0,092	0,094
NaA	0,180	0,276	0,209	-0,043	0,028	0,182	0,295	0,216	0,116	0,166	0,223	0,193
K (A)	0,103	0,1	0,173	0,030	0,021	0,089	0,166	0,113	0,097	0,112	0,125	0,114
Ni	0	0	0	0	0	0	0,012	0,005	0	0,001	0,002	0,004
F	0	0,054	0	0	0,022	0,054	0,161	0,075	0,064	0	0,098	0
Cl	0	0	0,01	0	0	0	0,007	0,002	0,017	0,01	0,007
OH	2	1,946	1,99	2	1,978	1,946	1,839	1,919	1,934	1,983	1,892	1,992
Total Cations	17,284	17,376	17,381	16,98	17,049	17,271	17,46	17,328	17,213	17,279	17,349	17,307
XMg	0,65	0,62	0,59	0,65	0,73	0,65	0,55	0,66	0,66	0,64	0,63	0,63
P(en kbar ± 0,6)												

NB : La Pression (P) a été calculée en utilisant la formule de Schmidt (1992)

Tableau II : Données d'analyse des biotites des TTG et formules structurales basées sur 22 oxygènes + 4OH.

Echantillon	NA19B (tonalite)		DD100 (tonalite)	EE4 (trond.)
Biotite	Bi1	Bi2		
SiO2	36,18	36,58	37,62	37,5
TiO2	1,89	1,74	2,97	1,84
Al2O3	15,37	15,71	15,69	14,36
FeO	18,6	18,3	18,28	18,7
MnO	0,28	0,4	0,21	0,4
MgO	11,86	11,97	12,47	12,72
CaO	0,03	0,07	0,01	0,01
Na2O	0,03	0,1	0,17	0
K2O	9,23	9,07	9,03	9,48
BaO	0,19	0,36	-	-
F	0	0	-	-
Cl	0,04	0	-	-
H2O(c)	3,86	3,9	-	-
O=F	0	0	-	-
O=Cl	0,01	0	-	-
Total Oxydes	97,56	98,26	96,46	95,01

Echantillon	NA19B (tonalite)		DD100 (tonalite)	EE4 (trond.)
Biotite	Bi1	Bi2		
Si	5,61	5,62	5,61	5,72
Ti	0,22	0,201	0,33	0,21
Al IV	2,39	2,38	2,39	2,28
Al VI	0,419	0,466	0,37	0,31
Fe2+	2,412	2,352	2,28	2,39
Mn2+	0,037	0,052	0,03	0,05
Mg	2,742	2,742	2,77	2,89
Ca	0,006	0,012	0	0
Na	0,009	0,03	0,05	0
K	1,826	1,778	1,72	1,85
Ba	0,012	0,022	-	-
F	0	0	-	-
Cl	0,011	0	-	-
OH	3,988	4	-	-
Total cations	19,682	19,66		
XMg	0,53	0,54	0,55	0,55

Tableau III : Analyse des Plagioclases des TTG et formules structurales basées sur 8 oxygènes.
(*) plagioclase analysé dans sa bordure

Echantillon	DD63 (tonalite)					DD100 (tonalite)			EE4 (Trond.)			KO-B4			
Plagio.	Pl1	Pl2	Pl3	Pl4	Pl5	Pl1	Pl2	Pl1	Pl2	Pl3	Pl1	Pl2	Pl3	Pl4
SiO2	61,04	61,03	60,45	60,52	61,05	60,35	59,46	64,38	61,7	60,92	61,27	61,10	60,60	59,53
Al2O3	24,67	24,49	24,63	24,96	24,70	25,17	25,34	21,94	23,66	23,24	24,70	24,61	24,30	24,41
CaO	6,31	6,59	6,40	6,64	6,73	6,87	7,14	2,92	5,29	5,24	5,91	6,33	6,29	6,58
Na2O	8,18	8,25	8,23	8,16	8,33	8,3	7,87	10,73	8,8	8,87	8,42	8,42	8,27	8,07
K2O	0,09	0,03	0,07	0,06	0,09	0,08	0,04	0,06	0,27	0,19	0,08	0,11	0,07	0,03
total oxydes	100,50	100,42	99,88	100,46	100,99	100,9	99,91	100,18	99,86	98,56	100,39	100,71	99,73	98,62
Si	2,70	2,71	2,70	2,69	2,70	2,67	2,66	2,84	2,75	2,75	2,71	2,70	2,71	2,69
Al	1,29	1,28	1,29	1,31	1,29	1,32	1,33	1,14	1,24	1,24	1,29	1,28	1,28	1,30
Ca	0,30	0,31	0,31	0,32	0,32	0,33	0,34	0,14	0,25	0,25	0,28	0,30	0,30	0,32
Na	0,70	0,71	0,71	0,70	0,71	0,71	0,68	0,92	0,76	0,78	0,72	0,72	0,72	0,71
K	0,01	0,00	0,00	0,00	0,01	0,00	0,00	0,00	0,02	0,01	0,01	0,01	0,00	0,00
Total cations	5,00	5,01	5,01	5,01	5,02	5,03	5,02	5,05	5,02	5,03	5,01	5,02	5,01	5,02
Ab	70	69	70	69	69	68	67	87	74	75	72	70	70	69
An	30	31	30	31	31	31	33	13	25	24	28	29	29	31
Or	0	0	0	0	0	1	0	0	1	1	0	1	0	0

Tableau III (suite)

Echantillon	KO- B4	(suite)							FC73 (tonalite)					
Plagio.	Pl5	Pl6	Pl7	Pl8	Pl1	Pl2	Pl3	Pl4	Pl5	Pl6	Pl7	Pl8	Pl9	Pl10	Pl11
SiO2	59,15	59,68	61,15	62,46	62,30	62,18	62,20	60,35	61,01	62,04	61,94	62,22	62,28	64,57	66,07
Al2O3	24,53	24,46	24,67	22,44	23,72	23,53	23,77	24,70	24,32	23,73	23,68	23,15	23,53	22,26	21,64
CaO	6,66	6,68	6,41	3,86	5,50	5,19	5,24	7,06	5,85	5,52	5,01	4,88	5,46	3,39	2,74
Na2O	7,96	7,81	8,40	9,42	8,82	8,84	8,61	7,75	8,30	8,65	8,51	8,92	8,63	9,97	10,53
K2O	0,07	0,06	0,12	0,02	0,16	0,17	0,12	0,12	0,20	0,15	0,10	0,08	0,08	0,10	0,08
total oxydes	98,44	98,71	100,95	98,41	100,61	100,15	100,06	100,06	99,85	100,20	99,29	99,31	99,98	100,53	101,18
Si	2,68	2,69	2,70	2,81	2,75	2,76	2,76	2,69	2,72	2,75	2,76	2,78	2,76	2,84	2,88
Al	1,31	1,30	1,28	1,19	1,23	1,23	1,24	1,30	1,28	1,24	1,24	1,22	1,23	1,15	1,11
Ca	0,32	0,32	0,30	0,19	0,26	0,25	0,25	0,34	0,28	0,26	0,24	0,23	0,26	0,16	0,13
Na	0,70	0,68	0,72	0,82	0,76	0,76	0,74	0,67	0,72	0,74	0,74	0,77	0,74	0,85	0,89
K	0,00	0,00	0,01	0,00	0,01	0,01	0,01	0,01	0,01	0,01	0,01	0,01	0,00	0,01	0,00
Total cations	5,02	5,00	5,02	5,01	5,01	5,01	4,99	5,00	5,01	5,01	4,99	5,00	5,00	5,01	5,01
Ab	68	68	70	81	74	75	74	66	71	73	75	76	74	84	87
An	32	32	29	18	25	24	25	33	28	26	24	23	26	16	13
Or	0	0	1	0	1	1	1	1	1	1	1	1	0	1	0

Tableau IV : Analyses chimiques (roche totale) de l'encaissant TTG

IV-a : majeurs

Echantillon	DD17	DD138	EE4	T15	FC97	MD4	NK1	NK2	NK2B	NK3	NK6	NK7	NK9	NK11	NK20
Pétrographie	To	Tr	Tr	To	To	To	Grd	To-Tr	Tr	To	To	To	To	Tr	Tr
SiO2 (%)	55,96	78,53	75,27	59,21	60,49	68,20	66,99	71,55	77,83	59,74	59,80	67,87	68,36	77,57	77,25
TiO2	0,68	0,19	0,23	0,69	0,63	0,44	0,45	0,44	0,26	0,77	0,77	0,40	0,42	0,28	0,27
Al2O3	17,54	10,16	11,37	16,14	17,98	15,61	14,04	11,97	10,41	16,05	16,70	16,25	13,97	10,47	10,31
Fe2O3T	7,04	3,59	4,17	5,99	5,29	3,60	4,02	7,21	4,32	6,34	5,89	3,16	5,25	3,14	3,47
MnO	0,08	0,05	0,08	0,08	0,07	0,05	0,08	0,19	0,07	0,10	0,09	0,04	0,12	0,04	0,11
MgO	4,36	0,32	0,06	3,41	2,75	1,57	2,87	0,17	0,12	3,68	2,85	1,10	1,65	0,36	0,27
CaO	7,27	1,35	1,46	5,59	5,69	4,24	3,80	3,11	1,40	5,47	5,22	3,54	3,85	1,25	2,88
Na2O	4,03	3,89	4,61	4,36	4,68	4,27	3,75	3,97	3,46	3,95	4,86	4,91	3,57	3,48	3,96
K2O	1,48	1,1	1,71	2,11	1,38	1,19	2,72	0,64	1,52	2,28	1,21	1,64	1,69	2,23	0,20
P2O5	0,29	0,07	0,07	0,34	0,28	0,10	0,18	0,04	-0,01	0,26	0,26	0,12	0,13	0,03	-0,01
P.F.	1,02	0,51	0,4	1	0,69	0,60	0,50	0,10	0,10	0,70	1,40	0,20	0,50	0,60	0,50
Total	99,75	99,76	99,43	98,92	99,93	99,87	99,40	99,39	99,48	99,34	99,05	99,23	99,51	99,45	99,21
A/CNK	0,82	1,01	0,94	0,82	0,92	0,97	0,88	0,93	1,05	0,85	0,89	1,00	0,95	1,00	0,86
norme %															
Q	7,55	48,9	39,89	11,45	13,1	27,99	24,02	40,24	49,02	13,04	13,37	24,38	31,35	46,21	49,11
Or	8,87	6,56	10,21	12,75	8,23	7,09	16,27	3,81	9,05	13,67	7,33	9,8	10,1	13,34	1,2
Ab	34,5	33,13	39,34	37,63	39,86	36,35	32,05	33,79	29,43	33,84	42,06	41,9	30,47	29,75	33,91
An	25,68	6,34	5,31	18,59	24,12	20,03	13,56	13,02	7,05	19,56	29,63	17,03	17,24	6,1	9,88
mt	0,26	0,16	0,26	0,27	0,23	0,16	0,26	0,63	0,23	0,33	0,3	0,13	0,4	0,13	0,36
he	6,95	3,5	4,03	5,93	5,17	3,51	3,88	6,83	4,19	6,2	5,82	3,1	5,03	3,09	3,26
ap	0,64	0,15	0,15	0,76	0,62	0,22	0,4	0,09	-0,02	0,58	0,58	0,26	0,29	0,07	-0,02

IV-b : traces

Echantillon	DD17	DD138	EE4	T15	FC97	MD4	NK1	NK2	NK2B	NK3	NK6	NK7	NK9	NK11	NK20
Pétrographie	To	Tr	Tr	To	To	To	Grd	To-Tr	Tr	To	To	To	To	Tr	Tr
Ba (ppm)	521	310	790	1512	649	466	226	837	1302	2185	743	479	933	1075	274
Rb	52	72	29	66	84	33	68	16	24	68	33	35	46	28	8
Sr	510	179	87	817	1102	545	788	171	89	821	1005	806	326	290	140
Y	14,5	28,7	106	30,3	10,36	-	-	-	-	-	-	-	-	-	-
Zr	144	421	451	275	103	198	113	241	503	285	137	175	128	348	690
Nb	4,01	8,17	17,31	9,15	3,14	2,50	4,90	13,50	11,60	9,30	4,10	3,60	4,70	12,80	30,10
Th	2,59	12,28	3,71	1,88	0,368	-0,10	3,90	1,10	3,60	1,40	4,80	8,80	2,80	5,80	6,00
Pb	7,44	11	3,01	10,3	6,484	0,56	16,20	8,34	7,77	8,48	6,68	4,17	7,40	3,55	21,94
Ga	21,3	19,9	22,5	22,9	22,03	17,30	4,90	5,50	6,00	6,00	9,10	4,40	5,30	4,00	3,10
Zn	75,4	84,7	79,9	84,9	71,71	51,20	39,80	52,60	27,50	55,50	47,70	41,50	87,90	53,20	18,50
Cu	309	315	311	305	-	18,24	5,38	4,07	2,44	27,78	24,65	23,05	21,57	3,92	2,82
Ni	101	4,6	2,1	51	22,46	16,00	39,20	6,50	4,00	35,40	23,90	11,40	12,80	4,10	3,00
V	136	10,7	1,19	114	96,07	76,00	64,00	3,00	3,00	116,00	103,00	50,00	67,00	21,00	6,00
Cr	246	4,2	1,84	106	30,28	13,00	-	-	-	-	-	-	-	-	-
Hf	3,52	12,2	12,1	6,04	2,543	5,10	3,10	7,00	16,00	7,50	3,40	4,50	3,40	13,70	20,10
Cs	1,9	2,27	0,855	1,89	6,682	0,80	1,50	0,90	0,90	1,50	0,60	0,50	3,40	-0,10	0,20
Ta	0,307	0,895	0,763	0,63	0,155	0,10	0,40	0,90	0,30	0,70	0,30	0,30	0,40	0,50	1,80
Co	25,1	5,86	0,54	18	16,23	10,80	-	-	-	-	-	-	-	-	-
Be	5,96	6,8	7,49	6,11	1,208	1,00	1,00	2,00	1,00	1,00	1,00	1,00	1,00	1,00	3,00
U	1,07	2,94	0,74	1,3	0,33	0,40	1,50	0,60	1,00	0,90	0,40	0,70	0,80	0,90	1,90
W	0,19	0,06	0,06	0,58	-	-1,00	0,30	0,40	0,10	0,60	0,10	-0,10	0,70	0,10	0,20
Sn	1,28	2,97	3,43	1,9	0,974	1,00	-1,00	5,00	-1,00	2,00	-1,00	-1,00	1,00	4,00	2,00
Mo	0,37	0,79	0,66	0,73	-	0,27	0,48	2,06	1,36	0,48	0,64	0,30	1,56	0,58	3,03
As	0,41	0,18	0,25	0,43	-	0,00	1,00	1,00	0,00	0,00	0,00	0,00	1,00	0,00	0,00
Cd	0,09	0,13	0,21	0,22		0,01	0,01	0,02	-0,20	0,02	0,03	0,02	0,06	0,01	0,04
Ge	0,95	0,94	1,3	0,99	0,959	0,10	-0,10	-0,10	-0,10	-0,10	-0,10	-0,10	-0,10	-0,10	-0,10
Sb	0,09	0,06	0,02	0,03		-0,20	0,05	0,08	0,05	-0,20	0,06	-0,20	0,04	0,03	0,05
La	18,39	58,83	29,01	30,74	20,73	9,40	25,10	19,20	36,90	32,30	58,10	89,90	19,80	64,90	82,80
Ce	38,97	140,2	66,4	69,95	44,12	19,40	47,40	42,60	88,30	65,10	100,00	152,50	37,20	135,20	120,70
Pr	4,55	12,62	9,9	8,85	5,725	2,39	5,58	5,98	12,19	8,58	10,48	14,70	4,25	17,12	23,37
Nd	17,6	45,21	43,47	37,25	23,44	10,60	25,60	31,80	61,50	40,10	42,00	52,70	20,20	80,70	129,20
Sm	3,55	7,3	12,41	7,17	4,249	2,00	4,60	8,80	12,70	8,00	6,20	5,00	4,00	18,10	31,70
Eu	1,15	0,95	2,52	2,01	1,355	0,74	1,28	3,23	2,45	1,98	1,59	1,25	1,08	1,82	5,52
Gd	2,87	5,55	13,73	5,65	2,98	1,70	3,43	10,54	12,09	6,92	4,01	3,02	3,87	19,07	45,23
Tb	0,4	0,79	2,49	0,81	0,383	0,23	0,37	1,83	1,62	0,86	0,46	0,28	0,53	3,34	7,58
Dy	2,49	4,68	17,31	4,9	2,063	1,18	2,09	11,20	9,80	4,91	2,14	1,16	3,37	19,69	45,64
Ho	0,481	0,91	3,85	0,91	0,353	0,21	0,36	2,40	1,96	0,95	0,37	0,21	0,67	3,98	10,07
Er	1,338	2,56	10,84	2,85	0,946	0,60	0,84	6,64	5,60	2,54	0,88	0,43	1,89	11,03	30,70
Tm	0,215	0,41	1,62	0,42	0,135	0,09	0,17	1,12	1,01	0,39	0,13	0,09	0,31	1,72	4,89
Yb	1,354	2,63	10,91	2,67	0,861	0,56	0,94	8,12	7,16	2,73	0,95	0,62	2,20	11,16	34,15
Lu	0,211	0,41	1,66	0,44	0,128	0,07	0,14	1,22	1,11	0,40	0,13	0,08	0,32	1,46	4,99
Σ REE	93,57	283,05	226,12	174,62	107,47	49,17	117,90	154,68	254,39	175,76	227,44	321,94	99,69	389,29	576,54
(La/Yb)N	10,87	17,90	2,13	9,21	19,26	13,43	21,36	1,89	4,12	9,47	48,93	116,00	7,20	4,65	1,94
Eu/Eu*	1,07	0,44	0,59	0,93	1,11	1,20	0,95	1,02	0,60	0,80	0,92	0,91	0,83	0,30	0,45

Tableau V : Analyses chimiques des biotites et des muscovites des granites de Tenkodogo Yamba (DI 20, YB126, YB128) et de Nanéni (Na14, Na25). La formule structurale est basée sur 22 oxygènes + 4OH.

Echantillon	DI20											
Biotite	Bi1	Bi2	Bi3	Bi4	Bi5	Bi6	Bi7	Bi8	Bi9	Bi10	Bi11	Bi12
SiO2	36,41	36,54	36,30	36,27	35,69	35,80	35,45	36,02	35,75	35,46	36,27	36,10
TiO2	1,11	1,67	1,94	1,41	1,85	1,30	1,40	2,29	1,98	1,30	2,16	2,05
Al2O3	15,98	16,00	15,87	15,84	15,59	15,58	15,71	14,74	16,06	15,93	15,87	16,14
FeO	22,32	22,23	21,94	22,09	22,27	22,70	22,65	24,04	22,66	22,46	23,30	22,70
MnO	0,34	0,33	0,50	0,36	0,14	0,33	0,14	0,17	0,19	0,29	0,21	0,18
MgO	8,95	8,78	8,81	8,37	8,44	8,66	8,30	7,53	8,09	8,38	8,59	8,18
CaO	0,05	0,01	0,04	0,04	0,01	0,06	0,10	0,11	0,10	0,09	0,03	0,03
Na2O	0,00	0,00	0,00	0,00	0,00	0,00	0,07	0,00	0,01	0,00	0,04	0,04
K2O	9,80	9,41	9,64	9,55	9,24	9,19	9,08	9,13	9,34	9,20	9,30	9,50
BaO	0,21	0,06	0,00	0,03	0,00	0,00	0,14	0,11	0,07	0,30	0,02	0,07
F	1,08	0,89	1,13	0,55	0,60	0,44	0,34	0,42	0,60	0,49	0,51	0,66
Cl	0,01	0,01	0,00	0,01	0,00	0,01	0,01	0,01	0,01	0,04	0,01	0,04
H2O(c)	3,35	3,44	3,33	3,55	3,51	3,59	3,61	3,59	3,54	3,54	3,64	3,53
O=F	0,45	0,38	0,48	0,23	0,25	0,19	0,14	0,18	0,25	0,20	0,21	0,28
O=Cl	0,00	0,00	0,00	0,00	0,00	0,00	0,00	0,00	0,00	0,01	0,00	0,01
Total oxydes	99,48	99,13	99,17	97,95	97,10	97,68	96,85	98,08	98,21	97,48	100,04	99,11
Si	5,66	5,66	5,63	5,69	5,65	5,65	5,64	5,70	5,61	5,62	5,60	5,62
Ti	0,13	0,19	0,23	0,17	0,22	0,16	0,17	0,27	0,23	0,15	0,25	0,24
Al IV	2,35	2,34	2,37	2,31	2,35	2,35	2,36	2,30	2,39	2,38	2,40	2,39
Al VI	0,58	0,58	0,54	0,62	0,56	0,55	0,59	0,44	0,58	0,60	0,48	0,57
Fe2+	2,90	2,88	2,85	2,90	2,95	3,00	3,01	3,18	2,97	2,98	3,01	2,95
Mn2+	0,05	0,04	0,07	0,05	0,02	0,04	0,02	0,02	0,03	0,04	0,03	0,02
Mg	2,07	2,03	2,04	1,96	1,99	2,04	1,97	1,77	1,89	1,98	1,98	1,90
Ca	0,01	0,00	0,01	0,01	0,00	0,01	0,02	0,02	0,02	0,02	0,01	0,00
Na	0,00	0,00	0,00	0,00	0,00	0,00	0,02	0,00	0,00	0,00	0,01	0,01
K	1,94	1,86	1,91	1,91	1,87	1,85	1,84	1,84	1,87	1,86	1,83	1,89
Ba	0,01	0,00	0,00	0,00	0,00	0,00	0,01	0,01	0,00	0,02	0,00	0,00
F	0,53	0,44	0,56	0,28	0,30	0,22	0,17	0,21	0,30	0,24	0,25	0,32
Cl	0,00	0,00	0,00	0,00	0,00	0,00	0,00	0,00	0,00	0,01	0,00	0,01
OH	3,47	3,56	3,45	3,72	3,70	3,78	3,83	3,79	3,70	3,75	3,75	3,67
Total Cations	19,72	19,61	19,64	19,63	19,61	19,67	19,65	19,57	19,61	19,67	19,63	19,61
XMg	0,42	0,41	0,42	0,40	0,40	0,41	0,40	0,36	0,39	0,40	0,40	0,39

Tableau V (suite)

Echantillon	NA14			YB125		YB126						YB125	NA14
Biotite (Bi) Muscovite (m)	Bi1	Bi2	Bi3	Bi1	Bi2	Bi1	Bi2	Bi3	Bi4	Bi5	Bi6	m1	m1
SiO_2	36,42	35,82	34,98	36,33	36,41	35,71	36,39	36,51	36,30	36,52	36,32	45,88	45,32
TiO_2	1,76	2,40	1,23	2,22	1,91	2,25	1,71	1,70	1,89	1,89	2,44	1,10	0,00
Al_2O_3	14,99	14,61	14,72	15,85	15,83	14,87	15,88	14,95	15,34	15,41	15,06	27,49	28,51
FeO	21,91	22,45	23,18	22,24	21,66	21,46	22,08	21,70	21,35	21,70	22,15	5,87	6,10
MnO	0,33	0,29	0,40	0,25	0,29	0,24	0,27	0,22	0,37	0,38	0,28	0,06	0,17
MgO	8,68	7,51	8,02	0,95	9,47	8,48	8,82	9,06	9,40	9,09	8,33	1,80	1,22
CaO	0,06	0,05	0,00	0,00	0,02	0,01	0,00	0,03	0,01	0,02	0,00	0,01	0,04
Na_2O	0,00	0,00	0,03	0,03	0,18	0,00	0,03	0,00	0,12	0,01	0,00	0,24	0,14
K_2O	9,63	9,51	9,42	9,97	9,67	9,47	9,75	8,87	9,51	9,98	9,71	11,05	10,71
BaO	0,00	0,09	0,00			0,11	0,00	0,00	0,00	0,01	0,00		0,92
F	0,98	0,67	0,85			0,69	0,26	0,51	0,45	0,15	0,94		0,24
Cl	0,00	0,03	0,05			0,01	0,02	0,00	0,02	0,03	0,04		0,01
$H_2O(c)$	3,34	3,42	3,28			3,43	3,73	3,57	3,63	3,78	3,37		4,12
O=F	0,41	0,28	0,36			0,29	0,11	0,22	0,19	0,06	0,40		0,10
O=Cl	0,00	0,01	0,01			0,00	0,01	0,00	0,00	0,01	0,01		0,00
Total oxydes	97,72	96,58	95,79	95,84	95,44	96,54	98,89	97,10	98,53	98,89	98,25	93,50	97,40
Si	5,73	5,73	5,68	5,60	5,62	5,69	5,66	5,75	5,66	5,68	5,69	6,43	6,41
Ti	0,21	0,29	0,15	0,25	0,22	0,27	0,20	0,20	0,22	0,22	0,29	0,11	0,00
Al IV	2,27	2,27	2,32	2,39	2,37	2,31	2,35	2,25	2,34	2,32	2,31	1,56	1,59
Al VI	0,51	0,49	0,49	0,48	0,50	0,48	0,56	0,52	0,47	0,50	0,48	2,97	3,17
Fe^{2+}	2,88	3,00	3,15	2,87	2,79	2,86	2,87	2,86	2,78	2,82	2,90	0,68	0,72
Mn^{2+}	0,04	0,04	0,06	0,03	0,03	0,03	0,04	0,03	0,05	0,05	0,04	0,01	0,02
Mg	2,04	1,79	1,94	2,05	2,17	2,02	2,04	2,13	2,18	2,11	1,95	0,37	0,26
Ca	0,01	0,01	0,00	0,00	0,00	0,00	0,00	0,01	0,00	0,00	0,00	0,00	0,01
Na	0,00	0,00	0,01	0,01	0,05	0,00	0,01	0,00	0,04	0,00	0,00	0,06	0,04
K	1,93	1,94	1,95	1,96	1,90	1,92	1,93	1,78	1,89	1,98	1,94	1,97	1,93
Ba	0,00	0,01	0,00			0,01	0,00	0,00	0,00	0,00	0,00		0,05
F	0,49	0,34	0,44			0,35	0,13	0,26	0,22	0,07	0,47		0,11
Cl	0,00	0,01	0,01			0,00	0,01	0,00	0,01	0,01	0,01		0,00
OH	3,51	3,65	3,55			3,65	3,87	3,75	3,77	3,92	3,52		3,89
Total Cations	19,64	19,57	19,75			19,61	19,66	19,55	19,67	19,68	19,60		18,20
XMg	0,41	0,37	0,38	0,42	0,44	0,41	0,42	0,43	0,44	0,43	0,40	0,35	0,26

Tableau VI : Analyses chimiques des plagioclases des granites de Tenkodogo-Yamba et de Nanéni et formules structurales (sur la base de 8 oxygènes)

(*) plagioclase analysé dans sa bordure

Echantillon	DD50	DI20										
Plagioclase	Pl1	Pl1	Pl2	Pl3	Pl4	Pl5	Pl6	Pl7	Pl8	Pl9	Pl10	Pl11	Pl12
SiO2	63,71	63,82	63,01	64,35	64,00	63,82	64,44	64,38	63,52	63,50	62,30	64,06	63,49
Al2O3	22,97	22,36	22,72	22,23	22,26	21,73	22,85	22,21	22,32	22,73	22,96	21,80	23,01
CaO	4,03	3,99	4,69	4,10	3,70	3,55	4,11	3,75	4,09	4,55	4,75	3,69	4,06
Na2O	9,30	9,63	9,25	9,43	9,59	9,71	9,32	9,54	9,64	9,05	9,26	9,60	9,57
K2O	0,13	0,13	0,15	0,12	0,14	0,10	0,12	0,12	0,12	0,18	0,04	0,05	0,09
Total Oxydes	100,25	99,98	100,00	100,34	99,85	99,05	100,85	100,19	99,69	100,19	99,53	99,27	100,28
Si	2,81	2,82	2,79	2,83	2,83	2,85	2,82	2,84	2,82	2,81	2,78	2,85	2,80
Al	1,19	1,17	1,19	1,15	1,16	1,14	1,18	1,15	1,17	1,18	1,21	1,14	1,20
Ca	0,19	0,19	0,22	0,19	0,18	0,17	0,19	0,18	0,19	0,22	0,23	0,18	0,19
Na	0,80	0,83	0,80	0,81	0,82	0,84	0,79	0,82	0,83	0,78	0,80	0,83	0,82
K	0,01	0,01	0,01	0,01	0,01	0,01	0,01	0,01	0,01	0,01	0,00	0,00	0,01
Total cations	5,00	5,01	5,01	4,99	5,00	5,00	4,99	4,99	5,02	4,99	5,02	5,00	5,01
Ab	80	81	77	80	82	83	80	81	80	77	78	82	81
An	19	18	22	19	17	17	19	18	19	22	22	18	19
Or	1	1	1	1	1	0	1	1	1	1	0	0	0

Tableau VI (suite)

Echantillon	DI20 (suite)										KI8	NA14	
Plagioclase	Pl13	Pl14	Pl15	Pl16	Pl17	Pl18	Pl20	Pl21	Pl22	Pl23	Pl1	Pl1	Pl2*
SiO2	64,53	64,14	64,34	64,72	63,47	64,90	64,36	64,55	66,76	63,92	63,71	64,69	64,51
Al2O3	22,19	22,40	22,37	22,45	22,05	22,40	22,24	18,72	21,13	22,26	23,42	22,11	21,89
CaO	3,58	3,71	3,78	3,49	4,12	3,61	3,93	0,02	1,99	3,81	4,11	3,45	3,31
Na2O	9,87	9,38	9,67	10,05	8,98	9,74	9,43	0,49	10,90	9,25	9,71	9,77	10,17
K2O	0,18	0,11	0,14	0,09	0,14	0,11	0,11	15,80	0,10	0,13	0,15	0,08	0,08
Total Oxydes	100,53	99,91	100,40	100,81	98,86	101,00	100,25	100,29	101,06	99,49	101,17	100,18	100,15
Si	2,84	2,83	2,83	2,83	2,83	2,84	2,83	2,98	2,90	2,83	2,79	2,85	2,85
Al	1,15	1,17	1,16	1,16	1,16	1,15	1,15	1,02	1,08	1,16	1,21	1,15	1,14
Ca	0,17	0,18	0,18	0,16	0,20	0,17	0,19	0,00	0,09	0,18	0,00		
Na	0,84	0,80	0,83	0,85	0,78	0,83	0,81	0,04	0,92	0,80	0,82	0,83	0,87
K	0,01	0,01	0,01	0,01	0,01	0,01	0,01	0,93	0,01	0,01	0,01	0,00	0,01
Total cations	5,01	4,99	5,00	5,02	4,98	5,00	4,99	4,99	5,01	4,98	5,02	5,00	5,02
Ab	82	81	81	83	79	82	81	5	90	81	80	83	84
An	17	18	18	16	20	17	18	0	9	18	19	16	15
Or	1	1	1	1	1	1	1	95	1	1	1	1	5

Tableau VI (suite)

Echantillon	NA18		NA25		YB125			YB126					
Plagioclase	Pl1	Pl2*	Pl1	Pl2*	Pl1	Pl2	Pl3	Pl1	Pl2	Pl3	Pl4	Pl5	Pl6
SiO2	67,45	68,18	67,74	67,89	67,95	63,36	64,10	64,29	63,90	64,17	63,55	63,57	63,49
Al2O3	20,89	19,70	20,15	19,81	20,09	22,78	22,24	22,86	22,38	22,46	22,36	22,45	22,41
CaO	1,82	0,62	0,88	0,68	0,66	4,37	3,72	3,99	4,02	3,94	4,37	4,33	3,89
Na2O	11,04	11,92	11,30	11,71	11,90	8,89	9,79	9,66	9,42	9,95	9,13	9,07	9,42
K2O	0,12	0,03	0,09	0,07	0,05	0,18	0,16	0,14	0,15	0,23	0,19	0,30	0,11
Total Oxydes	101,48	100,46	100,22	100,15	100,71	99,65	100,15	101,12	100,03	100,88	99,77	99,97	99,32
Si	2,92	2,97	2,96	2,97	2,96	2,81	2,83	2,81	2,82	2,82	2,82	2,82	2,82
Al	1,07	1,01	1,04	1,02	1,03	1,19	1,16	1,18	1,17	1,16	1,17	1,17	1,17
Ca	0,09	0,03	0,04	0,03	0,03	0,21	0,18	0,19	0,19	0,19	0,21	0,21	0,19
Na	0,93	1,01	0,96	0,99	1,01	0,77	0,84	0,82	0,81	0,85	0,79	0,78	0,81
K	0,01	0,00	0,01	0,00	0,00	0,01	0,01	0,01	0,01	0,01	0,01	0,02	0,01
Total cations	5,01	5,03	5,00	5,02	5,03	4,98	5,01	5,01	5,00	5,03	4,99	4,99	5,00
Ab	91	97	95	97	97	78	82	81	80	81	78	78	81
An	8	3	4	3	3	21	17	18	19	18	21	20	18
Or	1	0	1	0	0	1	1	1	1	1	1	2	1

Tableau VII : Analyses chimiques (roche totale) des granites à biotite (Tenkodogo-Yamba, Kouaré et Nanéni)

VII-a : majeurs

Echan-tillon	FC 118	FC 61	FC 110	FC 149	NK 4	DD 28	DD 130	DD 79	KI 17	T 18	YB 128	YB 28	NA 22	NA 24	NA 34
SiO2 (%)	72,15	72,85	73,64	72,95	71,62	70,18	72,82	71,68	71,65	70,92	73,10	72,47	76,68	76,81	78,28
TiO2	0,24	0,17	0,18	0,11	0,27	0,32	0,20	0,20	0,32	0,25	0,17	0,16	0,15	0,16	0,11
Al2O3	15,33	15,12	14,32	14,99	14,52	15,12	14,21	14,42	14,57	14,64	14,26	14,43	12,22	11,95	11,38
Fe2O3T	1,78	1,30	1,60	1,22	1,65	1,69	1,48	1,54	1,83	1,63	1,41	1,20	1,81	1,86	1,68
MnO	0,00	0,00	0,00	0,00	0,03	0,00	0,00	0,00	0,02	0,02	0,00	0,02	-	0,03	-
MgO	0,34	0,27	0,00	0,00	0,48	0,60	0,41	0,50	0,39	0,54	0,32	0,39	0,20	0,15	
CaO	1,96	1,49	1,19	1,29	1,43	1,97	1,55	1,71	1,64	1,58	1,47	1,74	0,43	0,45	0,27
Na2O	4,60	4,14	3,45	3,75	4,16	4,58	4,08	4,06	4,30	4,55	4,10	3,81	3,74	3,60	3,75
K2O	3,08	3,97	5,02	4,75	4,55	3,96	4,07	4,32	3,96	4,36	4,28	4,38	4,19	4,30	4,01
P2O5	0,09	0,07	0,04	0,07	0,08	0,16	0,12	0,16	0,14	0,16	0,12	0,11	-	-	-
P.F.	0,35	0,51	0,38	0,72	0,50	0,72	0,69	0,85	0,82	0,63	0,52	0,73	0,40	0,34	0,28
Total	99,92	99,89	99,82	99,85	99,29	99,31	99,64	99,45	99,64	99,28	99,76	99,43	99,82	99,65	99,76
A/CNK	1,06	1,09	1,08	1,10	1,01	0,98	1,02	1,00	1,01	0,97	1,01	1,02	1,06	1,05	1,03
norme %															
Q	29,29	30,37	32,11	30,66	26,78	24,05	30,23	27,95	28,10	24,41	29,81	29,92	38,52	37,92	40,78
Or	18,30	23,63	29,86	28,34	27,24	23,76	24,33	25,92	23,70	26,14	25,51	26,25	25,61	24,93	23,84
Ab	39,05	35,21	29,32	31,97	35,59	39,27	34,85	34,80	36,78	38,98	34,92	32,62	30,64	31,79	31,86
An	9,24	7,03	5,70	6,05	6,71	8,97	7,06	7,66	7,41	6,70	6,64	8,10	2,25	2,15	1,35
mt	0,00	0,00	0,00	0,00	0,10	0,00	0,00	0,00	0,07	0,07	0,00	0,07	0,10	0,00	0,00
he	1,79	1,31	1,61	1,23	1,60	1,71	1,50	1,56	1,81	1,61	1,42	1,17	1,80	1,82	1,69
ap	0,20	0,15	0,09	0,15	0,18	0,35	0,26	0,35	0,31	0,35	0,26	0,24	0,00	0,00	0,00

VII-b : traces

Echan-tillon	FC 118	FC 61	FC 110	FC 149	NK 4	DD 28	DD 130	DD 79	KI 17	T 18	YB 128	YB 28	NA 22	NA 24	NA 34
Ba (ppm)	1105	1204	1182	1835	761	2523	1190	2160	1299	2232	775	1464	889	1375	773
Rb	91	138	169	98	100	90	165	119	133	135	181	98	115	87	116
Sr	446	379	239	421	1070	1145	406	634	486	1005	271	469	45	52	21
Y	4,45	14,17	9,09	106,80	-	8,03	7,57	8,20	6,06	11,90	8,30	6,40	93,80	109,00	46,10
Zr	154	118	202	146	171	193	174	258	235	184	147	129	287	280	286
Nb	4,26	4,62	8,52	1,45	4,00	3,54	5,04	4,07	6,27	4,50	7,08	2,00	11,30	7,08	13,40
Th	10,62	9,61	19,46	6,14	10,50	10,96	15,09	12,89	6,72	7,96	11,01	6,25	9,96	7,84	11,60
Pb	15,89	18,30	23,19	14,99	13,13	23,00	22,60	21,10	17,60	35,90	19,40	16,40	13,30	12,70	13,80
Ga	19,52	19,22	18,85	18,73	2,50	20,20	20,40	19,00	22,00	20,20	20,20	18,30	20,30	20,70	20,40
Zn	46,43	36,82	42,36	34,00	44,10	49,90	43,70	33,00	55,80	49,10	39,20	26,30	80,40	81,50	86,60
Cu	9,04	-	19,56	7,43	2,66	254,00	266,00	284,00	225,00	344,00	274,00	155,00	151,00	189,00	334,00
Ni	-	-	-	5,06	4,40	5,00	3,90	4,30	3,70	7,60	2,80	3,10	-	9,90	-
V	14,50	11,68	11,78	13,47	16,00	19,30	15,80	10,20	16,20	17,50	12,10	14,20	5,20	5,00	-
Cr	-	7,39	-	4,69	-	8,70	6,90	6,20	5,50	9,60	4,50	6,30	5,10	-	-
Hf	4,03	3,55	5,33	4,15	4,40	4,52	4,55	6,37	5,47	4,30	4,04	3,27	7,93	7,32	7,59
Cs	1,64	2,28	2,36	0,34	1,40	0,69	1,84	0,90	0,58	3,34	0,97	0,49	0,60	0,34	0,64
Ta	0,34	0,39	0,56	0,08	0,30	0,34	0,26	0,48	0,20	0,40	0,31	0,11	1,10	0,63	1,21
Co	2,78	2,41	1,85	6,65	-	3,10	2,40	2,10	2,50	3,25	1,70	1,95	1,84	1,73	0,63
Be	1,07	1,65	1,37	2,20	3,00	6,14	6,86	6,20	5,72	10,20	7,02	3,72	4,59	4,96	8,51
U	1,08	1,93	2,68	0,66	1,90	1,38	2,13	1,38	0,76	3,30	1,63	0,64	1,60	0,86	3,21
W	-	-	-	-	0,30	0,04	0,05	0,04	0,04	0,09	0,03	0,06	-	-	0,78
Sn	1,34	1,32	1,65	0,43	1,00	1,42	1,61	1,15	1,48	1,52	1,69	0,98	2,96	1,84	2,22
Mo	-	-	-	-	0,49	0,23	0,14	0,13	0,16	0,21	0,19	0,12	1,48	1,41	1,55
As	-	-	-	-	0,00	0,20	0,24	0,25	0,21	0,39	0,21	0,19	-	-	-
Cd	-	-	-	-	0,05	0,10	0,12	0,11	0,17	0,07	0,06	0,02	-	-	-
Ge	0,74	1,00	1,02	1,29	-0,10	0,52	0,60	0,58	0,57	0,68	0,59	0,53	1,32	1,54	1,40
Sb	-	-	-	-	0,03	0,02	0,03	0,02	0,04	0,06	0,00	0,03	-	-	-
La	31,31	53,35	69,50	291,90	46,40	110,20	37,69	53,21	42,01	49,61	35,27	27,24	59,40	169,00	65,90
Ce	55,52	49,31	128,30	73,16	81,20	167,70	63,62	93,37	81,12	91,29	62,22	44,63	112,00	126,00	129,00
Pr	5,75	10,26	12,91	67,27	8,61	18,76	6,33	9,28	8,00	9,60	6,70	5,26	13,40	34,00	14,70
Nd	19,32	36,92	40,97	251,70	35,10	61,69	20,92	31,91	26,29	33,42	22,85	17,43	49,30	132,00	54,70
Sm	2,74	5,89	5,52	47,05	5,00	7,18	2,84	4,72	3,55	5,06	3,42	2,89	9,60	23,90	9,71
Eu	0,69	1,29	0,90	9,60	1,26	2,01	0,92	1,31	1,06	1,46	0,77	0,90	1,02	3,85	0,90
Gd	1,58	4,41	3,30	34,78	2,88	4,07	1,89	3,00	1,92	3,22	2,21	1,95	9,98	24,80	8,11
Tb	0,18	0,57	0,40	5,08	0,30	0,45	0,22	0,37	0,24	0,39	0,26	0,23	1,65	3,54	1,21
Dy	0,84	2,86	1,91	26,60	1,32	2,02	1,09	1,87	1,28	2,10	1,48	1,29	11,20	20,70	7,21
Ho	0,15	0,49	0,32	4,45	0,19	0,24	0,19	0,25	0,17	0,32	0,24	0,20	2,55	3,91	1,44
Er	0,43	1,24	0,85	10,81	0,42	0,70	0,47	0,74	0,51	0,83	0,66	0,54	7,88	10,30	4,24
Tm	0,07	0,17	0,12	1,40	0,06	0,08	0,08	0,09	0,06	0,12	0,08	0,06	1,17	1,40	0,64
Yb	0,46	1,04	0,82	7,85	0,50	0,49	0,54	0,64	0,45	0,67	0,60	0,41	7,18	8,93	4,46
Lu	0,08	0,16	0,14	1,00	0,07	0,06	0,09	0,09	0,07	0,11	0,10	0,07	1,12	1,30	0,74
Σ REE	119,11	167,97	265,94	832,64	183,31	375,64	136,89	200,86	166,72	198,19	136,87	103,10	287,45	563,63	302,95
(La/Yb)N	54,45	41,20	68,22	29,74	74,24	183,67	55,84	66,51	74,68	60,13	47,03	53,15	6,62	15,14	11,82
Eu/Eu*	0,93	0,74	0,59	0,70	0,93	1,04	1,15	1,00	1,13	1,04	0,80	1,10	0,32	0,48	0,30

ANNEXE II : données brutes d'anisotropie de rémanence et d'anisotropie de susceptibilité magnétique correspondant à la figure VI.6

Site	pAARM (mT)	ARM						ASM					
		P	T	A1 dec	inc	A3 dec	inc	P	T	K1 dec	inc	K3 dec	inc
DD2B1	4-8	1,63	0,64	301	35	45	19	1,21	0,34	295	53	47	16
	12-80	1,42	0,49	297	40	43	18						
DD24B1	4-8	4,1	0,87	179	36	287	23	1,23	0,55	211	34	114	11
	12-80	1,43	0,87	221	45	124	7						
DD50A1	4-8	1,4	0,09	41	58	306	4	1,13	0,51	48	21	139	3
	12-80	1,21	0,26	41	36	305	9						
DD67A1	4-8	1,32	-0,12	314	81	102	8	1,06	0,42	281	66	112	23
	12-80	1,08	-0,06	214	39	314	12						
DD70B2	4-8	1,39	0,1	245	12	145	37	1,11	0,1	223	19	339	20
	12-80	1,12	-0,06	232	14	333	38						
DI13C1	4-8	1,76	0,63	295	73	85	15	1,15	0,98	348	54	101	16
	12-80	1,18	0,76	333	62	95	15						
DI28A1	4-8	1,84	-0,46	250	55	7	17	1,06	0,1	159	70	339	20
	12-80	1,17	-0,35	189	51	16	39						
FC107B1	4-8	1,26	-0,1	147	87	328	3	1,04	0,56	224	58	129	3
	12-80	1,09	0,37	242	83	145	1						
TK63A2	4-8	1,35	-0,58	154	57	39	16	1,12	-0,65	156	50	16	33
	12-80	1,15	-0,26	150	51	23	26						
YB23B1	4-8	1,76	-0,1	187	13	96	6	1,10	0,23	204	38	105	12
	12-80	1,21	0,15	195	20	99	17						

ANNEXE III : Localisation géographique (X/Y) et données de susceptibilité magnétique des sites additionnels échantillonnés dans les zones de racines de Diabo (voir aussi la figure VI.7) et sur le pluton de Tenkodogo.

Site	X (°E)	Y(°N)	Km (µSI)	P%	T	K1 Dec.	K1 Inc.	K3 Dec.	K3 Inc.	Site	X (°E)	Y(°N)	Km (µSI)	P%	T	K1 Dec.	K1 Inc.	K3 Dec.	K3 Inc.
DI1	0,1108	12,0847	811	13	-0,34	330	39	90	31	DI049	0,0799	12,1203	2343	6	0,28	45	43	305	10
DI2	0,1058	12,0796	919	14	-0,05	20	50	152	29	DI050	0,0555	12,1248	4046	22	-0,04	2	58	109	10
DI3	0,1047	12,0776	1808	16	0,07	335	70	151	20	TR10	0,0931	12,1393	216	6	-0,20	176	74	309	12
DI4	0,1151	12,0774	210	4	0,19	17	59	119	7	TR12	0,0796	12,1403	319	10	-0,04	18	75	108	1
DI5	0,1167	12,1071	2422	28	-0,27	18	16	257	61	TR13	0,0704	12,1358	71	8	0,65	21	37	110	5
DI6	0,1448	12,1101	2701	7	0,06	104	79	247	9	TR15	0,0991	12,1102	481	7	0,23	229	63	115	12
DI7	0,0876	12,0113	738	22	0,37	34	4	125	10	TR17	0,0485	12,1038	773	22	0,43	31	44	294	5
DI8	0,0672	12,0068	2262	16	0,41	48	51	145	5	TK50	-0,3657	11,7924	1115	7	-0,34	146	77	313	12
DI9	0,0494	12,0122	120	4	0,58	16	37	116	14	TK51	-0,3609	11,7619	2446	7	0,41	131	73	292	16
DI10	0,0409	12,0150	1017	12	0,40	22	21	133	44	TK52	-0,3596	11,6802	2974	27	-0,37	211	3	324	83
DI11	0,0448	12,0249	1824	8	0,05	331	60	93	17	TK53	-0,3537	11,7558	437	2	0,21	354	75	227	9
DI12	0,0515	12,0269	2253	30	0,73	356	22	104	37	TK54	-0,3555	11,7642	2264	5	-0,63	322	18	71	45
DI13	0,0581	12,0355	2053	15	0,92	247	71	103	16	TK55	-0,3525	11,7768	1133	10	-0,14	222	78	354	8
DI14	0,0559	12,0559	1112	12	0,79	3	36	268	7	TK56	-0,3391	11,7712	6909	5	0,40	233	48	17	36
DI15	0,0654	12,0460	1703	14	0,60	21	15	111	0	TK57	-0,3254	11,7658	6545	5	0,21	318	11	182	75
DI16	0,0772	12,0462	720	10	-0,17	34	7	126	15	TK58	-0,3147	11,7598	6438	4	0,46	324	38	76	26
DI17	0,0906	12,0297	284	7	0,09	25	1	116	38	TK59	-0,3002	11,7575	726	7	-0,34	25	83	283	2
DI18	0,0816	12,0165	679	26	0,49	351	36	260	1	TK60	-0,2827	11,7690	483	7	-0,29	310	87	208	1
DI19	0,0705	12,0290	1850	26	0,35	32	45	302	1	TK61	-0,2839	11,7752	3192	4	-0,90	249	82	127	4
DI20	0,0631	12,0330	848	31	0,55	11	24	104	7	TK62	-0,2828	11,7854	1213	10	0,35	39	89	244	1
DI21	0,0567	12,0213	1107	34	0,56	14	24	104	0	TK63	-0,2800	11,7947	2745	11	-0,74	166	52	30	29
DI22	0,0539	12,0046	1799	14	0,21	220	2	129	28	TK64	-0,3541	11,7788	987	7	0,03	282	69	152	14
DI23	0,0763	12,0151	957	8	0,23	33	62	134	6	TK65	-0,3472	11,7941	265	8	-0,46	10	81	223	7
DI24	0,0250	12,0592	1464	7	-0,46	189	3	279	3	TK66	-0,3451	11,7989	544	8	-0,71	320	77	176	11
DI25	0,0400	12,0507	3218	10	-0,62	15	16	109	13	TK67	-0,3071	11,8064	637	10	0,50	179	86	66	2
DI26	0,0480	12,0514	1397	16	0,56	211	2	120	28	TK68	-0,2973	11,8095	1101	9	0,30	183	67	68	10
DI027	0,0856	12,1130	1935	12	0,61	22	15	288	14	TK69	-0,3327	11,8111	58	4	0,56	196	53	104	2
DI028	0,0802	12,1146	3293	5	0,27	60	19	325	16	TK70	-0,3349	11,8178	40	5	-0,60	340	71	240	3
DI029	0,0746	12,1151	1378	6	0,43	32	5	122	6	TK71	-0,3738	11,7362	3781	6	-0,29	211	64	38	26
DI030	0,0690	12,1156	1596	11	0,04	26	18	125	28	TK72	-0,3588	11,7430	1500	2	-0,12	356	10	86	1
DI031	0,0674	12,1228	3440	12	0,39	31	50	133	10	TK73	-0,3700	11,7832	795	5	0,10	312	54	67	17
DI032	0,0685	12,1319	3872	19	0,36	1	25	270	3	TK74	-0,3395	11,7883	2245	3	0,43	281	41	118	48
DI033	0,0645	12,1401	499	16	0,62	11	48	275	5	TK75	-0,3297	11,7946	555	12	-0,26	291	73	92	16
DI034	0,0815	12,1444	1659	27	0,11	60	23	325	12	TK76	-0,3186	11,7975	606	13	0,21	302	66	124	24
DI035	0,1108	12,0949	5016	10	0,70	41	55	134	2	TK77	-0,3155	11,8024	58	4	0,01	247	80	85	10
DI036	0,1177	12,0925	168	11	0,37	1	39	183	51	TK78	-0,3127	11,7927	2532	2	0,01	201	37	97	19
DI037	0,1214	12,0818	1065	7	0,30	20	53	125	11	TK79	-0,3039	11,7924	1528	7	-0,27	187	43	69	23
DI038	0,1231	12,0773	959	8	0,35	263	39	357	4	TK80	-0,3107	11,7676	1548	5	0,16	161	65	305	20
DI039	0,1375	12,0891	971	7	0,29	301	67	145	22	TK81	-0,3509	11,8018	59	2	-0,01	333	33	87	32
DI040	0,1508	12,1017	225	4	0,12	40	60	258	24	TK82	-0,3639	11,8096	5992	31	-0,65	242	14	348	48
DI041	0,0886	12,0914	559	22	0,07	349	82	113	5	TK83	-0,3544	11,8115	72	4	-0,52	169	82	278	2
DI042	0,0938	12,1059	178	7	0,72	257	76	109	12	TK84	-0,3234	11,3460	2080	39	-0,67	338	77	241	2
DI043	0,1029	12,1154	3170	30	0,68	59	71	321	3	TK85	-0,3066	11,8548	140	15	0,24	10	76	277	1
DI044	0,1082	12,1203	231	8	0,50	69	21	334	13	TK86	-0,2852	11,8629	6622	22	0,42	152	79	251	2
DI045	0,1067	12,1228	1986	14	0,89	208	5	116	22	TK87	-0,2652	11,8749	161	8	-0,19	326	80	75	3
DI046	0,1055	12,1296	956	9	-0,11	25	79	293	0	TK88	-0,2589	11,8831	587	14	0,24	63	82	246	6
DI047	0,1022	12,1317	1600	5	-0,38	1	67	151	21	TK89	-0,2712	11,8558	6840	10	0,04	117	82	258	6
DI048	0,0978	12,1148	3817	21	0,81	21	7	111	3	TK90	-0,2733	11,8393	1510	14	0,34	161	36	58	18

ANNEXE IV : Moyenne de l'Aimantation Rémanente Naturelle (ARN ou Jr) par site, Aimantation induite (Ji) calculé sur la base d'un champ géomagnétique de 33106 nT et le facteur d Koenigsberger (Q = Jr/Ji)

Annexe 4 : Aimantation rémanente moyenne par site (Jr), aimantation induite (Ji) calculé sur la base d'un champ géomagnétique de 33106 nT et le facteur de Koenigsberger (Q = Jr/Ji). (*) : site dont l'ARN n'a pas été mesuré

Site	X (°W)	Y (°N)	Jr (A/m)	Ji (A/m)	Q	Site	X (°W)	Y (°N)	Jr (A/m)	Ji (A/m)	Q	Site	X (°W)	Y (°N)	Jr (A/m)	Ji (A/m)	Q
DD2	0,1710	12,1402	7,8275	0,2123	36,86	DD68	0,0471	12,0370	2,5025	0,0616	40,63	DD125	-0,1073	12,0216	5,1200	0,0210	244,19
DD3	0,1790	12,1251	0,9123	0,0714	12,77	DD69	0,0518	12,0190	0,5220	0,0085	61,72	DD126	-0,1099	12,0406	0,0383	0,0172	2,22
DD4	0,1822	12,1104	3,5175	0,0138	254,63	DD70	0,0551	11,9998	0,5715	0,0244	23,43	DD127	-0,1249	12,0356	0,0001	0,0009	0,10
DD5	0,1689	12,0059	2,4302	0,0530	45,88	DD71	0,0345	12,0147	0,0285	0,0180	1,58	DD128	-0,1246	12,0130	0,9513	0,0294	32,32
DD6	0,1699	12,1070	0,4425	0,0092	4,96	DD72	0,0205	12,0318	0,0320	0,0764	0,42	DD129	-0,1101	11,9985	3,1163	0,0242	128,90
DD7	0,1521	12,1125	10,1988	0,3196	31,91	DD73	0,0257	12,0473	1,9200	0,0577	33,26	DD130	-0,1145	11,9808	0,2600	0,0327	7,96
DD9	0,1628	12,1486	0,3771	0,0065	57,65	DD74	0,0246	12,0648	5,0250	0,0751	66,90	DD131	-0,1077	11,9620	4,2750	0,0501	85,40
DD11	0,1299	12,1585	0,0748	0,0333	2,25	DD75	0,0161	12,0836	2,9175	0,0417	69,92	DD132	-0,1333	11,9779	0,2311	0,0463	4,99
DD14	0,1421	12,0992	0,0791	0,0094	8,45	DD78	0,0022	12,0626	8,6075	0,0463	186,07	DD133	-0,1346	11,9964	0,4355	0,0275	15,84
DD16	0,1500	12,0783	0,8255	0,0076	9,42	DD79	0,0008	12,0441	14,4000	0,0889	161,89	DD135	-0,1439	12,0006	1,4170	0,0121	116,64
DD17	0,1588	12,0666	0,0010	0,0101	0,10	DD80	0,0196	12,0236	0,0186	0,0623	0,30	DD136	-0,1554	11,9934	0,5720	0,0529	10,81
DD20	0,1335	12,0751	1,6295	0,0192	84,83	DD81	0,0200	12,0060	1,5975	0,0254	63,00	DD137	-0,1520	11,9728	0,7008	0,0947	7,40
DD21	0,1304	12,0915	0,2675	0,0303	6,99	DD83	-0,0070	12,0976	0,1800	0,0644	2,23	DD138	-0,1649	11,9699	15,5950	0,5677	28,17
DD22	0,1177	12,1069	0,0288	0,0341	1,19	DD85	-0,0332	12,1107	0,0680	0,0166	4,10	DD139	-0,1578	11,9491	1,3080	0,0760	17,22
DD24	0,1133	12,1547	0,2893	0,0125	23,15	DD86	-0,0224	12,0913	0,2143	0,0039	54,56	DD140	-0,1382	11,9358	0,4369	0,0276	15,83
DD27	0,0976	12,1432	0,0008	0,0011	0,67	DD87	-0,0204	12,0782	1,0445	0,0135	77,51	DD141	-0,1436	11,9538	0,2293	0,0068	33,81
DD28	0,1034	12,1229	0,5867	0,0432	13,58	DD88	-0,0153	12,0596	2,5250	0,0501	50,35	DD142	-0,1249	11,9563	0,3824	0,0266	14,38
DD29	0,1046	12,1034	0,5655	0,0152	37,16	DD89	-0,0137	12,0412	0,9700	0,0808	12,01	DD144	-0,1025	11,9455	2,0655	0,0744	27,75
DD30	0,1103	12,0926	1,8850	0,0963	19,56	DD90	-0,0088	12,0234	0,2918	0,0565	5,17	DD145	-0,0825	11,9493	2,7430	0,2051	13,37
DD31	0,1165	12,0736	0,5640	0,0079	71,77	DD91	-0,0051	12,0066	1,9250	0,2119	9,08	DD146	-0,0169	11,9856	12,1675	0,1078	112,85
DD32	0,1205	12,0522	0,5820	0,0299	19,43	DD92	0,0000	11,9888	21,0250	0,3350	62,75	DD147	-0,0190	11,9909	0,3183	0,0399	7,97
DD34	0,1279	12,0217	0,0299	0,0058	5,14	DD93	-0,0230	11,9999	5,1050	0,0684	74,65	DD148	-0,0359	11,9983	0,0089	0,0064	1,38
DD35	0,1092	12,0137	4,8878	0,0111	44,07	DD94	-0,0263	12,0134	1,6148	0,0902	17,91	DI1	0,1108	12,0847	1,6150	0,0215	75,04
DD36	0,1015	12,0327	1,5008	0,2054	7,30	DD95	-0,0290	12,0380	11,7000	0,0340	344,42	DI2	0,1058	12,0796	0,0256	0,0043	1,05
DD37	0,0964	12,0464	0,0038	0,0017	2,28	DD96	-0,0360	12,0549	0,9712	0,0252	38,57	DI3	0,1047	12,0776	1,5505	0,0479	32,38
DD38	0,0971	12,0659	2,5525	0,1509	16,92	DD97	-0,0410	12,0724	0,0436	0,0155	2,81	DI4	0,1151	12,0774	0,4798	0,0056	86,35
DD39	0,0942	12,0017	0,0670	0,0083	8,04	DD98	-0,0418	12,0892	15,8500	0,1165	136,08	DI5	0,1167	12,1071	0,2748	0,0642	4,28
DD41	0,0834	12,1171	8,6800	0,0594	146,19	DD99	-0,0444	12,1063	2,6150	0,2574	10,16	DI6	0,1448	12,1101	0,2035	0,0715	2,84
DD42	0,0843	12,1354	1,2418	0,0513	24,12	DD100	-0,0617	12,0901	0,5628	0,0799	7,05	DI7	0,0876	12,0113	0,3143	0,0195	16,08
DD44	0,0590	12,1481	0,0073	0,0059	1,24	DD101	-0,0596	12,0684	0,0079	0,0414	0,19	DI8	0,0672	12,0186	1,7349	0,0599	28,96
DD45	0,0623	12,1289	0,1695	0,0501	3,38	DD102	-0,0515	12,0497	1,1678	0,0359	32,56	DI9	0,0194	12,0122	0,0087	0,0032	2,74
DD46	0,0680	12,1107	5,8958	0,0400	147,25	DD103	-0,0491	12,0348	0,1928	0,0127	15,18	DI10	0,0409	12,0130	0,3355	0,0269	12,45
DD47	0,0704	12,0957	3,8325	0,1368	28,01	DD104	-0,0449	12,0165	3,8900	0,1155	33,67	DI11	0,0448	12,0249	9,1025	0,0483	188,39
DD48	0,0745	12,0786	1,2760	0,0108	117,76	DD105	-0,0408	11,9972	0,5265	0,0143	36,82	DI12	0,0515	12,0269	1,5418	0,0597	25,84
DD49	0,0797	12,0622	0,0803	0,0253	3,17	DD106	-0,0336	11,9782	0,2470	0,1010	2,45	DI13	0,0581	12,0355	0,6468	0,0544	11,89
DD50	0,0621	12,0423	0,4718	0,0583	8,09	DD107	-0,0308	11,9623	1,1308	0,0056	201,14	DI14	0,0559	12,0559	0,3740	0,0295	12,70
DD51	0,0847	12,0234	3,6075	0,0232	155,26	DD108	-0,0508	11,9576	0,0027	0,0161	0,17	DI15	0,0654	12,0460	0,5017	0,0451	11,12
DD52	0,0930	12,0277	0,0034	0,0021	1,65	DD109	-0,0542	11,9754	0,5795	0,0397	14,60	DI16	0,0772	12,0462	1,4699	0,0191	77,03
DD53	0,0766	12,0038	0,2038	0,0104	19,54	DD110	-0,0597	11,9940	0,1170	0,0537	2,18	DI17	0,0906	12,0297	1,8390	0,0075	244,12
DD54	0,0692	12,0220	1,4138	0,0337	41,99	DD111	-0,0658	12,0135	1,0595	0,0106	100,24	DI18	0,0816	12,0165	0,6666	0,0180	37,05
DD55	0,0665	12,0404	0,2190	0,0085	25,82	DD112	-0,0661	12,0272	0,8495	0,0469	18,10	DI19	0,0705	12,0290	0,6755	0,0490	13,79
DD56	0,0608	12,0578	1,0328	0,0120	85,82	DD113	-0,0706	12,0476	0,0978	0,0381	2,57	DI20	0,0631	12,0330	0,6057	0,0225	26,37
DD57	0,0562	12,0768	5,0200	0,0295	171,16	DD114	-0,0749	12,0648	0,1584	0,1184	1,34	DI21	0,0567	12,0213	0,1621	0,0293	5,53
DD59	0,0482	12,1084	2,1225	0,0506	41,94	DD115	-0,0912	12,0594	7,9550	0,3190	24,93	DI22	0,0539	12,0046	1,1444	0,0477	24,01
DD60	0,0394	12,1144	2,7300	0,0418	65,33	DD117	-0,0887	12,0200	0,2476	0,0179	13,83	DI23	0,0763	12,0151	0,4316	0,0253	17,04
DD61	0,0399	12,1440	0,2285	0,0183	12,50	DD118	-0,0782	12,0056	0,6215	0,0242	25,71	DI24	0,0250	12,0592	2,0200	0,0388	52,10
DD63	0,0246	12,1221	11,1750	0,2583	43,26	DD119	-0,0749	11,9892	0,1883	0,0457	4,12	DI25	0,0400	12,0507	0,1692	0,0052	1,99
DD64	0,0508	12,1029	6,6973	0,0187	37,33	DD120	-0,0751	11,9685	0,3643	0,0149	24,37	DI26	0,0480	12,0514	5,4080	0,0370	146,17
DD65	0,0399	12,0904	0,0043	0,0086	0,50	DD121	-0,0698	11,9525	9,0400	0,2509	36,03	DI027	0,0856	12,1130	2,8546	0,0512	55,70
DD66	0,0410	12,0706	3,2150	0,0575	55,88	DD122	-0,0905	11,9701	0,4685	0,0309	15,15	DI028	0,0802	12,1146	1,8800	0,0872	21,55
DD67	0,0439	12,0527	0,4044	0,0272	14,84	DD124	-0,0990	12,0015	0,1348	0,0153	8,79	DI029	0,0746	12,1131	2,3563	0,0365	64,26

Annexe 4 (suite)

Site	X (°W)	Y (°N)	Jr (A/m)	Ji (A/m)	Q	Site	X (°W)	Y (°N)	Jr (A/m)	Ji (A/m)	Q	Site	X (°W)	Y (°N)	Jr (A/m)	Ji (A/m)	Q
DI030	0,0690	12,1156	0,5920	0,0423	14,01	FC31	0,2832	11,9802	0,0314	0,0027	11,86	FC82	-0,0127	11,9039	1,9732	0,0113	175,36
DI031	0,0674	12,1228	0,3247	0,0911	3,56	FC32	0,3105	11,9682	0,3942	0,0055	72,24	FC83	-0,0327	11,9150	0,0802	0,0197	4,07
DI032	0,0685	12,1319	1,0370	0,1026	10,11	FC33	0,3248	11,9808	0,0001	0,0017	0,06	FC84	-0,0455	11,9349	1,8133	0,1039	17,45
DI033	0,0645	12,1401	0,5433	0,0132	41,14	FC34	0,4101	11,8204	0,0010	0,0118	0,08	FC85	-0,0539	11,9571	7,5840	0,1976	38,39
DI034	0,0815	12,1444	0,1295	0,0439	2,95	FC35	0,3942	11,8209	0,0005	0,0006	0,94	FC86	-0,0137	11,8806	2,9437	0,0852	34,56
DI035	0,1108	12,0949	2,0883	0,1328	15,72	FC36	0,3962	11,7955	0,0083	0,0074	1,12	FC87	0,0099	11,8767	12,4833	0,1635	76,37
DI036	0,1177	12,0925	0,0088	0,0045	1,97	FC37	0,3838	11,7907	0,0046	0,0077	0,60	FC88	0,0036	11,8685	0,0476	0,0084	5,68
DI037	0,1214	12,0818	0,2412	0,0282	8,55	FC38	0,3842	11,8373	0,2009	0,0074	27,33	FC89	0,0172	11,8525	0,0047	0,0068	0,69
DI038	0,1231	12,0773	0,4627	0,0254	18,22	FC39	0,3609	11,8578	0,0040	0,0040	0,99	FC90	0,0044	11,8445	0,3259	0,0308	10,59
DI039	0,1375	12,0891	0,5015	0,0257	19,51	FC40	0,3753	11,8825	0,0012	0,0026	0,46	FC91	0,0332	11,8270	0,0808	0,0145	5,58
DI040	0,1508	12,1017	0,0062	0,0060	1,04	FC41	0,3711	11,7780	0,0049	0,0095	0,52	FC92	0,0472	11,8150	0,0051	0,0015	3,48
DI041	0,0896	12,0914	0,8830	0,0148	59,66	FC42	0,3529	11,7735	0,0570	0,0193	2,95	FC93	0,2260	11,7924	6,6199	0,0197	31,49
DI042	0,0938	12,1059	0,0754	0,0047	16,00	FC43	0,3384	11,7741	0,6052	0,2282	2,65	FC94	0,2439	11,7937	1,0783	0,0500	21,56
DI043	0,1029	12,1154	5,3538	0,0840	63,76	FC44	0,3140	11,7774	1,9262	0,0586	32,87	FC95	0,2567	11,7852	0,2430	0,0079	30,92
DI044	0,1082	12,1203	0,0757	0,0061	12,36	FC45	0,2990	11,7732	0,3492	0,0236	14,82	FC96	0,2785	11,7885	0,0910	0,0115	7,90
DI045	0,1067	12,1228	2,0098	0,0526	38,22	FC46	0,2814	11,7769	0,2717	0,0337	8,06	FC97	0,3004	11,7346	0,7105	0,0913	7,78
DI046	0,1055	12,1296	0,2619	0,0253	10,34	FC47	0,2615	11,7725	0,1822	0,0116	15,65	FC98	0,3152	11,7363	0,0738	0,0101	7,33
DI047	0,1022	12,1317	0,4466	0,0424	10,54	FC48	0,2364	11,7816	0,6028	0,0545	11,05	FC99	0,3003	11,8020	0,2041	0,0106	19,31
DI048	0,0978	12,1148	0,2373	0,1011	2,35	FC49	0,2286	11,7554	0,0621	0,0776	0,80	FC100	0,3007	11,8213	0,8110	0,0128	63,42
DI049	0,0799	12,1203	0,6913	0,0620	11,14	FC50	0,2498	11,7546	0,6434	0,0176	36,62	FC101	0,3137	11,7935	0,0803	0,0516	1,56
DI050	0,0555	12,1248	1,4523	0,1072	13,55	FC51	0,2735	11,7560	17,2560	0,4511	38,25	FC102	0,3327	11,7920	0,1502	0,0255	5,90
FC1	0,3320	12,0294	0,0003	0,0064	0,05	FC52	0,2668	11,7388	0,0277	0,0110	2,52	FC103	0,3523	11,7924	0,2566	0,0209	12,25
FC2	0,2937	11,9543	*	0,0271		FC53	0,3210	11,9466	0,0069	0,0127	0,54	FC104	0,3713	11,7907	0,0023	0,0082	0,28
FC3	0,2946	11,9324	0,0068	0,0260	0,26	FC54	0,3178	11,9338	0,0302	0,0050	6,09	FC105	0,3721	11,8095	1,9675	0,0643	30,61
FC4	0,2949	11,9157	0,0107	0,0039	2,74	FC55	0,3267	11,9218	*	0,0035		FC106	0,3546	11,8097	0,0176	0,0031	5,64
FC5	0,2848	11,9032	*	0,0673		FC56	0,3106	11,9155	*	0,0364		FC107	0,3302	11,8113	2,1728	0,0550	39,47
FC6	0,2888	11,8806	1,3308	0,0237	56,04	FC57	0,3174	11,8795	*	0,0114		FC108	0,3165	11,8099	1,3580	0,0155	100,80
FC7	0,2759	11,8608	0,1645	0,0080	20,53	FC58	0,3399	11,9048	*	0,0779		FC109	0,3207	11,8315	0,0097	0,0047	2,06
FC8	0,3978	11,9543	2,5323	0,2007	12,62	FC59	0,3414	11,9342	*	0,0024		FC110	0,3078	11,8495	3,1118	0,0670	46,48
FC9	0,3953	11,9236	0,0002	0,0041	0,05	FC60	0,2777	11,9141	*	0,0630		FC111	0,3754	11,9829	0,0000	0,0009	0,03
FC10	0,3966	11,9011	8,7283	0,3574	24,42	FC61	0,2594	11,9143	*	0,0020		FC112	0,2799	11,8096	0,0479	0,0147	3,26
FC11	0,3992	11,8760	1,6387	0,0607	27,01	FC62	0,2609	11,9293	*	0,0033		FC113	0,2621	11,8116	0,3826	0,0372	10,29
FC12	0,3912	11,8645	0,0007	0,0017	0,41	FC63	0,2444	11,9317	*	0,0213		FC114	0,2435	11,8097	0,3045	0,0076	40,25
FC13	0,3373	11,9157	0,0007	0,0011	0,63	FC64	0,2335	11,9195	*	0,0366		FC115	0,2614	11,8279	0,1622	0,0131	12,35
FC14	0,2594	11,8496	1,4898	0,0359	41,50	FC65	0,2083	11,9088	*	0,0298		FC116	0,2982	11,8291	0,1414	0,0022	65,53
FC15	0,2804	11,8449	*	0,0422		FC66	0,2269	11,9019	*	0,1122		FC117	0,3448	11,8261	0,5535	0,0154	35,99
FC16	0,2375	11,8339	*	0,0165		FC67	0,2857	11,9551	*	0,0189		FC118	0,3572	11,8314	0,8233	0,0446	18,44
FC17	0,2207	11,8098	9,0026	0,3183	2,84	FC68	0,2527	11,9568	*	0,0022		FC119	0,3367	11,8631	0,0039	0,0028	1,36
FC18	0,1943	11,7903	0,0259	0,0133	1,95	FC69	0,2144	11,9538	*	0,0381		FC120	0,3507	11,8804	0,0009	0,0023	0,41
FC19	0,1895	11,7687	0,1588	0,0219	7,25	FC70	0,1902	11,9574	0,0012	0,0023	0,52	FC121	0,3582	11,9014	0,0003	0,0009	0,31
FC20	0,3943	11,9630	1,5884	0,2154	7,37	FC71	0,1697	11,9523	0,1932	0,0578	3,34	FC122	0,3791	11,9028	0,0003	0,0024	0,11
FC21	0,1817	11,7498	0,1781	0,0087	20,59	FC72	0,1529	11,9559	0,0497	0,0084	5,93	FC123	0,1882	11,8246	0,2567	0,0660	3,89
FC22	0,0758	11,8172	0,0015	0,0048	0,31	FC73	0,1472	11,9710	0,9449	0,0217	43,54	FC124	0,1684	11,8300	0,1943	0,0657	2,96
FC23	0,0778	11,8295	0,0010	0,0010	1,00	FC74	0,1314	11,9726	0,1833	0,0089	20,51	FC125	0,1410	11,8438	0,0002	0,0026	0,09
FC24	0,0763	11,8560	0,0002	0,0005	0,32	FC75	0,0994	11,9796	7,7534	0,0363	20,76	FC126	0,1552	11,8458	0,3822	0,0262	14,60
FC25	0,0795	11,8695	8,8693	0,0348	24,98	FC76	0,0756	11,9869	0,7504	0,0120	62,71	FC127	0,1808	11,8491	0,0038	0,0014	2,74
FC26	-0,0083	11,9313	0,0301	0,0493	0,61	FC77	0,0565	11,9738	0,1828	0,0119	15,30	FC128	0,2050	11,8465	0,1844	0,0360	5,13
FC27	-0,0166	11,9657	8,8660	0,0747	11,60	FC78	0,0450	11,9683	0,1894	0,0227	8,36	FC129	0,2046	11,8289	0,0089	0,0029	3,02
FC28	0,2400	12,0187	0,0005	0,0065	0,08	FC79	0,0336	11,9498	5,5889	0,0347	16,99	FC130	0,0448	11,8944	0,2969	0,0810	3,67
FC29	0,2696	12,0104	0,0006	0,0018	0,36	FC80	0,0128	11,9526	1,2510	0,0381	32,86	FC131	0,0638	11,8873	0,0004	0,0017	0,22
FC30	0,2688	12,0068	0,0002	0,0020	0,10	FC81	0,0210	11,9748	2,7817	0,1703	16,33	FC132	0,0807	11,8807	0,3770	0,0719	5,24

Annexe 4 (suite)

Site	X (°W)	Y (°N)	Jr (A/m)	Ji (A/m)	Q	Site	X (°W)	Y (°N)	Jr (A/m)	Ji (A/m)	Q	Site	X (°W)	Y (°N)	Jr (A/m)	Ji (A/m)	Q
FC133	0,1033	11,8815	0,0002	0,0003	0,84	NA08	0,8302	12,3661	2,3400	0,3792	6,17	T33	0,2737	11,8691	1,1660	0,0503	23,18
FC134	0,0997	11,8869	0,0102	0,0093	1,10	NA09	0,8323	12,3947	13,0000	0,2933	44,33	T34	0,2691	11,9006	0,0034	0,0039	0,85
FC135	0,0862	11,8899	0,3193	0,0054	59,36	NA10*	0,8224	12,4112	1,0300	0,1198	8,60	T35	0,2576	11,8646	3,8230	0,0426	89,65
FC136	0,0707	11,8911	0,3394	0,0163	20,88	NA11	0,8305	12,4096	8,4500	0,2429	34,79	T36	0,2300	11,8826	0,3695	0,0813	4,54
FC137	0,0581	11,8972	0,0013	0,0099	0,13	NA12*	0,8296	12,4173	1,6100	0,0978	16,47	T37	0,3473	11,7587	0,8520	0,1280	6,66
FC138	0,0200	11,8940	0,1718	0,2123	0,81	NA13	0,8462	12,3758	0,3190	0,1269	2,51	T38	0,3496	11,7159	1,3775	0,0216	63,74
FC139	0,0013	11,8975	0,1391	0,0620	2,24	NA14	0,8424	12,3528	1,9100	0,2966	6,44	T39	0,2944	11,7858	1,7025	0,2648	6,43
FC140	0,0840	11,9063	0,2325	0,0126	18,45	NA15	0,8385	12,3372	0,2510	0,0109	23,08	T40	0,2760	11,7903	0,9065	0,1279	7,09
FC141	0,1015	11,9037	0,2671	0,0132	20,27	NA16	0,8437	12,3206	4,5400	0,1611	28,18	T41	0,2990	11,8263	3,5650	0,0595	59,90
FC142	0,1275	11,8947	0,2509	0,0179	13,99	NA17*	0,8338	12,2807	0,0983	0,1808	0,54	T42	0,3289	11,7385	6,1550	0,0191	321,43
FC143	0,1170	11,9071	0,1296	0,0497	2,61	NA18	0,8487	12,3050	2,9100	0,4015	7,25	T43	0,3587	11,8128	3,7963	0,0220	172,49
FC144	0,0974	11,9206	2,9548	0,0203	145,63	NA19	0,8493	12,3184	0,6410	0,2628	2,44	T44	0,3840	11,7295	3,2040	0,0350	91,58
FC145	0,0841	11,9428	0,1392	0,1136	1,23	NA20	0,8482	12,3439	26,5000	0,6100	43,44	T45	0,3702	11,7272	4,6873	0,1218	38,49
FC146	0,0664	11,9436	1,2533	0,0058	216,63	NA21	0,8585	12,3596	19,4000	0,3409	56,90	T46*	0,3863	11,7092	1,4500	0,1022	14,18
FC147	0,0532	11,9345	1,4223	0,0594	23,95	NA22	0,8666	12,3722	0,9000	0,6137	1,47	T47	0,3059	11,8083	1,8925	0,0141	134,32
FC148	0,0369	11,9216	0,0089	0,0015	5,76	NA23	0,8700	12,3580	10,0000	0,0556	179,86	T48	0,2691	11,8331	4,0825	0,0330	123,81
FC149	0,0190	11,9172	0,5443	0,0489	11,12	NA24	0,8677	12,3508	0,9900	0,0813	12,17	T49	0,3335	11,8195	0,0949	0,0326	2,91
FC150	0,0539	11,8621	0,9810	0,0687	14,29	NA25**	0,8864	12,3552	13,5000	0,3225	41,86	TK50	0,3657	11,7924	0,1181	0,0295	4,00
KI3	-0,1268	11,9298	0,2128	0,0045	47,63	NA26	0,8747	12,3931	3,6800	0,5692	6,46	TK51	0,3609	11,7619	1,6595	0,0648	25,61
KI6	-0,1467	11,9257	0,8725	0,0344	25,39	T1	0,3633	11,7745	4,5387	0,1975	22,98	TK52	0,3596	11,6802	0,0574	0,0788	0,73
KI7	-0,1439	11,9100	5,8250	0,0122	477,76	T2	0,3587	11,7677	1,4253	0,0824	17,30	TK53	0,3537	11,7558	0,8632	0,0116	74,62
KI8	-0,1349	11,9018	4,3600	0,0270	161,23	T3	0,3587	11,7632	5,8400	0,1185	49,29	TK54	0,3555	11,7642	2,1150	0,0600	35,28
KI9	-0,1691	11,9539	0,3110	0,0294	10,58	T4	0,3679	11,7655	13,2500	0,1183	112,02	TK55	0,3525	11,7768	5,3525	0,0300	178,30
KI10	-0,1648	11,9394	0,0357	0,0770	0,46	T5	0,3633	11,7520	0,2505	0,1105	2,27	TK56	0,3391	11,7712	0,9449	0,1830	5,16
KI11	-0,1685	11,9267	0,0480	0,0147	3,26	T6	0,3702	11,7565	0,0237	0,0648	0,37	TK57	0,3254	11,7658	1,0282	0,1733	5,93
KI12	-0,1646	11,9019	0,0833	0,0190	4,39	T7	0,3771	11,7632	13,4175	0,0614	218,37	TK58	0,3147	11,7598	0,3413	0,1705	2,00
KI14	-0,1558	11,8734	8,1500	0,7880	10,34	T8	0,3771	11,7520	0,3338	0,0859	3,89	TK59	0,3002	11,7575	1,0018	0,0192	52,09
KI15	-0,1817	11,9370	0,0001	0,0012	0,10	T9	0,3817	11,7475	0,4659	0,0446	10,44	TK60	0,2827	11,7690	0,7673	0,0128	59,92
KI16	-0,1830	11,9213	0,7350	0,1089	6,75	T10	0,3909	11,7407	0,2700	0,0600	4,50	TK61	0,2839	11,7752	1,6720	0,0845	19,78
KI17	-0,1835	11,9011	0,0546	0,0319	1,71	T11	0,3771	11,7722	7,1600	0,1001	71,50	TK62	0,2828	11,7854	2,6593	0,0321	82,78
KI18	-0,1745	11,8838	0,3625	0,0563	6,44	T12	0,3963	11,7655	1,1700	0,0285	41,09	TK63	0,2800	11,7947	1,8928	0,0727	26,04
KI19	-0,1815	11,8617	1,6440	0,0589	27,92	T13	0,3886	11,7632	2,7150	0,0475	57,21	TK64	0,3541	11,7848	2,1908	0,0261	83,85
KI20	-0,1828	11,8490	0,0375	0,0111	3,39	T14*	0,4047	11,7858	0,2230	0,0280	7,96	TK65	0,3472	11,7941	0,1347	0,0070	19,17
KI21	-0,1976	11,8532	0,2583	0,0530	4,87	T15*	0,3771	11,8105	*	0,0107	*	TK66	0,3451	11,7989	1,0538	0,0144	73,12
KI22	-0,1951	11,8754	3,1775	0,0689	46,09	T16	0,3610	11,7384	0,1768	0,0521	3,40	TK67	0,3071	11,8064	0,2973	0,0169	17,61
KI23	-0,2001	11,8900	1,5310	0,0963	15,90	T17	0,3473	11,7362	1,0927	0,0128	85,59	TK68	0,2973	11,8095	1,7583	0,0292	60,28
KI24	-0,2005	11,9081	2,4600	0,0246	100,02	T18	0,3542	11,7722	*	0,0729	*	TK69	0,3327	11,8111	0,0110	0,0015	7,15
KI25	-0,1980	11,9334	0,5365	0,0116	46,11	T19	0,3289	11,7677	4,8650	0,1259	38,64	TK70	0,3349	11,8178	0,0095	0,0011	9,08
KI27	-0,2208	11,9222	0,5855	0,0102	57,29	T20	0,3128	11,7610	0,4427	0,0990	4,47	TK71	0,3738	11,7362	0,0301	0,1001	0,30
KI28	-0,2291	11,8984	0,5070	0,0067	75,62	T21	0,3013	11,7565	1,6497	0,2412	6,84	TK72	0,3588	11,7430	2,4223	0,0397	60,96
KI29	-0,2203	11,8958	0,0134	0,0178	0,75	T22	0,2898	11,7542	0,0970	0,0462	2,10	TK73	0,3700	11,7832	0,0067	0,0211	0,32
KI30	-0,2231	11,8818	0,8563	0,0136	62,95	T23*	0,2898	11,7542	4,0000	0,0993	40,30	TK74	0,3395	11,7883	0,1696	0,0595	2,85
KI31	-0,2177	11,8625	1,0393	0,0480	21,66	T24	0,3542	11,7880	0,8233	0,0346	23,80	TK75	0,3297	11,7946	0,2874	0,0147	19,55
KI32	-0,2084	11,8471	0,0184	0,0059	3,12	T25	0,3312	11,7835	5,8405	0,0509	114,86	TK76	0,3186	11,7975	0,3615	0,0161	22,50
NA01*	0,7912	12,3757	1,1900	1,1510	1,03	T26	0,3151	11,7970	1,2855	0,0240	53,46	TK77	0,3155	11,8024	0,0028	0,0015	1,79
NA02*	0,7961	12,3901	4,5600	0,2938	15,52	T27	0,2921	11,8083	2,5433	0,0256	99,51	TK78	0,3127	11,7927	0,3173	0,0671	4,73
NA03*	0,8135	12,4117	5,8900	0,0410	143,51	T28	0,2714	11,7970	0,3498	0,0162	21,61	TK79	0,3039	11,7924	0,8687	0,0405	21,46
NA04	0,8147	12,3957	11,9000	0,1750	67,99	T29	0,2576	11,8263	0,3600	0,1022	3,52	TK80	0,3107	11,7676	0,8063	0,0410	19,67
NA05	0,8120	12,3787	6,7400	0,5001	13,48	T30	0,3450	11,8263	0,8303	0,0220	37,77	TK81	0,3509	11,8018	0,0626	0,0016	40,34
NA06	0,8142	12,3635	8,8590	0,2350	3,66	T31	0,3473	11,8015	0,1745	0,0012	143,23	TK82	0,3639	11,8096	0,7531	0,1587	4,75
NA07	0,8119	12,3228	2,9600	0,1935	15,30	T32**	0,2898	11,8601	0,0156	0,0278	0,56	TK83	0,3544	11,8115	0,0040	0,0019	2,11

Annexe 4 (suite)

Site	X (°W)	Y (°N)	Jr (A/m)	Ji (A/m)	Q	Site	X (°W)	Y (°N)	Jr (A/m)	Ji (A/m)	Q
TK84	0,3234	11,8460	0,5860	0,0551	10,64	YB92	0,3612	12,2111	0,1205	0,0200	6,03
TK85	0,3066	11,8548	0,0780	0,0037	21,04	YB93	0,3609	12,2328	1,9478	0,0249	78,26
TK86	0,2852	11,8629	4,6425	0,1754	26,47	YB96	0,3819	12,2323	0,4879	0,0039	125,38
TK87	0,2652	11,8749	0,6675	0,0043	156,14	YB101	0,3935	12,2601	1,5523	0,0555	27,95
TK88	0,2589	11,8831	0,9735	0,0155	62,62	YB108	0,2679	12,2711	2,4295	0,0427	56,87
TK89	0,2712	11,8558	0,6109	0,1812	3,37	YB113	0,3177	12,3169	0,0383	0,0050	7,60
TK90	0,2733	11,8393	1,3425	0,0400	33,57	YB114	0,3106	12,3009	0,5043	0,0084	59,92
TR10	0,0931	12,1393	*	0,0057	*	YB115	0,3100	12,2951	0,6271	0,0141	44,48
TR12	0,0796	12,1403	*	0,0084	*	YB116	0,3053	12,2692	0,4355	0,0167	26,08
TR13	0,0704	12,1358	*	0,0019	*	YB117	0,3274	12,2729	0,1773	0,0605	2,93
TR15	0,0991	12,1102	*	0,0127	*	YB125	0,3451	12,3032	0,9200	0,0250	36,73
TR17	0,0485	12,1038	*	0,0205	*	YB126	0,3397	12,2885	0,0631	0,0151	4,17
YB2	0,0017	12,1704	0,9975	0,1875	5,32	YB127	0,3429	12,2695	0,2124	0,0069	30,75
YB4	0,0727	12,1625	0,1532	0,0183	8,37	YB128	0,3632	12,2734	4,6330	0,0270	171,34
YB5	0,1044	12,1696	0,4609	0,0059	78,30	YB130	0,3615	12,2970	0,3906	0,0037	105,16
YB23	0,1682	12,1708	2,3150	0,0696	33,25	YB131	0,3526	12,3161	0,5015	0,0311	16,12
YB25	0,1965	12,1473	0,0049	0,0051	0,97	YB132	0,3670	12,3399	4,1918	0,0348	120,57
YB26	0,1894	12,1395	0,0255	0,0219	1,16	YB138	0,3770	12,3377	1,1663	0,0082	142,48
YB27	0,2151	12,1637	0,8883	0,0398	22,32	YB139	0,3797	12,3100	2,5493	0,0516	49,41
YB28	0,1862	12,1776	3,9760	0,1096	36,28	YB142	0,4046	12,2741	6,5925	0,0898	73,43
YB29	0,1731	12,1856	0,0002	0,0023	0,08	YB143	0,4030	12,2922	6,5650	0,0393	167,26
YB38	0,1994	12,1954	3,6775	0,1349	27,26	YB145	0,3976	12,3268	0,0023	0,0034	0,69
YB42	0,2284	12,1527	0,1875	0,0087	21,58	YB146	0,3950	12,3456	0,0430	0,0032	13,30
YB43	0,2313	12,1376	0,0387	0,0076	5,07	YB154	0,4201	12,3205	0,2627	0,0288	9,12
YB45	0,2378	12,1947	0,2508	0,0290	8,64	YB158	0,4195	12,2605	0,0786	0,0254	3,09
YB47	0,2185	12,2103	2,1021	0,0307	68,47	YB159	0,4242	12,2491	0,0139	0,0012	11,92
YB48	0,2026	12,2202	4,1890	0,0664	63,08	YB160	0,4300	12,2763	0,3308	0,0058	56,88
YB54	0,2393	12,2114	0,0888	0,0056	15,71	YB161	0,4404	12,2894	5,9850	0,0235	254,56
YB57	0,2385	12,2416	2,4675	0,0212	116,31	YB162	0,4289	12,3038	0,2940	0,0057	51,73
YB58	0,2158	12,2387	1,4260	0,0099	143,80	YB164	0,4347	12,3382	0,5609	0,0197	28,41
YB60	0,2673	12,2573	0,4425	0,0352	12,57	YB173	0,4568	12,3379	0,3475	0,0394	8,83
YB61	0,2684	12,2368	0,6525	0,0286	22,82	YB174	0,4520	12,3219	2,6678	0,0084	318,58
YB63	0,2696	12,2008	0,2833	0,0754	3,76	YB175	0,4501	12,3104	0,6008	0,0219	27,42
YB65	0,2767	12,1625	2,7980	0,1942	14,41	YB179	0,4663	12,2978	0,0011	0,0016	0,71
YB67	0,2831	12,1877	0,8590	0,0422	20,38	YB180	0,4784	12,3129	0,1415	0,0058	24,42
YB69	0,2829	12,2167	0,0125	0,0029	4,28	YB190	0,4896	12,3280	0,0080	0,0026	3,14
YB70	0,2988	12,2406	1,4998	0,0450	33,32						
YB71	0,2834	12,2497	3,8093	0,0209	182,35						
YB72	0,3008	12,2543	1,3558	0,0289	46,86						
YB73	0,3125	12,2258	0,8715	0,0273	31,94						
YB74	0,3110	12,2086	0,5243	0,0899	5,83						
YB76	0,3082	12,1755	4,7683	0,1658	28,75						
YB79	0,3227	12,1804	0,6055	0,1259	4,81						
YB80	0,3247	12,1967	0,7068	0,0628	11,25						
YB81	0,3263	12,2139	2,3168	0,0195	118,64						
YB82	0,3228	12,2324	0,8645	0,1639	5,28						
YB83	0,3253	12,2502	0,2018	0,0107	18,86						
YB85	0,3450	12,2355	2,0370	0,0116	175,12						
YB86	0,3385	12,2138	2,2683	0,0150	150,92						
YB87	0,3511	12,1970	0,0190	0,0064	2,96						
YB88	0,3430	12,1717	3,3358	0,1723	19,36						

Oui, je veux morebooks!

i want morebooks!

Buy your books fast and straightforward online - at one of world's fastest growing online book stores! Environmentally sound due to Print-on-Demand technologies.

Buy your books online at
www.get-morebooks.com

Achetez vos livres en ligne, vite et bien, sur l'une des librairies en ligne les plus performantes au monde!
En protégeant nos ressources et notre environnement grâce à l'impression à la demande.

La librairie en ligne pour acheter plus vite
www.morebooks.fr

VDM Verlagsservicegesellschaft mbH
Heinrich-Böcking-Str. 6-8   Telefon: +49 681 3720 174   info@vdm-vsg.de
D - 66121 Saarbrücken   Telefax: +49 681 3720 1749   www.vdm-vsg.de

Printed by Books on Demand GmbH, Norderstedt / Germany